应用技术型本科院校机电类专业“十三五”系列规划教材

工程测试技术

GONG CHENG CE SHI JI SHU

主　编　樊　姗　曾海霞
副主编　李海华　黄　毅

合肥工業大學出版社

内容简介

本书系统地阐述了工程测试技术的基本概念、理论基础以及在现代工业生产中的应用技术。全书共分7章，具体内容包括绪论、信号描述及分析基础、测试系统的基本特性、常用传感器的工作原理及应用、测试信号的调理与转换、测试信号的显示与记录、测试技术在机械工程中的应用(如位移、振动、力、加速度、转速、扭矩、温度等物理量的测试应用)。

本书叙述简洁、突出应用实践，可作为高等教育应用型本科院校以及职业技术学院机电类专业及相近专业的相关课程教材和教学参考书，也可供广大相关工程技术人员参考。

图书在版编目(CIP)数据

工程测试技术/樊姗主编．—合肥：合肥工业大学出版社，2018.9(2023.7重印)
ISBN 978-7-5650-4063-4

Ⅰ.①工…　Ⅱ.①樊…Ⅲ.①工程测试　Ⅳ.①TB22

中国版本图书馆CIP数据核字(2018)第146068号

工程测试技术

樊　姗　主　编　　　　责任编辑　马成勋

出　版	合肥工业大学出版社	版　次	2018年9月第1版
地　址	合肥市屯溪路193号	印　次	2023年7月第2次印刷
邮　编	230009	开　本	787毫米×1092毫米　1/16
电　话	理工图书出版中心：0551-62903018	印　张	14.75
	营销与储运管理中心：0551-62903198	字　数	368千字
网　址	press.hfut.edu.cn	印　刷	安徽联众印刷有限公司
E-mail	hfutpress@163.com	发　行	全国新华书店

ISBN 978-7-5650-4063-4　　　定价：40.00元

前　言

近年来，随着高等工科教育改革的不断深化，加强大学生的工程实践与创新能力已成为应用型工科人才培养的终极目标。测试技术作为一项共性技术在工业生产与科学研究的各个领域都有着广泛的应用，对于机电与测控等相关专业来说更是一门十分重要的专业课程，为培养卓越工程技术人才奠定了专业基础。

本书注重测试技术中基础理论和基本知识的阐述，并用贴近生活和生产的大量实际应用案例贯穿整个理论教学的全过程，突出了理论与实践、知识与应用相结合。教材编写力求简明扼要，条理清晰，通俗易懂，图文并茂，内容深浅有度，便于读者通过学习获得测试技术相关技能。

本书共分7章，第1章简要介绍测试技术的基本概念以及应用领域；第2章重点介绍信号的分类与描述方法、信号的时域、频域和幅值域分析以及信号的相关分析等；第3章简要阐述测试系统的主要性质、静态与动态特性、实现不失真测试的条件；第4章重点讲解常用传感器的工作原理及应用，具体包括电阻式、电容式、电感式、压电式、磁电式、霍尔式、光电式、光纤式、超声波式和半导体等传感器；第5章主要介绍电桥的工作原理、信号的放大、调制与解调、滤波器以及信号的模数/数模转换；第6章简要介绍测试信号的显示与记录装置；第7章主要介绍测试技术在机械工程中的应用，如位移、振动、力、加速度、转速、扭矩、温度等物理量的测试应用。本书各章附有课后习题，有利于学生巩固所学知识，提高学生分析和解决问题的能力。

本书共分7章，文华学院樊姗编写了第1章、第3章、第4章、第5

章、第 7 章，文华学院曾海霞编写了第 2 章第 1 节至第 4 节，文华学院李海华编写第 2 章第 5 节、第 6 节，文华学院黄毅编写了第 6 章。全书由樊姗、曾海霞担任主编，李海华、黄毅担任副主编，樊姗统稿。

在本书的编写过程中，参考和借鉴了大量有关测试技术方面的教材和论著，在此对相关作者表示衷心的感谢。由于时间紧迫和编者水平有限，书中难免存在错误与疏漏之处，恳请读者批评指正。

编　者

2018 年 8 月

目　录

第1章　绪　论

1.1　测试技术的基本概念

测试是人类认识自然、掌握自然规律的实践途径之一，是科学研究中获得感性材料和接受自然信息的途径，是形成、发展和检验自然科学理论的实践基础。

测试技术是借助于专门的仪器、设备，设计合理的试验方法以及进行必要的信号分析与数据处理，从而获得与测试对象有关的信息，最后将其结果提供显示或输入其他信息处理装置、控制系统的技术。测试技术属于信息科学范畴，是信息技术中测试控制技术、计算机技术和通信技术三大支柱之一。

测试工作的基本任务就是通过测试手段，对研究对象中相关信息量做出比较客观、准确的描述，使人们对其有一个恰当的全面的认识，并能达到进一步改造和控制研究对象的目的。研究对象所包含的信息非常丰富，在实践中人们总是根据要求测出所感兴趣的有限信息，而不是全部信息。而信息总是蕴藏在信号中，信号是信息的载体，某些信息是可以直接检测出来的，而有些信息是不容易直接检测出来的，需要通过对其相关信息进行加工处理才能获得。

从广义的角度来讲，测试工作的范围涉及试验设计、模型论、传感器、信号加工及处理、控制工程、系统辨识、参数估计等多学科的内容；从狭义的角度来讲，是指对物理信号的检测、变换、传输、处理直至显示、记录或以电量输出测试结果的工作。在机械工程中，测试的主要是一些非电量的物理量，如长度、位移、速度、加速度、频率、力、力矩、温度、压力、流量、振动、噪声等。

测试技术泛指测量和试验两个方面的技术，对生产、生活和科学研究活动中的各种物理量的确定构成了测量的全部内涵。

测量的过程或行为就是进行一个被测量与一个预定标准之间的定量的比较，从而获得被测量的数值结果。被测量表示被观察和被量化的特定物理参数，这个物理参数称为测量过程的输入量。如图1-1所示，为了确定一个工件轴的长度(一个被测量)，通常采用标准长度的米尺(一个预定标准)对其进行测量，通过被测量与预定标准之间的定量比较，从而得到此工件轴的实际的长度值(被测量的数值结果)。比较的标准必须与被测量具有相同的特征，这些标准通常是被法定的或被承认的机构或组织规定和确认，如国际标准化组织(ISO)或中国国家标准化管理委员会(SAC)。“米”(m)便是一个明确规定的长度计量标准。

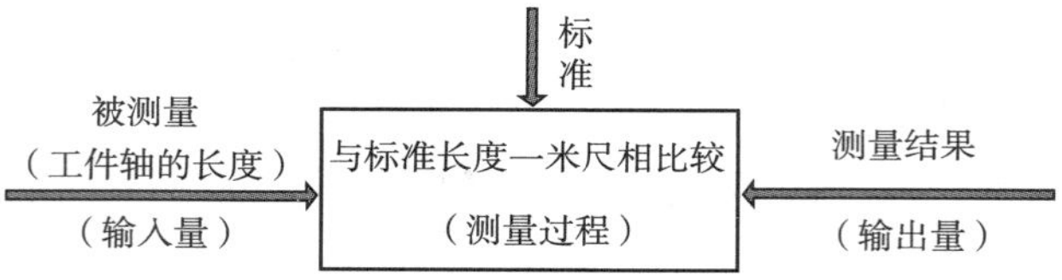

图 1－1　测量过程

机械测量的范畴中除了长度、质量、时间等基本量之外，还包括温度、应力、应变、流体、声学以及与力（力矩，压力）和运动（如位移、速度、加速度）有关的参数等。不可避免的是，对机械量的测量，也要涉及电气的事情，因为将一个机械的被测量转换或传感为一个相应的电气量常常是很方便或必要的。

试验是对被研究的对象或系统进行实验性研究的过程。通常是将被研究对象或系统置于某种特定的或人为构建的工况环境条件下，通过试验数据来探讨被研究对象的性能的过程。图 1－2 所示为汽车正面碰撞试验。假人身上的重要部位安装了多个力传感器和加速度传感器（图 1－2 中只显示出了胸部的力传感器），这些传感器可以测出车辆碰撞时人体重要部位所受的力和加速度，这些数据可以作为评价汽车碰撞安全性能的依据之一。壁障就是人为构建的汽车碰撞试验的工况环境。

通过试验得到的试验数据可以成为研究被测对象的重要依据（如通过假人身上的加速度和力值来评价该车的碰撞安全性，如果超标，则表示应改进该车的设计），而试验必须通过对被测对象的一些特征量进行测量。测量的重要性在于它提供了系统所要求的和实际所取得的结果之间的一种比较。因此，测试过程是借助专门设备，通过合适的实验方法和必要的数据处理，从研究对象中获得有关信息的认识过程。所以，测试科学属于信息科学范畴，又称信息探测工程学。

（a）汽车正面碰撞试验实景　　（b）汽车正面碰撞试验示意图

图 1－2　汽车正面碰撞试验中的试验与测量

总之，测试技术在工程技术领域中已被广泛应用，现代机械设备的动态分析设计、过程检测控制、产品的质量检验、设备现代化管理、生产工况监测和故障诊断等，都离不开测试技术。特别是近代工程技术广泛应用的自动控制技术已越来越多地运用测试技术，测试装置已成为控制系统的重要组成部分，甚至在日常生活用具，如汽车、家用电器等方面也离不开测试技术。测试技术的先进性已是国家科技发达程度的重要标志之一，也是企业参与国内、国际市场竞争的一项重要基础技术。

1.2　测量的基础知识

在产品开发、试验研究及生产设备运行监测中，需要测量各种物理量（或其他工程参量）及其随时间变化的特性，这项工作通常由各种测量装置和测量过程来完成。在本节主要介绍测量的基础知识。

1.2.1　测量的基本方法

1. 直接比较法

直接比较法就是通过直接将被测物理量与标准比较来进行测量的方法。图 1－1 中对工件轴的长度的测量，可采用钢卷尺作为测量标准。将工件轴的长度与这个标准做比较，就可得到轴的长度是多少米，因为所使用的标准 —— 钢卷尺上的“米”数便等于该轴的长度。这就是通过直接的比较确定长度的测量方法。而所使用的标准 —— 钢卷尺则称作二次标准，而原始长度标准则与光速有关。

2. 间接比较法

间接比较法必须使用某种形式的测量系统。如图 1－2 所示，为了检测汽车碰撞后假人的受力大小，可以用力传感器并后接放大和变换电路，将力转换为一个模拟电量输出，该模拟量的输出可通过记录设备最终表示成记录纸上的位移形式，该记录纸上的“位移”的变化规律与假人受到的碰撞冲击力变化规律一致。此方法表明，通过记录纸上的“位移”的间接测量得到了假人的受力值。间接法是应用最广泛的测量方法。

如图 1－3 所示的中国杆秤，是通过杠杆来完成质量（旧称重量）的间接测量。

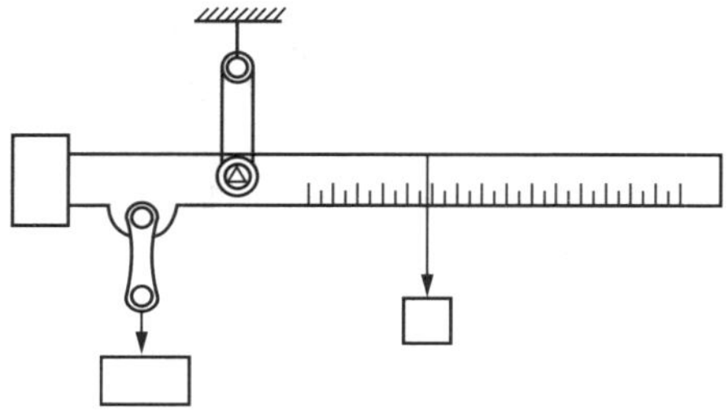

图 1－3　间接比较测量法

1.2.2　非电测量法

在机械工程测试中，要测试的信号往往是非电量，如位移、速度、加速度、外力、质量、力矩、功率、压力、流量、温度等。为了测试工作的方便，往往需要把被测试的机械量信号转换成其他形式的信号来处理。根据被测信号在第一级测量设备被转换后得到的信号的类型（是机械量、光学量 … 还是电量），可以把测试方法分成机械测量法、光测量法、气测量法、液测量法等非电测量法和电测法等。

1. 机械测量法

如图 1－4 所示，钢板的厚度通过齿轮齿条机构转变成机械指针的角位移，指针的位移仍为机械量，因此属于机械测量法。又如百分表测位移、天平砝码称重(质量)等都属于机械测量法。

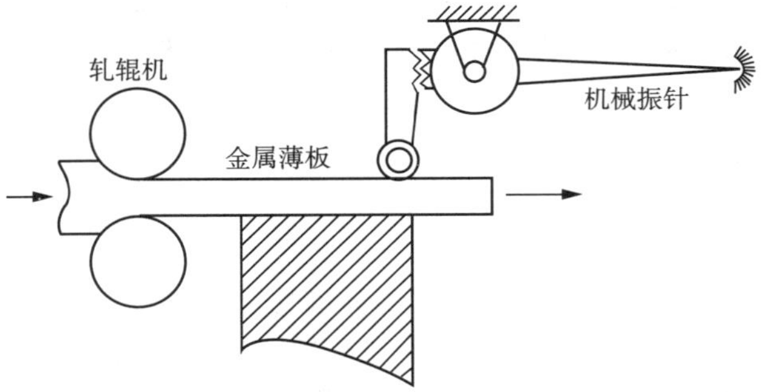

图 1－4　钢板厚度的机械测量法

2. 光测法

如图 1－5 所示为工件表面粗糙度的光测量法。探针接触被测工件的移动表面，随着表面轮廓变化，探针及其固定一体的反光镜在上下方向发生位移变化，远处光源穿过遮光板上的小孔，通过透镜聚焦在反光镜上，光线反射到移动的感光纸上，感光纸上可见的痕迹是工件表面轮廓线，即反应表面粗糙度的光信号。

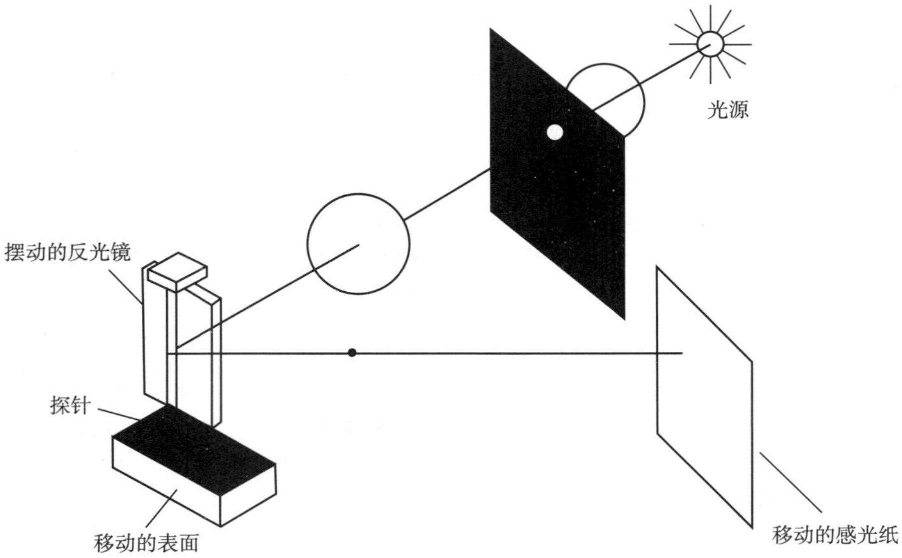

图 1－5　表面粗糙度的光测量法

该测量法中的传感器——光学镜片将被测量转变为了光信号，故属于光测法。光测法的特点是精度高、稳定性好，但对环境条件要求高。一般来说，光测法宜于在实验室条件下进行，或作为对其他仪器标定使用。

3. 气测法(液测法)

如图 1-6 所示是气动比较仪的工作原理图。中间压力 P_i 取决于气源压力 P_S 以及喷孔 O_1 和 O_2 之间的压降。喷孔 O_2 的有效尺寸随距离 d 而变化。当 d 变化时,压力 P_i 也会发生变化,这一变化可以用于尺寸 d 的测量。这种测量法称为气压测量法。

气压测量法、液压测量法对环境条件要求不高,但由于其可压缩性和响应较迟缓,只适宜做静态测试。

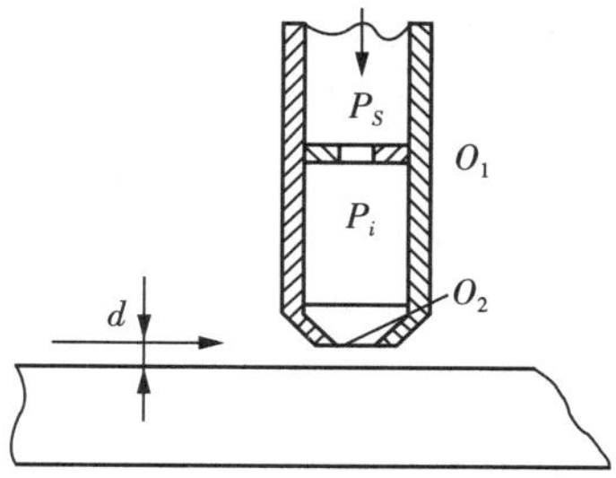

图 1-6　尺寸 d 的气压测量法

4. 电测法

如图 1-7 所示是 YDS-78 型压电力传感器应用在车床切削力测试中的例子。压电传感器安装在车削刀具的下端。当工件 4 旋转,车刀 3 开始切削工件时,垂直方向的车削力 F_y 作用于刀具上,并通过刀具传递到压电传感器 1 上,压电传感器将力变换为电信号输出,由此完成对车削力 F_y 的测量。这种将非电量 F_y 通过压电传感器变换为电信号进行测量的方法称为非电量电测法。

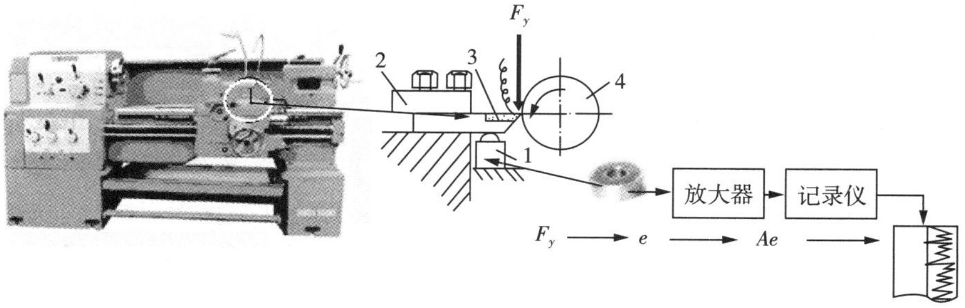

图 1-7　动态切削力的电测法

1—压电式动态力传感器;2—夹具;3—车刀;4—工件

目前,机械工程中最普遍使用的测量方法是非电量电测法。这种测量方法精度高、灵敏度高,特别适用于动态测试。电测法可以将不同的被测机械量信号转换成电信号,便于用统一的后继仪器进行处理和计算机分析。同时,利用电测法还便于进行远距离测量和控制,甚至可以进行无线遥控测量。可以说,电测法是现代测试技术发展的特点之一。

1.2.3　测量误差的分类

测量误差存在于一切测量中,测量误差定义为测量结果减去被测量的真值,即

测量误差 = 测量结果 − 真实值

测试过程中,不可避免地会产生测量误差,究其原因,主要是由以下因素引起的:

(1) 工具误差:包括试验装置、测量仪器所产生的误差,如传感器的非线性等。

(2) 方法误差:由测量方法不正确所引起的误差称为方法误差,包括测量时所依据的原理不正确而产生的误差,这种误差也称为原理误差或理论误差。

(3) 环境误差:在测量过程中,因环境条件的变化而产生的误差称为环境误差。环境条

件主要指环境的温度、湿度、气压、电场、磁场及振动、气流、辐射等。

(4) 人为误差:测量者生理特性和操作熟练程度的优劣引起的误差称为人为误差。

为了便于对测量误差进行分析和处理,按照误差的特点和性质进行分类,又可分为系统误差、随机误差和粗大误差。

(1) 系统误差

在相同的测量条件下,当多次测量同一物理量时,误差不变或按一定规律变化着,这样的误差称为系统误差。在测量偏离了规定的测试条件时,或测量方法引入了会引起某种按确定规律变化的因素时就会出现此类误差。按其表现的特点,又可分为常值误差和变值误差两大类。常值误差在整个测量过程中,其数值和符号都保持不变。例如,由于刻度盘分度差错或刻度盘移动而使仪表刻度产生的误差。

引起系统误差的因素为系统效应。例如,环境温度、湿度波动、电源电压下降、机械零件变形移位、仪表零点漂移等。又如,用零点未调整好的天平称量物体,称量结果会产生偏高或偏低。系统误差是有规律性的,因此可以通过实验的方法或引入修正值的方法计算修正,也可以重新调整测量仪表的有关部件使系统误差尽量减小。由于系统误差及产生的原因不能完全知晓,因此通过修正和调整只能有限地对系统误差进行补偿,其系统误差的模会比修正前的小,但不能为零。

(2) 随机误差

在相同的测量条件下,多次测量同一物理量时,误差的绝对值与符号以不可预定的方式变化着,也就是说,产生误差的原因及误差数值的大小、正负是随机的,没有确定的规律性,这样的误差就称为随机误差。随机误差大多是由影响量的随机变化而引起的,这种变化带来的影响称为随机效应,它导致重复观测中的分散性。每一个测量结果的随机误差是不相同的。随着重复次数的增加,出现的随机误差的总和趋向于零,即随机误差可以认为是测量误差中期望为零的误差分量,它反映了测量值离散性的大小。

(3) 粗大误差

粗大误差是指那些误差数值特别大,超出在规定条件下的预计值,测量结果中有明显错误的误差。这种误差也称为粗大误差。出现粗大误差的原因是由于在测量时仪器操作的错误,或读数错误,或计算出现明显的错误等。粗大误差一般是由于测量者粗心大意、实验条件突变造成的。

粗大误差由于误差数值特别大,容易从测量结果中发现,一经发现有粗大误差,应认为该次测量结果无效。数据处理时,可依据一定的原则剔除含有粗大误差的数据,消除其对测量结果的影响。

1.3 测试系统的组成

测试工作的具体任务是解决如何获取有关研究对象的状态、运动和特性等方面的信息的问题。例如,弹簧在外力作用下产生变形的测量;一个回转圆盘不平衡量的大小及其分布信息的测量;机械系统动态特性的测试等等。

不同测试系统的具体形式及组成会不一样，但从功能及目的来说其基本环节都是一样的。一个完整的测试系统由传感器、中间变换装置和显示与记录仪器组成，如图 1-8 所示。

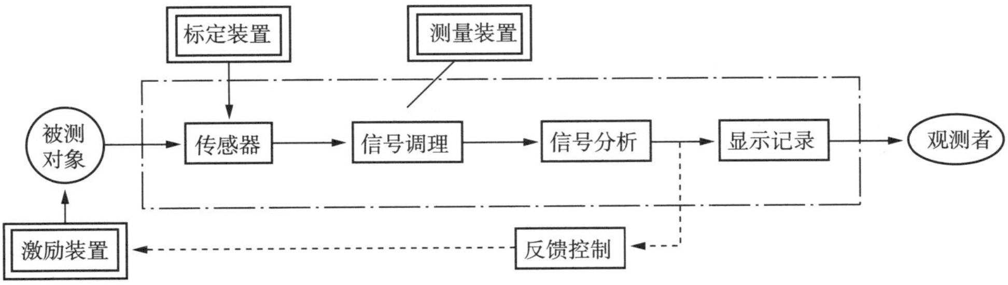

图 1-8　非电量电测法的测试系统框图

测试过程中，传感器将反映被测对象特性的物理量（如压力、加速度、温度等）检出并转换为电量，然后传输给中间变换装置；中间变换装置对接收到的电信号用硬件电路进行分析处理或经 A/D 转换后用软件进行计算，再将处理结果以电信号或数字信号的方式传输给显示记录装置；最后由显示记录装置将测量结果显示出来，提供给观察者或其他自动控制装置。

(1) 测试系统的第一个环节是传感器

传感器是能感受被测对象并按照一定规律将其转换成可用以输出的信号的器件或装置。

现今常用的传感器是将被测信号转换成某种电信号的器件，它包括敏感器和转换器两部分。敏感器一般是将被测量（如温度、压力、位移、振动、噪声、流量等）转换成某种容易检测的信号，而转换器则是将这种信号变成某种易于传输、记录和处理的电信号。

(2) 信号的调理和转换是测试系统的重要环节

信号的调理环节是将来自传感器的信号转换成更适合于进一步传输和处理的形式。这种信号的转换，多数是电信号之间的转换，如幅值放大，将阻抗的变化转换成电压的变化或频率的变化等。被测物理量经传感器输出的信号通常是很微弱的信号，或者是非电压信号，如电阻、电感、电容或电荷、电流等参量，这些微弱信号或非电压信号往往不能直接用于仪表显示或数据传输和处理，而且有些信号本身还携带噪声。因此，经传感器输出的信号一般要根据具体要求进行信号幅值、传输特性及抗干扰能力等特性的调理，将信号转换成更便于处理、接收和显示的形式，方便后续环节的处理。

(3) 信号分析环节是对来自信号调理环节的信号进行各种运算和分析

为了某些特定的目的，将需研究的信息以各种技术手段表达出来，这种对信息的表达形式称为信号。因此，信号是某一特定信息的载体，在测试过程中，需要对测试信号进行分析及处理，才能获得信息。

信号分析常用的方法是将复杂信号分解为若干简单信号分量的叠加，并根据这些分量的组成情况去考察信号的特性，从而使复杂问题简单化。信号分析的最基本方法如下：把频率作为信号的自变量，在频域里进行信号的频谱分析，研究信号的幅频特性和相频特性。如在动态测试过程中，需对被测信号进行频谱分析，以确定所选传感器的频率响应范围。

(4) 信号的指示与记录装置是测试系统的最终环节

信号显示、记录环节是将来自信号处理环节的信号,以观察者易于观察和分析的形式来进行信号的显示或存储。信号的显示记录仪器可以记录被测信号幅值随时间变化的历程,也可以记录两个物理量之间的函数关系。根据被记录信号的类型,显示记录仪可分为模拟信号记录仪和数字信号记录仪;根据记录介质,可分为显示记录仪(如光线示波器等)和隐式记录仪(如磁带机等);根据被记录信号的频率变化范围,又可分为低速记录仪(如笔式记录仪等)、中速记录仪(如光线示波器等)和高速记录仪(如磁带机等)。

(5) 反馈、控制环节主要用于闭环控制系统中的测试系统。

在实际工程测量中,由于绝大多数被测物理量都是非电量,所以构建非电量电测系统就非常必要。测量装置、标定装置和激励装置组成非电量电测系统。

以 1.1 章节中的碰撞力测试过程为例,该测量装置包括:力传感器、滤波器、放大器、显示记录装置以及反馈控制系统,如图 1-9 所示。

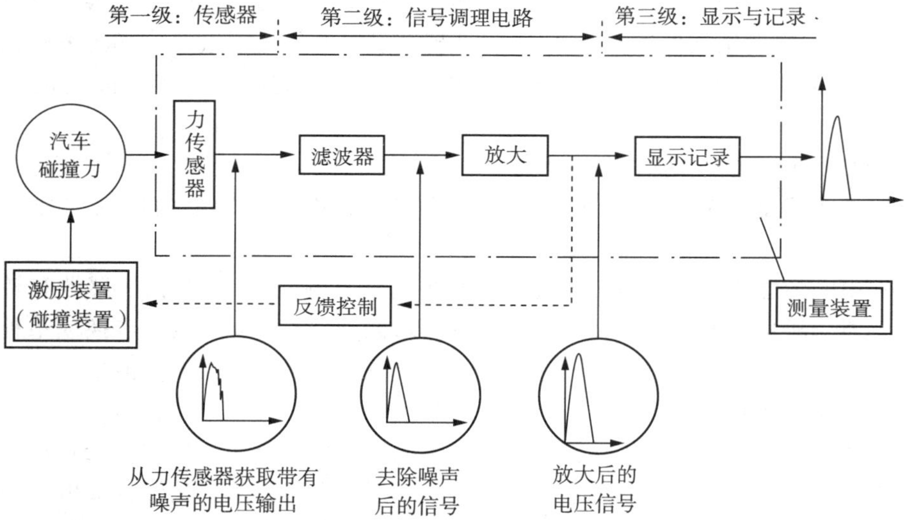

图 1-9 碰撞力测试系统框图

1.4 测试技术的应用

在工程技术领域中,产品开发、工程研究、生产监督、过程控制、质量检验和性能试验等都离不开测试技术。工程技术中广泛应用的自动控制技术也与测试技术有着密切的关系。

测试装置是自动控制系统中的感觉器官和信息来源,对确保自动化系统的正常运行起着重要作用。特别是近代自动控制技术已越来越多地运用测试技术,测试装置已成为控制系统的重要组成部分,并且是测控系统的首要环节。

测试技术几乎涉及任何一项工程领域,无论是生物、海洋、气象、地质、通信领域,还是机械、电子等工程领域,都离不开测试与信息处理。在日常生活中,随处可见测试技术应用的例子，如空调、电冰箱中的温度测量和压缩机启／停控制装置，洗衣机中的液位测量和电动机启／停控制装置等。

下面是测试技术几个典型的应用领域。

1. 工业自动化领域

在现代机电设备中，测试环节起着感觉器官的作用。在机械手和机器人方面，大量使用角度传感器、力传感器、视觉传感器、听觉传感器、接近传感器等类型的传感器（如图1-10所示）；在智能车检测中，使用红外传感器检测小车路径，使用超声波传感器检测人和物所在位置；在生产加工中，使用切削力传感器、加工噪声传感器等检查工件加工工艺过程等等。

2. 产品质量测量

在汽车、机床等设备中，电动机、发动机等零部件出厂时，必须对其性能质量进行测量和出厂检验。例如：对发动机测量参数包括润滑油温度、冷却水温度、润滑油压力、燃油压力及转速等信息进行检测，进而了解产品质量。在机床运转时，也常把机床精度分为静精度、尺寸加工精度、几何加工精度、定位精度、重复定位精度等，进而完成机床动态性能的评价。

图1-10　会踢球的机器狗

3. 设备运行状态监控系统

在电力、冶金、石化、化工等众多行业中，某些关键设备的工作状态关系到整个生产线的正常流程，如汽轮机、燃气轮机、水轮机、发电机、电动机、压缩机、风机、泵、变速箱等的工作状态，如图1-11所示。对这些关键设备运行状态实施24小时实时动态监测，可以及时、准确地掌握它们的变化趋势，为工程技术人员提供详细、全面的机组信息，是实现设备事后维修或定期维修向预测维修转变的基础。国内外大量实践表明，机组某些重要测点的振动信号非常真实地反映了机组的运行状态。由于机组绝大部分故障都有一个渐进发展的过程，通过监测振动总量级的变化过程，完全可以及时预测设备故障的发生。结合其他综合监测信息（如温度、压力、流量等），运用精密故障诊断技术甚至可以分析出故障发生的位置，为设备维修提供可靠依据，将因设备故障维修带来的损失降到最低程度。

图1-11　工厂大型设备机组

4. 家电产品中的应用

在家电产品设计中，人们大量应用了传感器和测试技术来提高产品的性能和质量。例如，全自动洗衣机以人们洗衣操作的经验作为模糊控制的依据，应用多种传感器将洗衣状态信息检测出来，并将这些信息送到微电脑中，经微电脑处理后，选择出最佳的洗涤参数，对洗衣全过程进行自动控制，达到最佳的洗涤效果。洗衣机中的传感器用途如下：

(1) 利用衣量传感器来检测洗衣时衣物量的多少，从而决定设定水位的高低。

(2) 利用衣质传感器来检测衣物重量、织物种类，从而决定最优洗涤温度和洗涤时间。

(3) 利用水温传感器来检测开机时的环境温度和注水结束时的水温，为模糊推论提供信息。

(4) 利用水质传感器来检测水的硬度，进而决定添加洗衣粉的量，以期达到最佳洗涤效果。

(5) 利用光电传感器来检测洗涤液的透光率，从而间接检测洗净程度。

(6) 利用光电传感器监测漂洗过程中肥皂沫的变化，从而决定漂洗的次数。

(7) 利用半导体传感器监测干衣过程中衣物电阻值的变化，从而决定烘干时间。这与传统的定时烘干相比，更具灵活性。

(8) 利用压力传感器实现电信号与机械力信号的相互转换，实现无级调水，从而达到省水、省电的目的。

5. 楼宇自动化

为使建筑物成为安全、健康、舒适、温馨的生活、工作环境，并能保证系统运行的经济性和管理的智能化。在楼宇中应用了许多测试技术，如电源管理、安全检测、照明控制、空调、停车管理、水/废水管理和电梯监控等诸多自动化系统，每个系统都离不开测试技术。如通过声控传感器实现楼道的灯光控制；通过温湿度传感器检测室内温湿度；通过烟雾传感器检测房屋中是否存在危险因素，如图 1-12 所示；通过红外人体探测器进行防闯入监测保证楼宇安全，如图 1-13 所示。

图 1-12 烟雾报警器

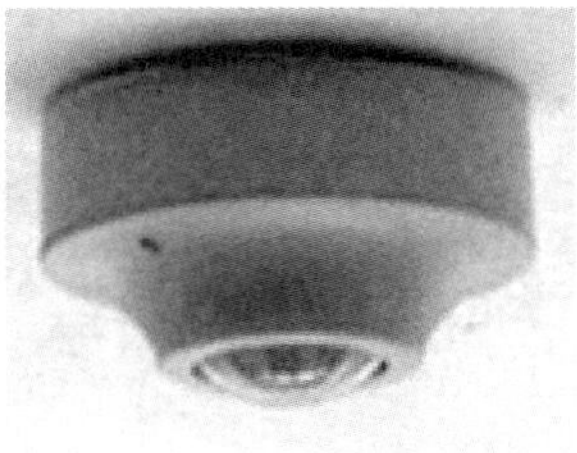

图 1-13 红外人体探测器

在各种现代装备系统的设计制造与运行工作中，测试工作内容已嵌入系统的各部分，并占据关键地位。测试技术已经成为现代装备系统日常监护、故障诊断和有效安全运行的不可缺少的重要手段。有人用以下描述来总结测试技术的地位和作用：测试技术是工业生产的倍增器、科学研究中的先行官、社会生活中的“物化法官”，在军事上可大大提高战斗力，测试技术的应用领域涵盖了“吃穿用、农轻重、海陆空”。

1.5　测试技术的发展历程及发展趋势

在社会发展的历史长河中，人类创造并发展了对各种物理量的测量方法，还学会了用试验的方法来探索未知的问题。如根据司马迁的《史记·夏本纪》记载，大禹治水时已发明了原始测量工具和技术，即所谓“左规矩，右准绳”“行山表木，定高山大川”。“规矩”和“准绳”，相当于今天的测量工具，如铅垂线、角尺、圆规之类。“行山表木”（《尚书·益稷》作“随山刊木”，“刊”就是刻尺度作为测量的标桩），就是原始的水准测量。

社会的进步和现代科技的发展不断向测试技术提出新的测试要求，使得测量的范围不断扩大，测量工具和测量技术也不断丰富和完善，推动了测试技术的发展。测试技术的发展历程大致可分为古老的测试技术、机械测试技术、非电量电测技术、计算机辅助测试技术、虚拟仪器技术等阶段。

（1）古老的测试技术

由于古代科技水平的限制，人们对测试的认识还未提升到一定程度，测试手段受到限制，但人们在潜移默化中已涉及测试的概念，如成语“五十步笑百步”。

（2）机械测试技术

在此阶段人们已认识到了测试的重要性。但由于电技术的落后，人们只能采用机械的方法对某些参量进行测试，具有代表性的例子是抽水马桶中的水位测量及控制。

（3）非电量电测技术

随着传感器技术及仪器技术的发展，测试技术进入了非电量电测技术的时代。非电量电测技术的核心是将不能直接测量的非电信号如力、压力、位移等，通过传感器将其转换成对应的电信号，再利用相应的调理装置将其电信号进行调理、放大，由记录仪器将其记录下来。非电量电测技术是现代测试技术的基石，无论是计算机辅助测试还是虚拟仪器都离不开非电量电测技术。

（4）计算机辅助测试技术

随着大规模集成电路及计算机技术的发展，传统的模拟式非电量测试系统逐步被数字化系统代替。最典型的就是模拟式记录仪器如光线示波器、磁带记录仪、模拟式函数记录仪、模拟电子示波器等记录设备由具有计算机控制的数据采集系统取代，计算机辅助测试给测试工作者带来了许多方便，尤其在测试信号处理及提高测试精度等方面。

（5）虚拟仪器技术

随着电子技术的发展，客观上要求测试系统向自动化、柔性化发展。20 世纪末提出了虚拟仪器的概念，虚拟仪器集计算机技术、通信技术和测量技术于一体。“虚拟”主要有两个方面的含义：一是指仪器的面板虚拟；二是指仪器的测量功能由软件实现。

现代科学技术的发展不断地向测试技术提出新的要求，并推动现代测试技术的发展。综合国内外的技术动态，工程测试技术的发展方向有如下几个方面：

(1) 传感器向新型、微型、智能型发展

传感器是信号检测的工具。体积小、精度高、灵敏度高而测量范围大是传感器发展的重要方向。新材料，特别是新型半导体材料方面的成就，已经促使很多对力、热、光、磁等物理量或气体化学成分敏感的器件的发展。光导纤维不仅可用来传输信号，而且可作为物性型传感器。另一个引人注目的发展是，由于微电子的发展，可将某些电路乃至微处理器和传感测量部分集成一体，即使传感器具有放大、校正、判断和一定的信号处理功能，组成所谓的“智能传感器”。

(2) 测量仪器向高精度和多功能方向发展

测量仪器及整个测量系统精度的提高，使测得数据的可信度也相应提高。在产品研制过程中要进行大量试验，测量某些性能参数，然后对所测数据进行统计分析。在相同条件下要试验若干次，所测参数才具有一定的可信度。仪器精度的提高，可减少试验次数，从而减少试验经费，降低成本。在提高测量仪器精度的同时应扩大仪器的功能。计算机技术的发展也使测试技术产生了革命性的变化，在许多测试系统中利用计算机使仪器的测量精度更高，功能更全。

(3) 参数测量与数据处理向自动化发展

一个产品的大型综合性试验，准备时间长，待测参数多，靠人工检查，耗费时间长，众多的数据依靠手工去处理，不仅精度低，处理周期也太长。现代测试技术的发展，使采用以计算机为核心的自动测试系统成为可能。该系统一般能实现自动校准、自动修正、故障诊断、信号调制、多路采集、自动分析处理并能打印输出测试结果。

1.6 课程性质及教学要求

本课程主要讨论工程动态测试中常用的传感器、信号调理及测量电路，记录、显示、分析设备的工作及原理，测量系统静态、动态特性的评价方法，常用的应变测试技术、压电测试技术、光电测试技术、温度测试技术以及其他常见物理量的动态测试方法。

对于高等学校机械工程类有关专业来说，本课程是一门技术基础课，是数学、物理学、电工学、电子学、力学、控制工程及计算机技术等课程的综合应用。本课程具有很强的实践性，只有在学习过程中密切联系实际，加强实验，注重物理概念，才能真正掌握有关知识，初步具有处理实际测试工作的能力。

通过本课程的学习，培养学生较正确地选用测试系统并初步掌握进行动态测试所需要的基本知识和技能，为学生进一步学习、研究和处理工程测试技术问题打下坚实的基础。从进行动态测试工作所必备的基本条件出发，学生在学完本课程后应具有下列几个方面的知识和能力：

(1) 掌握信号时域和频域的描述方法，建立明确的信号频谱概念，掌握频谱分析的基本原理和方法；了解相关分析的基本原理及其应用，了解数字信号分析的基本概念。

(2) 了解常用传感器、信号调理与测量电路、记录、显示设备的工作原理及性能，并能依据测试要求进行比较合理的选择。

(3) 掌握测试系统的静态、动态特性的评价方法和不失真测量的条件，能正确运用相关理论对测试系统进行分析和选择。

(4) 对动态测试工作的基本问题有一个比较完整的概念，对工程测试中的某些参数的测试能自行确定测试方法，自行设计或选用测试系统，并能对测试信号进行正确的数据处理和描述。

习 题

一、填空题。

1-1 测试技术泛指________和________两个方面的技术。

1-2 测试方法可分为非电测量法和电测法，其中非电测量法包括________、________、________、________等。

1-3 测试过程中的测量设备按功能划分为________、________和________三部分。

1-4 一个完整的测试系统由________、________和________等组成。

二、简答题。

1-5 测试技术在工程中的主要应用有哪些方面?

1-6 水银玻璃体温计是一种常用的温度测量装置，详细讨论该温度测量装置的各级构成。

1-7 调研集市中常用的称货物的电子秤的使用原理，写一篇关于电子秤测量装置的构成和测量过程的简短分析报告，找出其与杆秤测量装置的不同之处。

1-8 试分析测试技术在汽车中的应用。

1-9 测试技术在人们生活中也有很多应用之处，请列举你所熟悉的应用案例。

第2章　信号描述及分析基础

在科学研究和生产过程中，经常要对许多客观存在的物体或物理过程进行观察，这些客观存在的实物包含着大量标志及其本身所处的时间和空间特征的数据，这就是该事物的"信息"。信息的获取、传输和交换已经成为人类最基本的社会活动之一。信息是多种多样、丰富多彩的，其具体物理形态也千差万别，如语音信息、视觉信息等，人类要正确地获取和传输信息，就必须借助信息的载体 —— 信号。例如：语音信息表现为声压信号，视觉信息表现为图像亮度和色彩的变化等。

工程测试就是要观测、记录和分析各种机械在运行中的物理现象和参数的变化，这些被测量称为被测信号(或测试数据)。信号是载有信息的物理变量，是传输信息的载体。信息是事物存在状态或属性的反映，信息蕴涵于信号之中。例如，交通红绿灯就是信号，所携带的是红灯停止、绿灯同行、黄灯注意的信息。又如，回转机械由于动不平衡产生振动，那么振动信号就反映了该回转机械动不平衡的状态，因此它就成为研究回转机械动不平衡的依据。

信息虽然本身不是物质，不具有能量，但信息的传输却依靠物质和能量。信号具有能量，是某种具体的物理量。信号的变化则反映了其所携带的信息的变化。所以测试工作的关键就演变为信号的获取、调理和分析，而深入了解信号及其描述是工程测试的基础。

2.1　信号的分类

为了深入了解信号的物理性质，讨论信号的分类是非常必要的。被测信号一般都是时间的函数，根据信号的不同特征，信号有不同的分类方法。下面讨论几种常见的信号分类方法如下：

(1) 按信号随时间的变化的确定性分类

- 信号
  - 确定性信号
    - 周期信号
      - 谐波信号
      - 一般周期信号
    - 非周期信号
      - 准周期信号
      - 瞬态信号
  - 非确定性信号
    - 平稳随机信号
      - 各态亲历经信号
      - 非各态亲历经信号
    - 非平稳随机信号

(2) 按信号幅值随时间变化的连续性分类

- 信号
  - 连续信号
    - 模拟信号（信号的幅值与独立变量均连续）
    - 一般连续信号（独立变量连续）
  - 离散信号
    - 一般离散信号（独立变量离散）
    - 数字信号（信号的幅值与独立变量均离散）

(3) 按信号的能量特征分类 —— 能量信号与功率信号
(4) 按信号的分析域分类 —— 时域信号与频域信号
(5) 按信号的物理可实现性分类 —— 物理可实现信号与物理不可实现信号

2.1.1　确定性信号与非确定性信号

确定性信号随时间有规律变化,可用数学关系式或图表确切地描述其相互关系。

例如图 2-1 所示的用橡皮筋悬挂的重物(可视为一单自由度无阻尼振动系统)的振动位移信号 $x(t)$ 就是一个确定性信号,因为 $x(t)$ 可以用明确的数学关系式写出

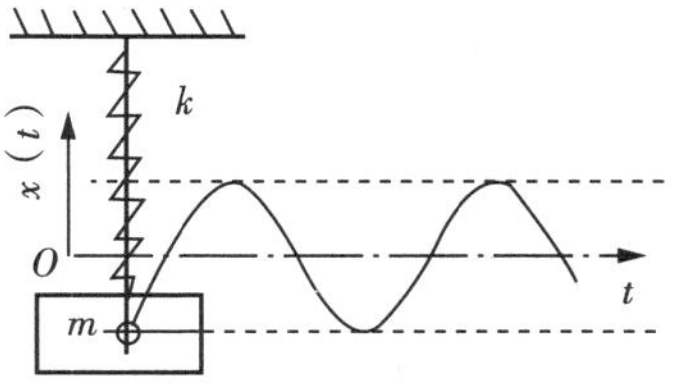

图 2-1　单自由度无阻尼振动系统

$$x(t)=X_0\cos\left(\sqrt{\frac{k}{m}}t+\varphi_0\right) \tag{2-1}$$

式中,X_0 为初始幅值;k 为橡皮筋的弹簧刚度;m 为重物质量;t 为时间;φ_0 为初相位角。

1. 确定性信号 —— 周期信号和非周期信号

确定性信号可分为周期信号和非周期信号。按一定时间间隔 T 周而复始出现的信号称为周期信号,否则称为非周期信号。

周期信号的数学表达式为

$$f(t)=f(t+nT) \tag{2-2}$$

式中,T 为信号的周期;$n=\pm1,\pm2,\cdots$;$T=2\pi/\omega=1/f$;$\omega=2\pi f$ 为角频率;f 为频率。

(1) 周期信号 —— 谐波信号与一般周期信号

① 谐波信号(简单周期信号)

单一频率的正弦或余弦信号,称为谐波信号,也称为简单周期信号,如式(2-1) 表达的信号即是谐波信号,其角频率为 $\omega=\sqrt{k/m}$,周期为 $T=2\pi/\omega$。

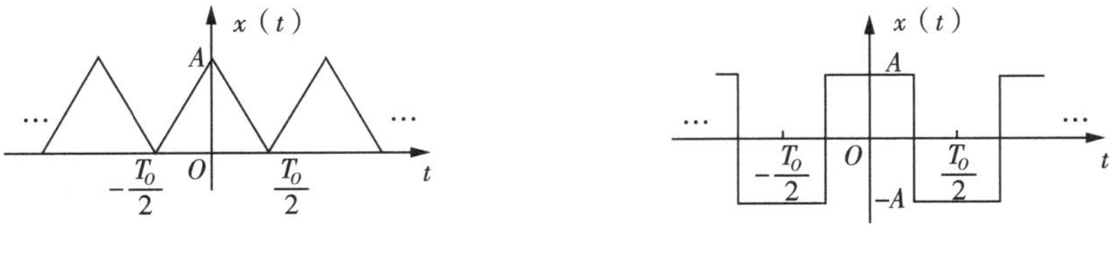

(a) 三角波　　(b) 方波

图 2-2　一般周期信号

② 一般周期信号(复杂周期信号)

除谐波信号以外的周期信号都称为一般周期信号,一般周期信号是由多个乃至无穷多个单一频率的谐波成分叠加而成,叠加后仍存在公共周期的信号,如图 2-2 所示的周期性三角波和周期性方波,也称为复杂周期信号。

$$x(t)=x_1(t)+x_2(t)=A_1\cos(2\pi f_1 t+\theta_1)+A_2\cos(2\pi f_2 t+\theta_2)$$
$$=10\cos(2\pi\cdot 3\cdot t+\pi/6)+5\cos(2\pi\cdot 2\cdot t+\pi/3) \qquad (2-3)$$

式中 $x(t)$ 是一般周期信号，由两个周期信号 $x_1(t)$、$x_2(t)$ 叠加而成，周期分别为 $T_1=1/3$、$T_2=1/2$，叠加后信号的周期为 T_1、T_2 的最小公约数 1，即最小公共周期为 1。图 2-3 就是这个两分量合成的信号的波形图，其中二次谐波分量有不同的相对幅值。

(2) 非周期信号 —— 准周期信号与瞬态信号

非周期信号是不会重复出现的信号，可分为准周期信号和瞬态信号。

① 准周期信号

在非周期信号中，由多个频率成分叠加，但叠加后不存在公共周期的信号称为准周期信号，准周期信号是处于周期与非周期的一种边缘情况，为非周期信号的特例，如

$$x(t)=x_1(t)+x_2(t)=10\cos(\sqrt{2}t+\theta_1)+5\cos(3t+\theta_2) \qquad (2-4)$$

$x(t)$ 由两个信号 $x_1(t)$、$x_2(t)$ 叠加而成，两信号的频率比为无理数，即两频率没有公约数，则叠加后信号无公共周期，如图 2-4 所示。这种信号往往出现于通信、振动系统，应用于机械转子振动分析、齿轮噪声分析、语音分析等。

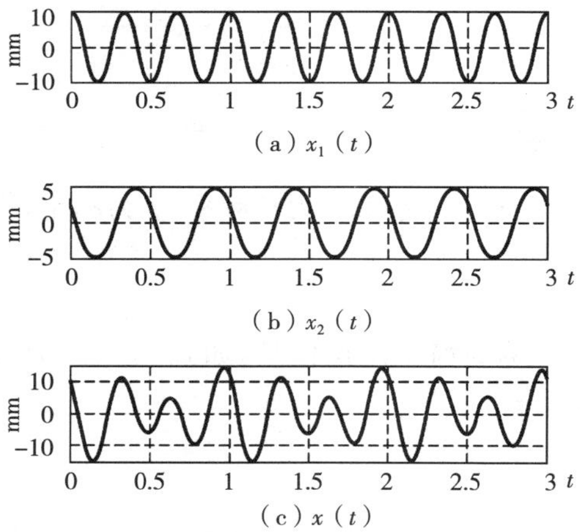

图 2-3　两个余弦信号的叠加(有公共周期)

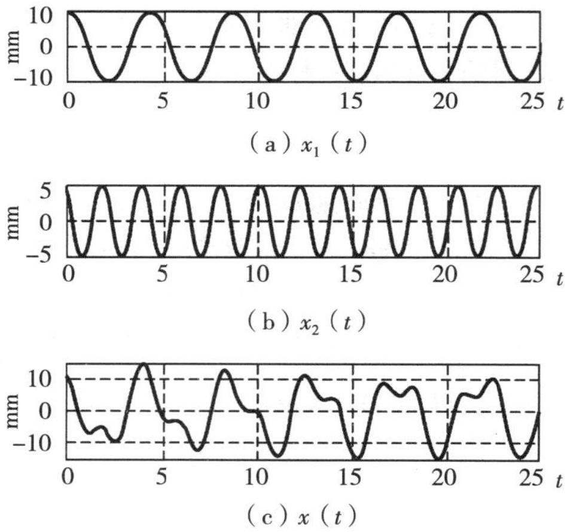

图 2-4　两个余弦信号的叠加(无公共周期)

② 瞬态信号

除准周期信号之外的非周期信号，是一些在有限时间段内存在，或随着时间的推移而幅值衰减至零的信号，称为瞬变非周期信号，又称为瞬态信号。例如，锤子的敲击力、承载缆绳断裂时的应力变化、热电偶插入加热炉中温度的变化过程等，这些信号都属于一般非周期信号，并且可用数学关系式描述。如图 2-5(a) 所示的单自由振动模型 —— 按指数衰减振动信号，若加上阻尼装置后，其质点位移可表示为 $x(t)=X_0 e^{-at}\sin(\omega t+\varphi_0)$，它是一种瞬变非周期信号，随时间的无限增加而衰减至零。图 2-5(b) 和(c) 所示的各种波形(矩形、三角形、梯形) 的单个脉冲信号，持续时间有限也是瞬态信号。

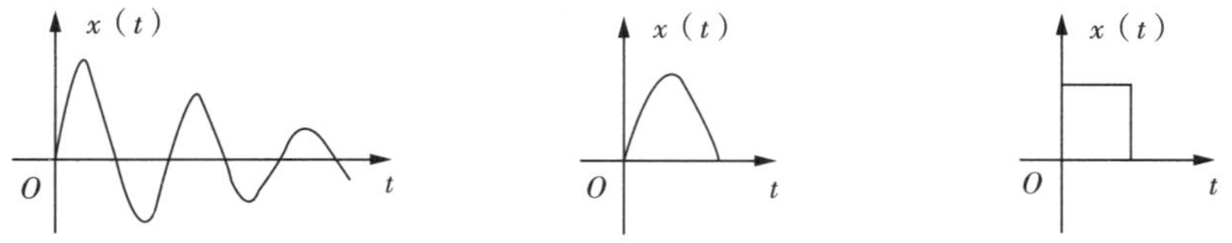

(a) 指数衰减振动信号　(b) 单个正弦波　(c) 单个方波

图 2-5　指数衰减振动信号

2. 非确定性信号

无法用明确的数学关系式表达的信号称为非确定性信号,又称为随机信号。它随时间的变化没有确定的规律。每次观测的结果都不尽相同,任一次观测值只是在其变动范围中可能产生的结果之一,具有随机性。

非确定信号可分为:平稳随机信号和非平稳随机信号。

(1) 平稳随机信号

随机过程中,其统计特征参数不随时间而变化的信号是平稳随机信号,如图 2-6(a) 所示。

(2) 非平稳随机信号

随机过程中,其统计特征参数随时间而变化的过程是非平稳随机信号,如图 2-6(b) 所示。

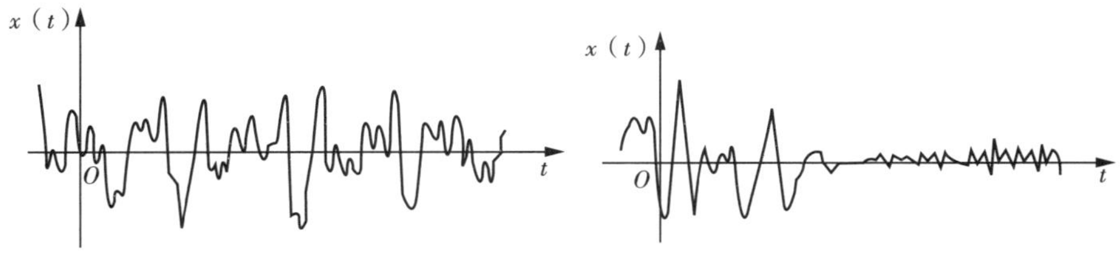

(a) 平稳随机信号　(b) 非平稳随机信号

图 2-6　非确定信号

在平稳随机过程中,如果任何样本的时间平均统计特征等于集合平均统计特征,则该过程就是各态历经随机过程。在工程上我们遇到的很多随机信号具有各态历经性。有的信号虽然不见得是各态历经过程,但也可以当作各态历经随机过程来处理。实际测试工作中常把随机信号按各态历经随机过程来处理,即用有限长度样本记录的分析、观察来推断、估计被测对象的整个随机过程。也就是说,在实际工作中,常以一个或几个样本记录来推断整个随机过程,以时间平均估计集合平均。

确定性信号一般是在一定条件下出现的特殊情况,或者是忽略了次要的随机因素后抽象出来的模型。随机信号广泛存在于工程技术的各个领域,如切削材质不均匀工件时的切削力信号、环境噪声信号、汽车行驶时的振动信号等。测试信号总是受到环境噪声污染的,故研究随机信号具有普遍、现实的意义。

2.1.2　连续时间信号和离散时间信号

根据信号幅值随时间变化的连续性,可把信号分为连续时间信号和离散时间信号。

若信号在某一段时间内连续取值,称此信号为时间的连续信号。模拟信号属于时间连续信号，如图 2-7(a) 所示。若信号在某一段时间 t 只在一些确定的时刻取值，称此信号为时间的离散信号，如图 2-7(b) 所示。

另外，信号幅值也可分为连续和离散两种。若信号的幅值和独立变量均连续，则称为模拟信号，如图 2-7(a) 所示；若信号幅值和独立变量均离散，则称为数字信号，如图 2-8 所示，其幅值进行了离散化并用二进制数来表示。数字计算机使用的信号都是数字信号。

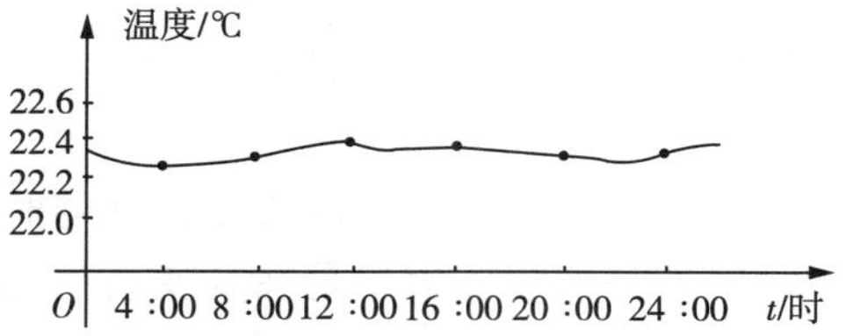

（a）某地一日的气温记录（连续信号）

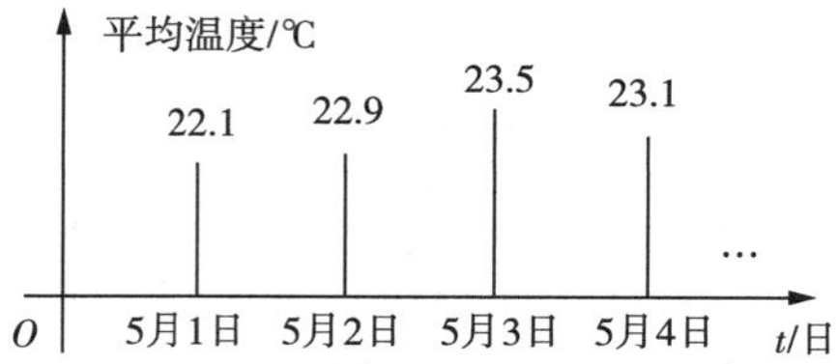

（b）某地每日平均气温的变化（离散信号）

图 2-7　连续信号与离散信号

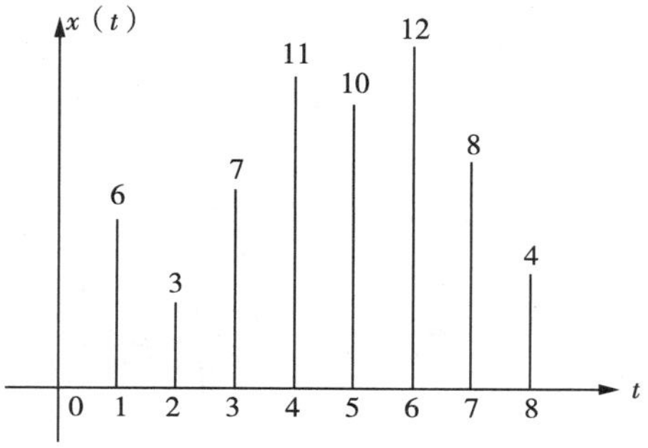

图 2-8　数字信号

2.1.3　能量信号与功率信号

根据信号的能量特征分类，可把信号分为能量信号和功率信号。

当信号 $x(t)$ 在 $(-\infty, +\infty)$ 内满足

$$\int_{-\infty}^{\infty} x^2(t)\,\mathrm{d}t < \infty \tag{2-5}$$

时，则该信号的能量是有限的，称为能量有限信号，简称能量信号。一般持续时间有限的瞬态信号都是能量信号。例如，图 2-5 所示的信号都是能量信号。

反之，若信号 $x(t)$ 在 $(-\infty, +\infty)$ 内满足

$$\int_{-\infty}^{\infty} x^2(t)\,\mathrm{d}t \to \infty \tag{2-6}$$

时，则该信号的能量是无限的，而其在 (t_1, t_2) 区间内的平均功率是有限的，即

$$\frac{1}{t_2 - t_1}\int_{t_1}^{t_2} x^2(t)\,\mathrm{d}t < \infty \tag{2-7}$$

则信号为功率信号，一般持续时间无限的信号都属于功率信号。例如，图 2-2 所示周期信号，是能量无限信号，但在一定的时间间隔内其功率是有限的，因此它是功率信号。

一个能量信号具有零平均功率，而一个功率信号具有无限大能量。

2.1.4　时域有限信号与频域有限信号

信号“域”的不同，是指信号的独立变量不同，或描述信号的横坐标物理量不同。从分析域上分析，可分为时域有限信号和频域有限信号。信号的时域描述如下：以时间为独立变量，其强调信号的幅值随时间变化的特征。信号的频域描述如下：以角频率或频率为独立变量，其强调信号的幅值和相位随频率变化的特征。

若信号在时间段(t_1,t_2)内有定义，在该时间段外恒等于零，就称为时域有限信号，如图 2-9(a)所示的方波信号只在时域有限区间内存在非零值。正弦信号经过傅里叶变换处理后，在频率区间(f_1,f_2)内有定义，在其外恒等于零，这类信号称为频域有限信号，如图 2-9(b)所示，正弦信号的频谱只在频域有限区间内存在非零值。

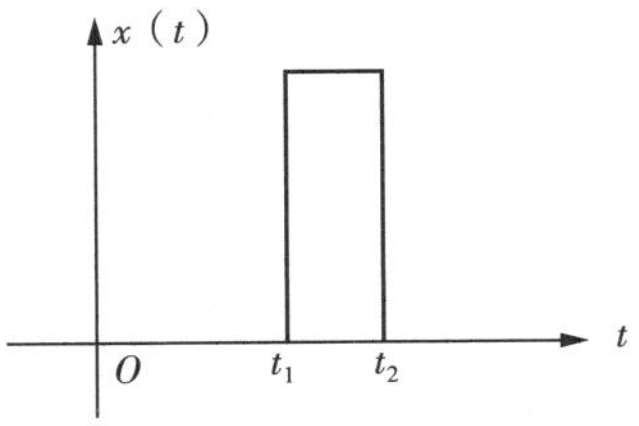

(a) 方波时域波形

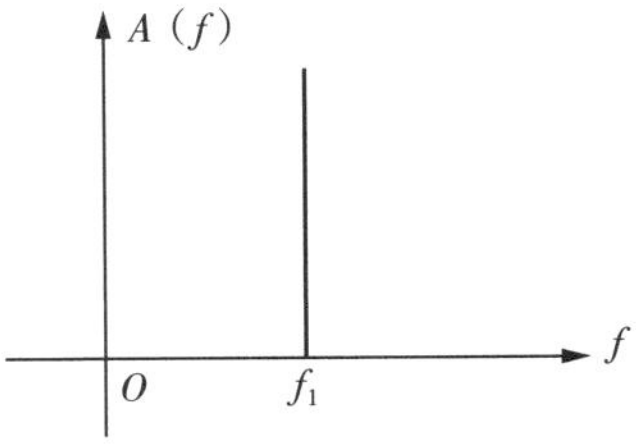

(b) 正弦信号频谱

图 2-9　时域有限信号与频域有限信号

2.1.5　物理可实现信号与物理不可实现信号

根据信号在物理上能否实现，信号可分为物理可实现信号(又称因果信号)和物理不可实现信号(又称非因果信号)。

物理可实现信号又称为单边信号，满足条件 $t<0$ 时，$x(t)=0$，即在时刻小于零的一侧全为零，信号完全由时刻大于零的一侧确定，如图 2-10 所示，这是因为物理系统的响应均存在滞后现象。

物理不可实现信号是指在事件发生前($t<0$)就已经预知的这一类信号，即为双边信号。

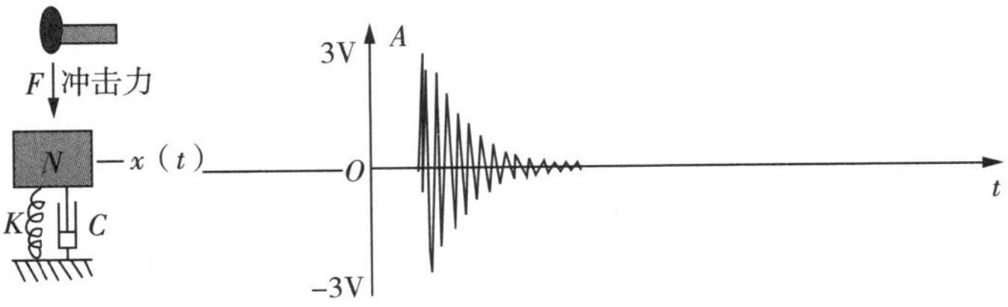

图 2-10　物理可实现信号

在工程实际中出现的信号，大多是物理可实现信号，因为这种信号反映了物理上的因果规律。如切削过程，可以把机床、刀具、工件构成的工艺系统作为一个物理系统，把工件上的硬质点或切削刀具上的积屑瘤等作为振源脉冲，仅仅在该脉冲作用于系统后，振动传感器才会有描述刀具振动的输出。又如地震后的振动信号，人们不可能在振动发生前去预报，只能在地震后及时报告。

2.2 信号的描述方法

信号作为一定物理现象的表示，它包含着丰富的信息，为了从中提取某种有用的信息，需要对信号进行必要的分析与处理。所谓"信号分析"就是采取各种物理的或数学的方法提取有用信息的过程。为了实现这个过程，从数学角度来讲，需要对测试信号进行各种不同变量域的数学描述，以研究信号的构成或特征参数的估计。所以讨论信号的描述，在某种程度上是讨论与"信号分析"有关的数学模式及其图像。

信号描述是信号分析的基础，通常采用 4 个变量域来描述信号：时间域（简称时域）、频率域（简称频域）、幅值域和时延域，对应的信号分析有时域分析、频域分析、幅值域分析和时差域分析。信号的"域"不同，是指信号的独立变量不同，或描述信号的横坐标物理量不同。值得指出的是，对同一被分析信号，可以根据不同的分析目的，在不同的分析域进行分析，从不同的角度观察和描述信号，提取信号不同的特征参数。从本质上看，信号的各种描述方法仅是从不同角度去认识同一事物。在不同域的分析，并未改变同一信号的实质，而且信号的描述可以在不同的分析域之间相互转换，如傅里叶变换可以使信号描述从时域变换到频域，而傅里叶反变换则可以从频域变换到时域。

本节重点介绍时域和频域。通常以这两种变量域来描述信号，即时间域与频域。采用信号不同"域"的描述，突出信号的不同特征以满足不同问题的需要。信号的时域描述以时间为独立变量，强调幅值随时间变化的特征；信号的频域描述以频率为独立变量，强调幅值和相位随频率变化的特征。

2.2.1 信号的时域描述

信号的时域描述主要反映信号的幅值随自变量（时间）变化的特征，可以用数学函数和波形来描述。

（1）信号的数学描述

在数学上，信号可以描述为一个或若干个自变量的函数或序列的形式。比如信号 $x(t)$，其中，t 是抽象化了的自变量，它可以是时间，也可以是空间。为叙述方便，称单自变量的一维信号为时间信号，而两个自变量的二维信号为空间信号。需要指出的是，这里的时间和空间是抽象化了的概念。书中的信号是以时间 t 为自变量的一维信号。

（2）信号的波形描述

信号的另外一种时域描述是波形描述。信号的形状和形式称为波形。按照函数随自变

量 t 的变化关系，可以把信号的波形画出来。波形包含了振幅和频率的信息，振幅代表了输入量的大小，频率代表了信号随时间变化的方式。和信号的函数描述方式相比，波形描述方式更直观。有些信号无法用数学函数描述，但却可以画出它们的波形。图 2－3 和图 2－5 是把时间看作独立变量画出来的，这是最普遍和熟悉的形式。波形的情况被显示在示波器的屏幕上或者在纸带记录仪的纸带上。

2.2.2　信号的频域描述

信号的频域描述是指将信号的时间域描述转换成对应频域中的某个变量的函数，以此来研究信号的频域特性。对于连续信号来说，常采用傅立叶变换和拉氏变换方法。"频谱"是利用傅里叶变换方法得到的频率的函数。傅里叶变换法将一个时域描述的信号分解成一系列基本信号（如正弦信号、复指数信号）的叠加，从频率分布的角度出发研究信号的结构及各种频率成分的幅值和相位关系。频谱图以频率作为独立变量，而每个频率分量的幅值或相位作为纵坐标，如图 2－11 所示。

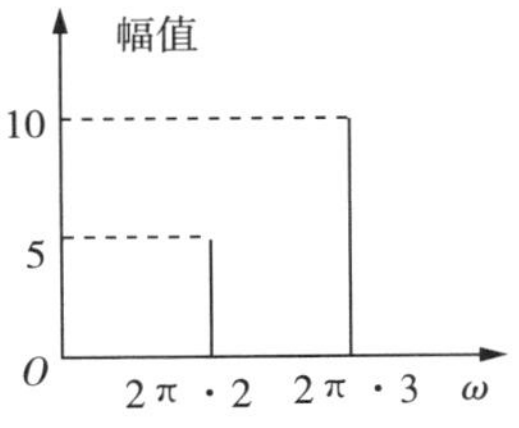

（a）图2.3的频谱

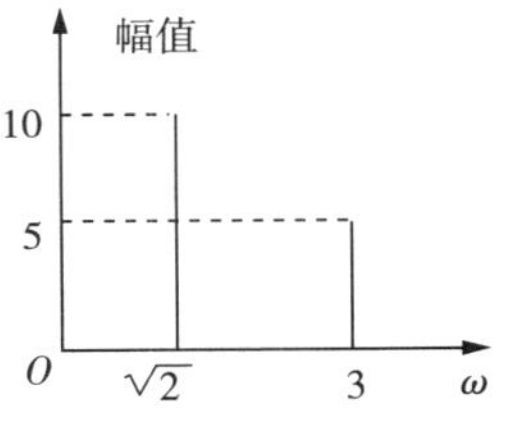

（b）图2.4的频谱

图 2－11　信号的频域描述

频谱图非常有用，因为它让我们可以一眼就看出信号中的频率成分。例如，所得的波形产生于一个结构的振动试验，那么可用频谱来识别结构的固有频率。

信号的时、频域描述是可以相互转换的，而且包含有同样的信息量。采用时域还是频域来描述信号，完全取决于不同测试任务的需要。时域描述直观地反映信号随时间变化的情况，频域描述则侧重描述信号的结构，即信号所包含的频率分量。但无论采用哪一种描述法，同一信号均含有相同的信息，不会因采取的描述方法不同而增添或减少原信号的信息量。

图 2－12 形象地描述了周期方波信号的时域与频域（相位、幅值）之间的关系，图中周期性方波可以看成由一系列频率不等的正弦波叠加而成。信号的时域描述直观反映信号瞬时值随时间变化的情况，而信号的频域描述则反映信号的频率组成及幅值、相位角的大小。为了解决不同问题，往往需要掌握信号不同方面的特征，因而可采用不同的描述方法。例如，评定机器振动烈度，需用振动速度的方均根值作为判据。若速度信号采用时域描述，就能很快求得方均根值。而在寻找振源时，需要掌握振动信号的频率分量，这就需采用频域描述。实际上，两种描述方法能相互转换，而且包含同样的信息。

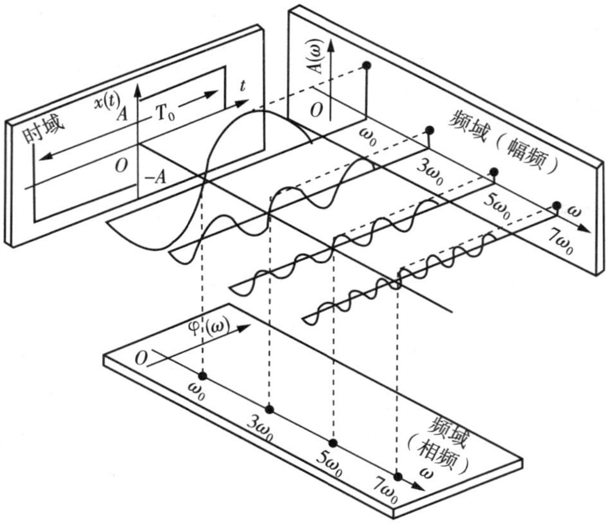

图 2－12　周期性方波信号的时域与频域描述

2.3　信号的时域分析

直接观测或记录的信号一般是随时间变化的物理量，即以时间为自变量的信号表达，称之为信号的时域描述。时域描述是信号最直接的描述方法，只能反映信号的幅值随时间变化的特征。信号的时域波形是时域描述的一种重要形式，信号的时域分析就是求取信号在时域中的特征参数及信号在不同时刻的相似性和关联性。

通常描述信号的时域特征的参数有峰值、峰峰值、均值、方差、均方值和均方根值等。若描述的信号为周期信号，则通常还要提取周期、频率等重要参数。

2.3.1　信号的时域特征参数

1. 峰值 x_F 与峰－峰值 $x_{F\text{-}F}$

峰值 x_F 用于描述信号 $x(t)$ 在时域中出现的最大瞬时幅值，是指波形上与零线的最大偏离值，如图 2－13 所示，即

$$x_F = | x(t) |_{\max} \tag{2-8}$$

峰-峰值 $x_{F\text{-}F}$ 是信号在一个周期内最大幅值与最小幅值之差。它表示信号的动态范围，即信号大小的分布区间。

峰值在实际应用中有它的价值。对信号的峰值应该有足够的估计，以便确定测试系统的动态范围，不至于产生削波的现象，从而能真实地反映被测信号的最大值。

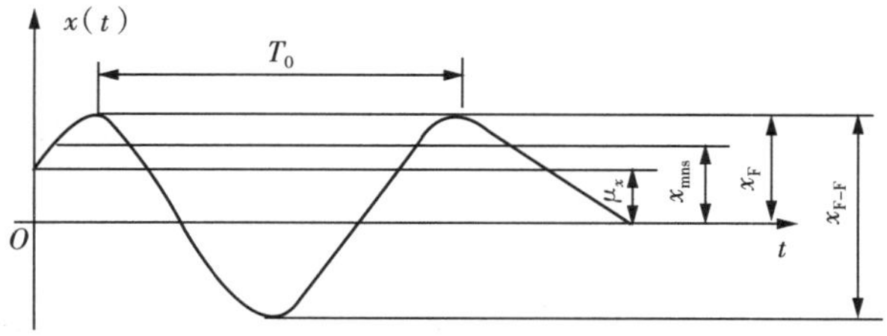

图 2-13　周期信号的强度表述

2. 均值 μ_x 与绝对均值 $\mu_{|x|}$

信号的均值 μ_x 是指信号在记录时间 T 内，信号的幅值对时间的平均，即

$$\mu_x = \frac{1}{T}\int_0^T x(t)\mathrm{d}t \tag{2-9}$$

式中，对于周期信号，T 为周期；对于非周期信号，T 为记录时间。μ_x 表示了信号的固定分量(也称直流分量)的大小。

周期信号全波整流后的均值称为信号的绝对均值 $\mu_{|x|}$，即

$$\mu_{|x|} = \frac{1}{T}\int_0^T |x(t)| \mathrm{d}t \tag{2-10}$$

3. 有效值 x_{rms}

有效值是信号的均方根值 x_{rms}，即

$$x_{rms} = \sqrt{\frac{1}{T}\int_0^T x^2(t)\mathrm{d}t} \tag{2-11}$$

它记录了信号经历的时间历程，反映了信号的功率大小，表示信号的平均能量。

4. 平均功率 P_{av}

有效值的平方为信号的均方值，也就是信号的平均功率 P_{av}，即

$$P_{av} = \frac{1}{T}\int_0^T x^2(t)\mathrm{d}t \tag{2-12}$$

信号的平均功率，描述了信号的强度的大小。

2.3.2　信号的时域分析应用

采用时域分析的方法，可以对信号的基本参数和信号类型等进行识别，从而确定测试系统的动态测试范围，利用超门限报警确定系统发生故障的位置等，还可以提取周期信号的周期、频率信息对系统所需参数进行准确测试。图 2-14 所示为霍尔传感器测量汽车的行驶速度案例，通过对输出的霍尔电动势的时域波形图 2-15 进行分析，提取周期信息有助于计算出汽车的行驶速度。

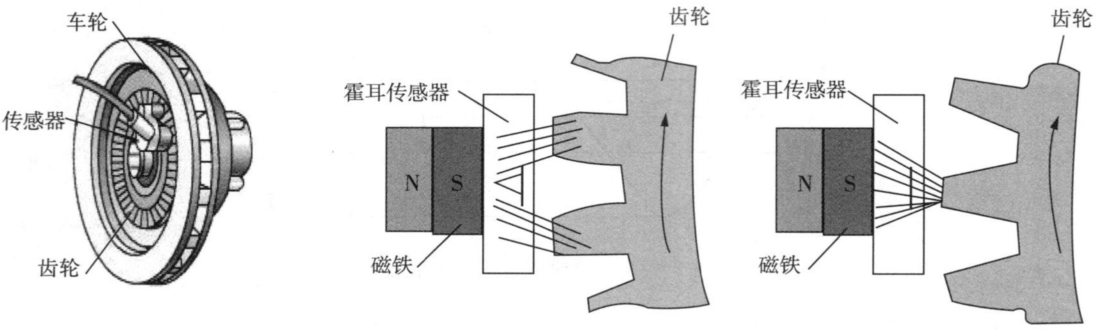

图 2-14　霍尔传感器测量汽车的行驶速度示意图

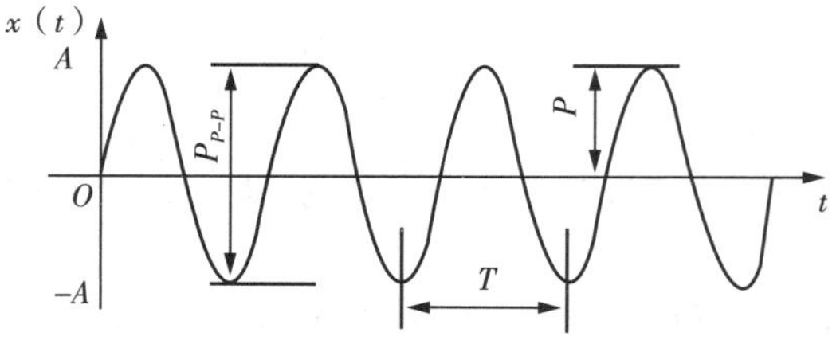

图 2-15　霍尔电动势的时域波形

2.4　信号的频谱分析

时域描述简单直观，但只能反映信号的幅值随时间变化的特性，而不能明确揭示信号的频率组成成分。因此，为了研究信号的频率构成和各频率成分的幅值大小、相位关系，则需要把时域信号转换成频域信号，即把时域信号通过数学处理变成以频率 f(或角频率 ω) 为独立变量，相应的幅值或相位为因变量的函数表达式或图形，这种描述信号的方法称为信号的频域描述。

将信号的时域描述变换为频域分析的数学方法是傅里叶分析。傅里叶分析是经典数学的一个分支。频谱分析的目的是把复杂的时间信号经傅立叶变换分解为若干单一的谐波分量来研究，以获得信号的频率结构以及各谐波分量的幅值和相位信息。信号分析中一般只对确定性信号进行频谱分析，即周期信号和非周期信号。

2.4.1　周期信号的频谱分析

1. 周期信号傅立叶级数的三角函数展开式

从数学分析已知，任何周期函数 $f(t)$，其周期是 T，如果它在一个周期内处处连续，或者只存在有限个间断点，而且在间断点处函数值不跳变到无穷大，即满足狄利克雷(Dirichlet)条件，则此函数可以展开为傅里叶级数。

任意满足狄利克雷(Dirichlet) 条件的周期信号 $x(t)$，都可以展开为傅里叶级数。傅里叶级数的三角函数表达式为：

$$x(t)=a_0+\sum_{n=1}^{\infty}(a_n\cos n\omega_0 t+b_n\sin n\omega_0 t) \tag{2-13}$$

式中，a_0—— 信号的常值分量，也叫直流分量，是此函数在一个周期内的平均值；

a_n—— 第 n 次谐波分量的余弦项的幅值；

b_n—— 第 n 次谐波分量的正弦项的幅值。

a_0、a_n 和 b_n 均为傅立叶系数，都是信号 $x(t)$ 的函数，分别表示为：

$$a_0=\frac{1}{T_0}\int_{-T_0/2}^{T_0/2}x(t)\mathrm{d}t$$

$$a_n=\frac{2}{T_0}\int_{-T_0/2}^{T_0/2}x(t)\cos n\omega_0 t\mathrm{d}t$$

$$b_n=\frac{2}{T_0}\int_{-T_0/2}^{T_0/2}x(t)\sin n\omega_0 t\mathrm{d}t \tag{2-14}$$

式中，T_0—— 信号的周期；

ω_0—— 信号的基波圆频，即角频率，$\omega_0=2\pi/T_0$，$n=1,2,3,\cdots$ 为正整数。

将式(2-14) 代入式(2-13)，通过数学变换，合并式中的同频项，式(2-13) 表示为：

$$x(t)=a_0+\sum_{n=1}^{\infty}A_n\sin(n\omega_0 t+\theta_n) \tag{2-15}$$

式中，信号 $x(t)$ 的幅值 A_n 和初相位角 θ_n 分别为：

$$A_n=\sqrt{a_n^2+b_n^2} \quad A_n\text{——}n\text{ 次谐波的幅值} \tag{2-16}$$

$$\theta_n=\arctan\frac{a_n}{b_n} \quad \theta_n\text{——}n\text{ 次谐波的相位角} \tag{2-17}$$

由式(2-15) 可以看出，周期信号是由有限多个或无限多个的简谐信号叠加而成。或者说，一般周期信号可以分解为一个常值分量 a_0 和多个成谐波关系的正弦分量之和。这一结论对于工程测试非常重要，非常便于获得测试信号的频谱 —— 每一个谐波就是一个频率成分，还有幅值和相位的信息。

在周期信号的三角频谱中，由于 n 为整数，则相邻频率的间隔 $\Delta\omega=\omega_0=2\pi/T_0$ 或 $\Delta f=f_0=1/T$，即各频率成分都是 ω_0 或 f_0 的整数倍。通常把 ω_0 或 f_0 称为基频，其对应的信号称为基波，而把 $n\omega_0(n=2,3,\cdots)$ 或 $nf_0(n=2,3,\cdots)$ 的倍频成分 $A_n\cos(n\omega_0 t+\varphi_n)$ 或 $A_n\cos(2\pi nf_0 t+\theta_n)$ 称为 n 次谐波，各高次谐波分量的频率都是 ω_0 的整数倍。

2. 三角频谱图

以频率为横坐标，以各次谐波的幅值和相位作为纵坐标分别作图，可以得到该信号的幅频图和相频图。它们统称为信号的三角频谱图。基波($n=1$) 或 n 次谐波在频谱图中对应一根谱线。在周期信号的频谱图中，谱线是离散的。三角频谱中的角频率 ω 或频率 f 从 $0\sim+\infty$，谱线总是在横坐标的一边，因而三角频谱也称作“单边谱”，其频谱图也称为单边频谱图。

利用函数的奇偶性，可使周期函数（信号）的傅里叶三角函数展开式有较大的简化。

（1）如果周期函数 $x(t)$ 是奇函数，即 $x(t)=-x(-t)$，这样傅里叶系数的常值分量 $a_0=0$，余弦分量幅值 $a_n=0$，则傅里叶级数 $x(t)=\sum_{n=1}^{\infty}b_n\sin n\omega_0 t$。

（2）如果周期函数 $x(t)$ 是偶函数，即 $x(t)=x(-t)$，这样傅里叶系数的正弦分量幅值 $b_n=0$，则傅里叶级数 $x(t)=a_0+\sum_{n=1}^{\infty}a_n\cos n\omega_0 t$。

例 2-1　画出图 2-3 所示信号 $x(t)$ 的三角频谱图。

解：　如图2-3所示，$x(t)$ 由 $x_1(t)$、$x_2(t)$ 叠加而成，其中，$\omega_1=2\pi f_1=2\pi\cdot 3$，$\omega_2=2\pi f_2=2\pi\cdot 2$，它们的公共最小周期为 $T=1$，频率间隔为 $\Delta\omega=\omega_0=2\pi/T=2\pi$，信号 $x_1(t)$、$x_2(t)$ 和 $x(t)$ 的三角频谱图如图 2-16 所示。

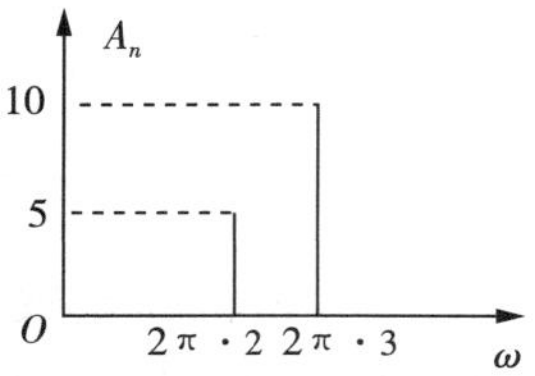

（a）$x(t)$ 的幅频谱

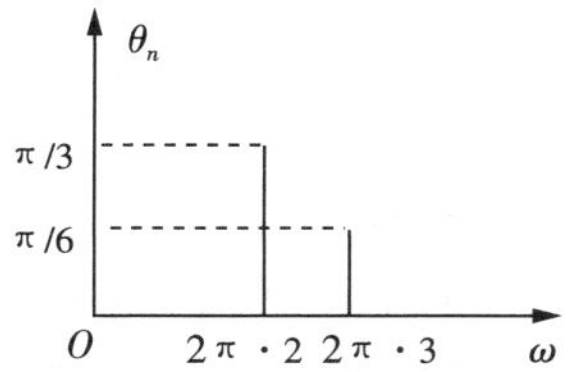

（b）$x(t)$ 的相频谱

图 2-16　信号的三角频谱图

例 2-2　求图 2-2(a) 所示周期性三角波 $x(t)$ 的傅里叶级数的三角函数展开式及其三角频谱，其中周期为 T_0，幅值为 A。

解：　在 $x(t)$ 的一个周期中，$x(t)$ 可表示为：

$$x(t)=\begin{cases}A+\dfrac{A}{T_0/2}t & \left(-\dfrac{T_0}{2}\leqslant t\leqslant 0\right)\\[2ex] A-\dfrac{A}{T_0/2}t & \left(0\leqslant t\leqslant \dfrac{T_0}{2}\right)\end{cases}\tag{2-18}$$

由于 $x(t)$ 为偶函数，故正弦分量幅值 $b_n=0$。而常值分量 a_n 和余弦分量幅值 A_n 及 θ_n 相位差分别为：

$$a_0=\frac{1}{T_0}\int_{-T_0/2}^{T_0/2}x(t)\mathrm{d}t=\frac{1}{T_0}\int_0^{T_0/2}2\left(A-\frac{2At}{T_0}\right)\mathrm{d}t=\frac{A}{2}$$

$$a_n=\frac{2}{T_0}\int_{-T_0/2}^{T_0/2}x(t)\cos n\omega_0 t\mathrm{d}t=\frac{2}{T_0}\int_0^{T_0/2}2\left(A-\frac{2A}{T_0}t\right)\cos n\omega_0 t\mathrm{d}t$$

$$=-\frac{2A}{n^2\pi^2}(\cos n\pi-1)=\frac{4A}{n^2\pi^2}\sin^2\frac{n\pi}{2}=\begin{cases}\dfrac{4A}{n^2\pi^2} & n=1,3,5,\cdots\\[2ex] 0 & n=2,4,6,\cdots\end{cases}$$

$$A_n=\sqrt{a_n^2+b_n^2}=|a_n|=\begin{cases}\dfrac{4A}{n^2\pi^2} & n=1,3,5,\cdots\\ 0 & n=2,4,6,\cdots\end{cases}$$

$$\theta_n=\arctan(-b_n/a_n)=\arctan\left(0/\frac{4A}{n^2\pi^2}\right)=0 \quad n=1,2,3,\cdots$$

当 $n=1$ 时，$A_1=\dfrac{4A}{\pi^2}$，$\theta_1=0$；

当 $n=2$ 时，$A_2=0$，$\theta_2=0$；

当 $n=3$ 时，$A_3=\dfrac{4A}{3^2\pi^2}$，$\theta_3=0$；

当 $n=4$ 时，$A_4=0$，$\theta_4=0$；

当 $n=5$ 时，$A_5=\dfrac{4A}{5^2\pi^2}$，$\theta_5=0$；…。

根据式(2-13)，周期性三角波的傅里叶级数的三角函数展开式为：

$$x(t)=a_0+\sum_{n=1}^{\infty}A_n\cos(n\omega_0 t+\theta_n)=\frac{A}{2}+\frac{4A}{\pi^2}\left(\cos\omega_0 t+\frac{1}{3^2}\cos3\omega_0 t+\frac{1}{5^2}\cos5\omega_0 t+\cdots\right) \tag{2-19}$$

其频谱图如图 2-17 所示。

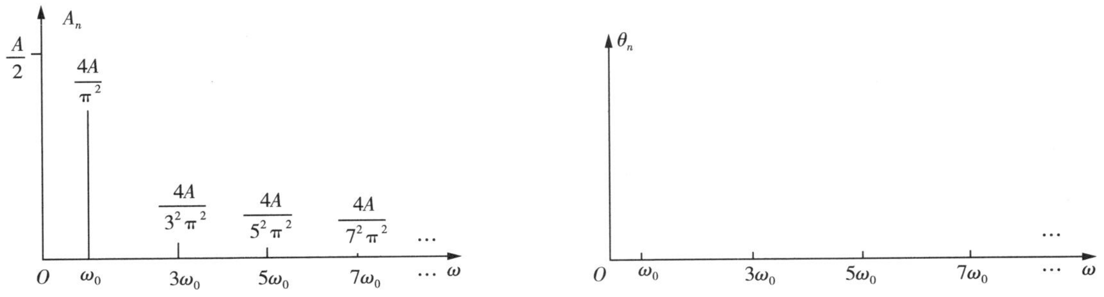

图 2-17　周期性三角波信号的频谱图

通过以上的讨论可以看出常见周期信号的频谱具有下列特点：

(1) 离散性，在三角频谱中，频谱是由一根根离散谱线组成，每根谱线代表一个谐波成分，谱线的高度代表该谐波成分的幅值或相位的大小。

(2) 谐波性，每条谱线只有在其基频的整数倍 $n\omega_0$ 或 nf_0 上，不存在非整数的频率分量。

(3) 收敛性，谐波幅值总体随谐波次数的增高而减小，按各自不同的规律收敛。

一般在信号的频谱分析中没有必要取那些次数过高的谐波分量。因为在测量系统中，常常要对被测信号进行各种处理，如放大、滤波等。而任何一种放大器的通频带的宽度都是有限的，信号中高次谐波的频率如果超过了放大器的截止频率，这些高次谐波就得不到放大，从而引起失真，造成测量误差。

工程上通常把频谱中幅值下降到最大幅值的 1/10 时所对应的频率作为信号的频带宽度，也称为 1/10 法则。该法则在设计或选择测试仪器时尤为重要，测试仪器的工作频率范围必须大于被测信号的频宽，否则将会引起信号失真，增大测量误差。

3. 周期信号的指数形式的傅里叶级数展开及双边频谱图

复指数函数在某些场合下运算和分析非常简便。傅里叶级数也可以写成指数的形式，下面由三角函数形式的傅里叶级数间接导出指数形式的傅里叶级数。

根据欧拉公式

$$e^{\pm j\omega t}=\cos\omega t\pm j\sin\omega t \quad (j=\sqrt{-1}) \tag{2-20}$$

则

$$\cos\omega t=\frac{1}{2}(e^{-j\omega t}+e^{j\omega t}) \tag{2-21a}$$

$$\sin\omega t=\frac{1}{2}j(e^{-j\omega t}-e^{j\omega t}) \tag{2-21b}$$

因此式(2-13)可改写为

$$x(t)=a_0+\sum_{n=1}^{\infty}\left[\frac{a_n-jb_n}{2}e^{jn\omega_0 t}+\frac{a_n+jb_n}{2}e^{-jn\omega_0 t}\right]$$

设

$$C_0=a_0 \tag{2-22a}$$

$$C_n=\frac{1}{2}(a_n-jb_n) \tag{2-22b}$$

$$C_{-n}=\frac{1}{2}(a_n+jb_n) \tag{2-22c}$$

则

$$x(t)=C_0+\sum_{n=1}^{\infty}C_n e^{jn\omega_0 t}+\sum_{n=1}^{\infty}C_{-n}e^{-jn\omega_0 t}$$

$$=\sum_{n=0}C_n e^{jn\omega_0 t}+\sum_{n=1}^{\infty}C_n e^{jn\omega_0 t}+\sum_{n=-1}^{-\infty}C_n e^{jn\omega_0 t}$$

将上式的第二个指数项中的 $-n$ 用 n 代替，于是可以得到 $x(t)$ 的指数形式的傅里叶级数，即

$$x(t)=\sum_{n=-\infty}^{\infty}C_n e^{jn\omega_0 t} \quad n=0,\pm 1,\pm 2,\cdots \tag{2-23}$$

这就是周期信号的傅里叶级数的复指数形式的表达式。将式(2-14)代入式(2-22b)，则

$$C_n=\frac{1}{T_0}\int_{-T_0/2}^{T_0/2}x(t)e^{-jn\omega_0 t}dt \tag{2-24}$$

式(2-23)将一个周期信号 $x(t)$ 展开为成对出现的共轭复数的无穷级数的和。

在一般情况下,C_n 是复数,可以写成

$$C_n = C_{nR} + jC_{nI} = |C_n| e^{j\varphi_n} \tag{2-25}$$

式中,

$$|C_n| = \sqrt{C_{nR}^2 + C_{nI}^2} \tag{2-26}$$

$$\varphi_n = \arctan \frac{C_{nI}}{C_{nR}} \tag{2-27}$$

式中,C_{nR} 为复数 C_n 的实部;C_{nI} 为复数 C_n 的虚部。

C_n 的模规定了 $x(t)$ 的 n 阶谐波的幅值的大小,而 C_n 的相位则规定了 n 阶谐波的初始相位。周期信号 C_n 的实部 C_{nR} 和虚部 C_{nI} 随 ω 或 f 的变化关系分别称为信号的实频谱和虚频谱;$|C_n|$ 和 φ_n 随 ω 或 f 的变化关系分别称为信号的幅频谱和相频谱;周期信号的实频谱、虚频谱、幅频谱和相频谱统称为周期信号的频谱。

由式(2-23)可知,$n=-\infty \sim +\infty$,则 $\omega=-\infty \sim +\infty$,$f=-\infty \sim +\infty$,因此信号频谱的频率范围为 $-\infty \sim +\infty$,即频率是双边的,而不是单边的。故周期信号的傅里叶复指数展开的频谱都是"双边谱",其对应的频谱图称为双边频谱图。在双边幅频图中,每对正、负频率上谱线的高度 $|C_n|$ 相等,因此幅频图呈偶对称分布,而双边相频图总是呈奇对称分布。

需要注意的是,负频率的出现,仅仅是数学推导的结果,并没有实际的物理意义。

4. 傅里叶级数的复指数与三角函数展开的关系

由式(2-22b)可知:

$$C_{nR} = a_n/2 \tag{2-28a}$$

$$C_{nI} = -b_n/2 \tag{2-28b}$$

结合式(2-16)及(2-28a)(2-28b)得

$$|C_n| = \sqrt{C_{nR}^2 + C_{nI}^2} = \sqrt{(a_n/2)^2 + (-b_n/2)^2} = A_n/2 \tag{2-29}$$

即双边频谱的幅值 $|C_n|$ 是单边频谱幅值 A_n 的一半。

由式(2-27)及式(2-28)可知

$$\varphi_n = \arctan(-b_n/a_n) \tag{2-30}$$

对比式(2-14)(2-16)(2-17)与式(2-22)及(2-28)~式(2-30),可得信号的函数与复指数函数展开的关系,见表 2-1 所列。

表 2-1　傅里叶级数的复指数展开式与三角函数展开式的关系

三角函数展开	表达式	复指数展开	表达式
常值分量	$a_0 = C_0$	复指数常量	$C_0 = a_0$
余弦分量幅值	$a_n = 2C_{nR}$	复数 C_n 的实部	$C_{nR} = a_n/2$

（续表）

三角函数展开	表达式	复指数展开	表达式
正弦分量幅值	$b_n = -2C_{nI}$	复数 C_n 的虚部	$C_{nI} = -b_n/2$
振幅	$A_n = 2\mid C_n \mid$	复数 C_n 的模	$\mid C_n \mid = A_n/2$
相位	$\theta_n = \arctan(-b_n/a_n)$	相位	$\varphi_n = \arctan(-b_n/a_n)$

例 2－3　画出正弦信号的频谱图。

解：　由欧拉公式得 $\sin\omega_0 t = \frac{j}{2}(e^{-j\omega_0 t} - e^{j\omega_0 t})$。由式(2－23)，则

$$\sin\omega_0 t = \sum_{n=-\infty}^{\infty} C_n e^{e\,j\omega_0 t} = j\,\frac{1}{2}e^{j\cdot(-1)\omega b\cdot t} + j\,\frac{-1}{2}e^{j\cdot 1\cdot\omega b\cdot t}$$

结合式(2－25)(2－28)(2－29)(2－30)，则

在 $-\omega_0$ 处：$C_n = \frac{j}{2}, C_{nR} = 0, C_{nI} = \frac{1}{2}, |C_n| = \frac{1}{2}, \varphi_n = \frac{\pi}{2}$；

在 ω_0 处：$C_n = \frac{j}{2}, C_{nR} = 0, C_{nI} = -\frac{1}{2}, |C_n| = \frac{1}{2}, \varphi_n = -\frac{\pi}{2}$。

由式(2-26)得：$A_n = 2\cdot|C_n| = 1$。这样，就可以画出正弦信号的频谱图。正弦信号及其频谱图如图 2－18 所示。

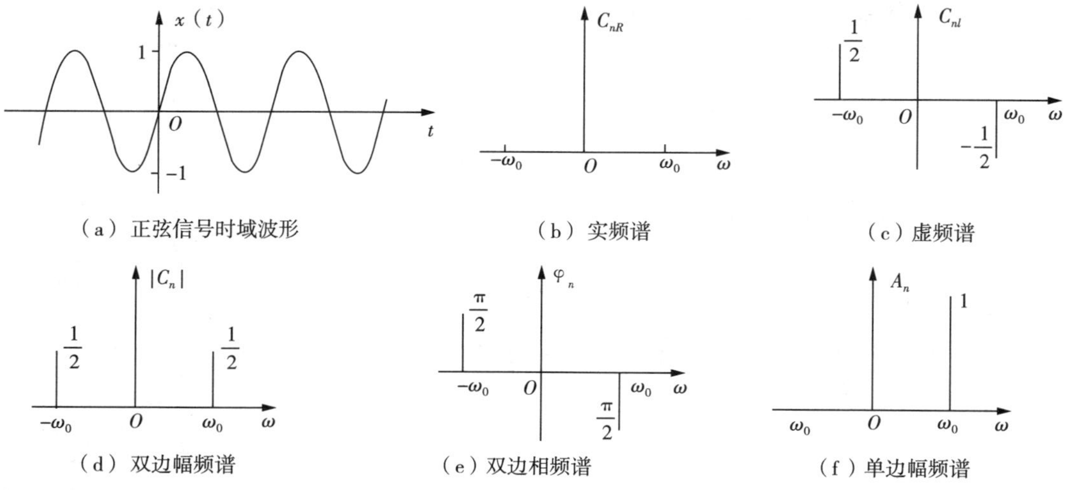

图 2－18　正弦信号及其频谱图

由例题 2－3 可以看出复频谱具有如下的特点：

(1) 幅频谱对称于纵坐标，即信号谐波幅值是频率的偶函数。

(2) 相频谱对称于坐标原点，即信号谐波的相角是频率的奇数倍。

(3) 复频谱与单边谱比较，对应于某一角频率 $n\omega_0$，单边谱只有一条谱线，而双边谱在 $\pm n\omega_0$ 处各有一条谱线，因而谱线增加了一倍，但谱线高度却减少了一半，即 $|C_n| = A_n/2$。

2.4.2 非周期信号的频谱分析

非周期信号包括准周期信号和瞬变信号。准周期信号是由没有公共周期的周期信号组成的，它的频谱是离散谱，如图 2-16(b) 所示。瞬态信号具有瞬变性，例如锤子敲击力的变化、电路电压在开关由开 → 断时的变化、汽车启动时的速度变化过程以及各种波形（矩形、三角形、梯形）的单个脉冲等信号均属于瞬态信号，如图 2-19 所示。

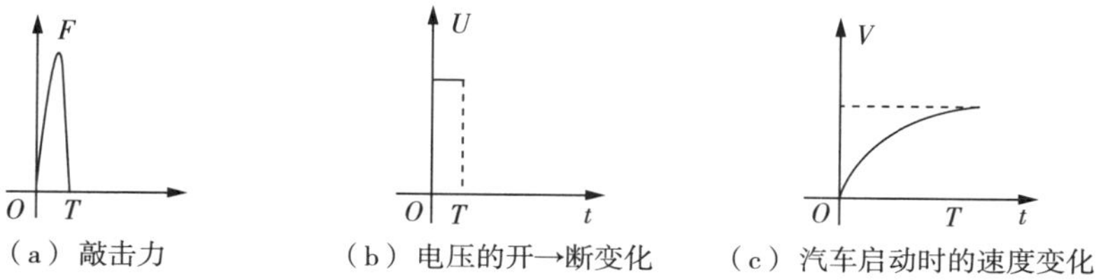

图 2-19　瞬态信号实例

获得周期信号频谱的方法是利用傅立叶级数，而获得非周期信号频谱的方法则是傅里叶变换。

我们可以将瞬态信号看成是周期为 $T \to \infty$ 的周期信号，因此可以从周期信号的角度来理解非周期信号并推导其频谱。

周期为 T_0 的信号 $x(t)$ 的频谱是离散频谱，相邻谐波之间的频率间隔为 $\Delta\omega = \omega_0 = 2\pi/T_0$。对于瞬态信号，$T_0 \to \infty$ 时，$\omega_0 = \Delta\omega \to 0$，这样谱线无限密集以致离散频谱最终变为连续谱，所以瞬态信号的频谱是连续的。因此非周期信号可认为是无限个频率极其接近的频率成分的合成。这时，瞬态信号的频域描述已不能用傅里叶级数展开，而要用傅里叶变换来描述，在此不做详细计算推导。

2.4.3 傅里叶变换的基本性质

利用傅里叶变换可以建立非周期信号时域和频域一一的对应关系。掌握傅里叶变换的性质，有助于理解信号在不同域中的特征、运算和变换之间的对应关系，从而为复杂工程问题的分析和简化提供方便。下面重点介绍傅里叶变换的常用基本性质。

以下内容中用双箭头 $x(t) \Leftrightarrow X(jf)$ 表示 $x(t)$ 和 $X(jf)$ 存在傅里叶变换关系。

1. 线性叠加性

若信号 $x(t)$ 和 $y(t)$ 的傅里叶变换分别为 $X(jf)$ 和 $Y(jf)$，则 $ax(t)+by(t)$ 的傅里叶变换为

$$ax(t)+by(t) \Leftrightarrow aX(jf)+bY(jf) \tag{2-31}$$

对于有限项的和，上述结果也是正确的。

2. 对称性

若 $x(t) \Leftrightarrow X(jf)$，则

$$X(jt) \Leftrightarrow x(-f) \tag{2-32}$$

证明：$x(t)=\int_{-\infty}^{\infty} X(jf)\cdot e^{j2\pi ft}\,df$，以 $-t$ 代替 t，则 $x(-t)=\int_{-\infty}^{\infty} X(jf)\cdot e^{-j2\pi ft}\,df$，再把 t 与 f 互换，则

$$x(-f)=\int_{-\infty}^{\infty} X_{(}jt)\cdot e^{-j2\pi ft}\,dt$$

即 $X(jt)\Leftrightarrow x(-f)$。

3. 时间尺度改变特性(相似定理)

在时域信号 $x(f)$ 幅值不变的情况下，若 $x(t)\Leftrightarrow X(jf)$，则对于实常数 k，有

$$x(kt)\Leftrightarrow \frac{1}{|K|}\cdot X(j\frac{f}{k}) \tag{2-33}$$

式(2-33)表达了信号的时域表示与其频谱之间在时间尺度展缩方面的内在关系，即时域波形的压缩将对应着频谱图形的扩展，且信号的持续时间与其占有的频带成反比。信号持续时间压缩 R 倍 $R>1$，则其频宽扩展 R 倍，幅值为原来的 $1/R$，如图 2-20(b) 所示，反之亦然，如图 2-20(a) 所示。

傅里叶变换的尺度特性对于测试系统的分析是很有帮助的。例如，把记录磁带慢录快放，即为时间尺度的压缩，这样可提高处理信号的效率，但所得到的播放信号频带就会加宽。若后处理设备(放大器、滤波器等)的通频带不够，就会导致失真。相反快录慢放，则播放信号的带宽变窄，对后续处理设备的通频带要求降低，但信号处理效率下降。

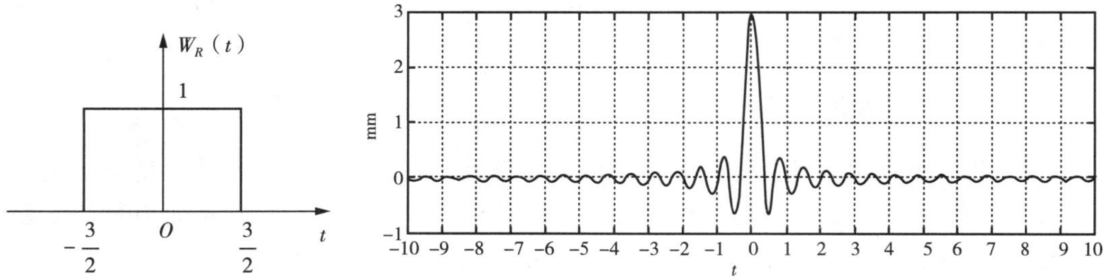

(a) T=3时的窗函数及其幅频谱(k=1)

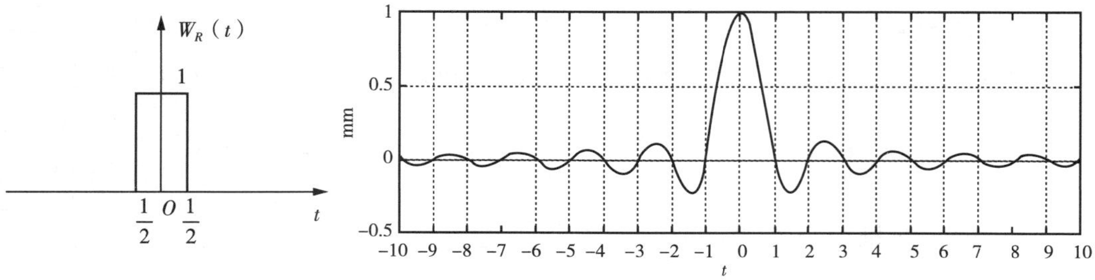

(b) T=1时的窗函数及其幅频谱(k=3)

图 2-20　傅里叶变换的尺度特性

4. 时移、频移特性

若 $x(t) \Leftrightarrow X(jf)$，在时域中信号沿时间轴平移一常值 t_0，则（时移）

$$x(t-t_0) \Leftrightarrow X(f)\mathrm{e}^{-j2\pi f t_0} \tag{2-34}$$

时移特性表明：如果信号在时域中延迟了时间 τ，则其幅频谱不会改变，而相频谱中各次谐波的相移 $-2\pi fto$，与频率成正比。即信号在时域内的延时，对应于它的频谱在频域内的相位滞后，即在时域的移动，引起频域的相移。

在频域中信号沿频率轴平移一常值 f_0，则（频移）

$$X(f \pm f_0) \Leftrightarrow x(t)\mathrm{e}^{\mp j2\pi f_0 t} \tag{2-35}$$

频移特性为

$$x(t)\mathrm{e}^{\mp j2\pi f_0 t} \Leftrightarrow \int_{-\infty}^{\infty} x(t)\mathrm{e}^{\mp j2\pi f_0 t}\mathrm{e}^{-j2\pi f t}\mathrm{d}t$$

$$= \int_{-\infty}^{\infty} x(t)\mathrm{e}^{-j2\pi t(f \pm f_0)}\mathrm{d}t$$

频域特性表明：如果频谱函数在频率坐标上平移了 f_0，则其代表的信号波形将与频率为 f_0 的正、余弦信号相乘，即进行了调制。

5. 卷积特性（乘积定理）

对于任意两个函数 $X_1(t)$ 和 $X_2(t)$，它们的卷积定义为

$$X_1(t) * X_1(t) \int_{-\infty}^{\infty} {}^{X}_{1}(\tau) X_1(t-\tau)\mathrm{d}\tau$$

记作 $X_1(t) * X_2(t)$。

若

$$X_1(t) \Leftrightarrow X_1(jf)$$

$$X_2(t) \Leftrightarrow X_2(jf)$$

则

$$X_1(t) * X_2(t) \Leftrightarrow X_1(jf) X_2(jf) \tag{2-36}$$

$$X_1(t) X_2(t) \Leftrightarrow X_1(jf) X_2(jf) \tag{2-37}$$

式(2-36)和式(2-37)表明，两个时域函数卷积的傅里叶变换等于两者傅里叶变换的乘积；而两个时域函数乘积的傅里叶变换等于两者傅里叶变换的卷积。它们分别称为信号时

域卷积特性和频域卷积特性。

2.4.4 几种典型信号的频谱

1. 单位脉冲函数(δ 函数)及其频谱

(1)δ 函数的定义

在 ε 时间内激发矩形脉冲 $S_\varepsilon(t)$(或三角脉冲、双边指数脉冲,钟形脉冲,如图 2-21 所示)所包含的面积为 1,当 $\varepsilon \to 0$ 时,$S_\varepsilon(t)$ 的极限称为单位脉冲函数,记作 $\delta(t)$,即

$$\lim_{\varepsilon \to 0} S_\varepsilon(t) = \delta(t) \tag{2-38}$$

图 2-22 显示了矩形脉冲到 δ 函数的转化关系。

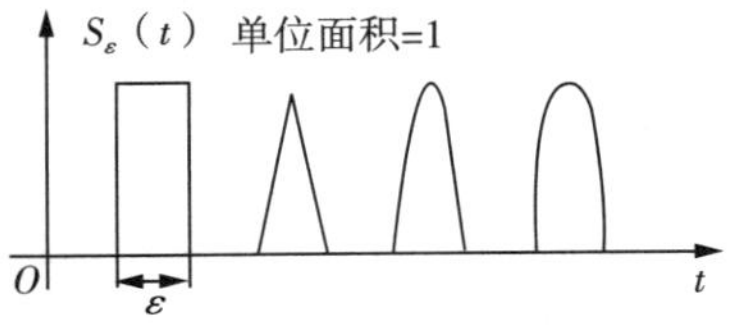

图 2-21 各种单位面积为 1 的脉冲

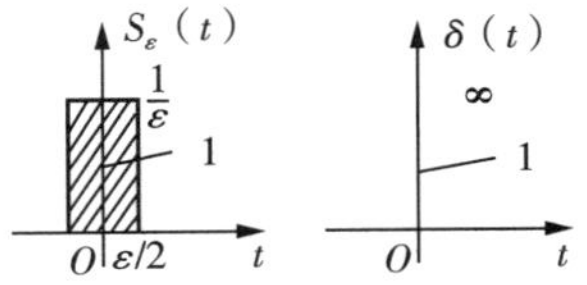

图 2-22 矩形脉冲与 δ 函数

从函数极限的角度看

$$\delta(t) = \begin{cases} \infty & t = 0 \\ 0 & t \neq 0 \end{cases} \tag{2-39}$$

从面积角度看

$$\int_{-\infty}^{\infty} \delta(t)\mathrm{d}t = \lim_{\varepsilon \to 0} \int_{-\infty}^{\infty} S_\varepsilon(t)\mathrm{d}t = 1 \tag{2-40}$$

由式(2-40)可知,当 $\varepsilon \to 0$ 时,面积为 1 的脉冲函数 $S_\varepsilon(t)$ 即为 $\delta(t)$。由于现实中的信号的持续时间不可能为零,因此,δ 函数是一个理想函数,也是一种广义函数,是一种物理不可实现的信号。当 $\varepsilon \to 0$ 时 δ 函数在原点的幅值为无穷大,但其包含的面积为 1,表示信号的能量是有限的。

(2)δ 函数的性质

① 筛选特性

如果 δ 函数与某一连续信号 $x(t)$ 相乘,则其乘积仅在 $t=0$ 处有值 $x(0)\delta(0)$,其余各点 $(t \neq 0)$ 的乘积均为零,即

$$\int_{-\infty}^{\infty} x(t) \cdot \delta(t)\mathrm{d}t = \int_{-\infty}^{\infty} x(0) \cdot \delta(t)\mathrm{d}t = x(0)\int_{-\infty}^{\infty} \delta(t)\mathrm{d}t = x(0) \tag{2-41}$$

同样，对于时延 t_0 的 δ 函数 $\delta(t-t_0)$，只有在 $t=t_0$ 处其乘积不等于零，即

$$\int_{-\infty}^{\infty} x(t)\cdot\delta(t-t_0)\mathrm{d}t = x(t_0) \tag{2-42}$$

式(2-41)和式(2-42)所示 δ 函数的筛选特性的图形如图 2-23(a)和图 2-23(b)所示。时延 t_0 的 δ 函数 $\delta(t-t_0)$ 就是一个采样器，它在 δ 脉冲出现 $t=t_0$ 的时刻把与之相乘的信号 $x(t)$ 在该时刻的值取出来。这一性质对连续信号的离散采样是十分重要的。

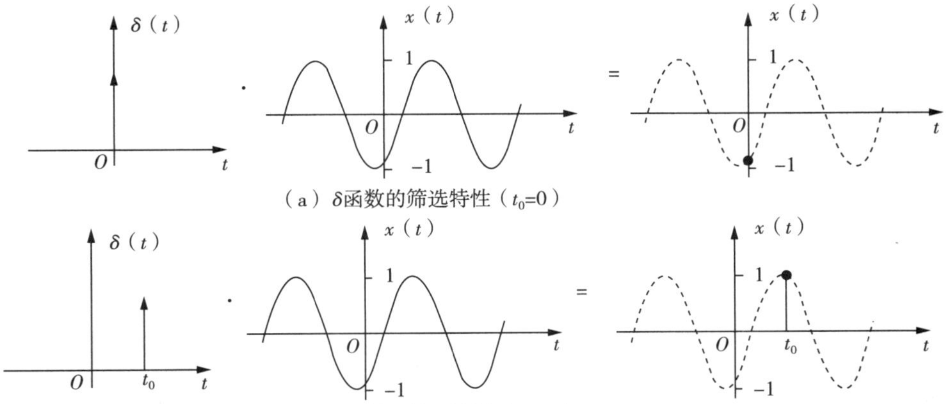

（a）δ函数的筛选特性（t_0=0）

（b）δ函数的筛选特性（$t_0\neq0$）

图 2-23　δ 函数的筛选特性

② 卷积特性

在两个函数的卷积运算过程中，若有一个函数为单位脉冲函数 $\delta(t)$，则卷积运算是一种最简单的卷积积分。即 $x(t)*\delta(t)=\int_{-\infty}^{\infty}x(\tau)\delta(t-\tau)\mathrm{d}\tau=x(t)$

证明：

$$x(t)*\delta(t)=\int_{-\infty}^{\infty}x(\tau)\delta(t-\tau)\mathrm{d}\tau = x(t)\int_{-\infty}^{\infty}\delta(\tau-t)d\tau = x(t) \tag{2-43}$$

因此，$x(t)$ 与 $\delta(t)$ 的卷积等于 $x(t)$，其图形表示如图 2-24 所示。

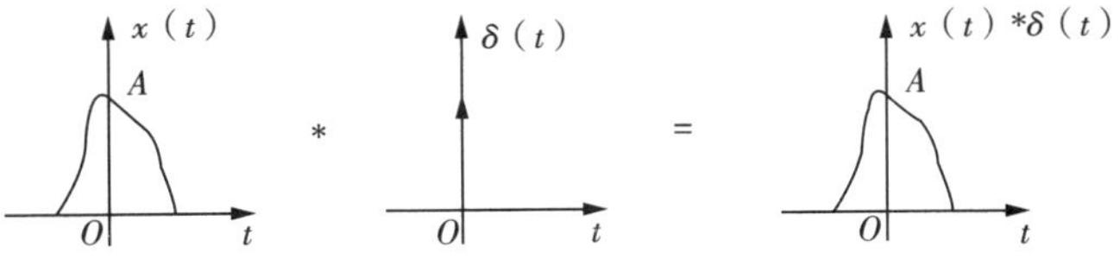

图 2-24　δ 函数的卷积特性($t_0=0$)

同理，脉冲函数 $\delta(t\pm t_0)$ 与函数 $x(t)$ 卷积时，有

$$x(t)*\delta(t\pm t_0)=\int_{-\infty}^{\infty}x(\tau)\delta(t\pm t_0-\tau)\mathrm{d}\tau = x(t\pm t_0) \tag{2-44}$$

可见，函数 $x(t)$ 与 δ 函数的卷积，结果就是在 δ 函数出现脉冲的位置上重新绘制 $x(t)$ 的图形(图 2-25 所示)。

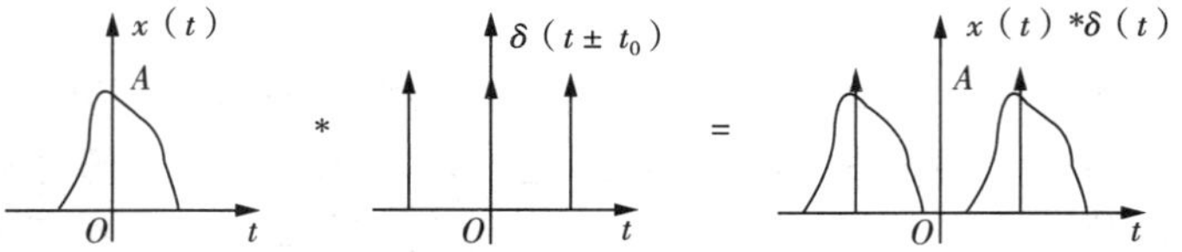

图 2-25　δ 函数的卷积特性($t_0 \neq 0$)

(3)δ 函数的频谱

将 $\delta(t)$ 进行傅里叶变换，考虑 δ 函数的筛选特性，则

$$\Delta(jf) = \int_{-\infty}^{\infty} \delta(t) \mathrm{e}^{-j2\pi ft} \mathrm{d}t = \mathrm{e}^0 = 1 \tag{2-45}$$

其逆变换为

$$\delta(t) = \int_{-\infty}^{\infty} 1 \cdot \mathrm{e}^{j2\pi ft} \mathrm{d}f \tag{2-46}$$

可见，时域的单位脉冲函数具有无限宽广的频谱，且在所有的频段上都是等强度的，如表 2-2 所示。这种信号是理想的白噪声。根据傅里叶变换的对称性、时移和频移特性，可以得到如下信号的傅里叶变换对：

时域　　　频域

$$\delta(t) \Leftrightarrow 1 \tag{2-47a}$$

$$1 \Leftrightarrow \delta(f) \tag{2-47b}$$

$$\delta(t - t_0) \Leftrightarrow \mathrm{e}^{-j2\pi f t_0} \tag{2-47c}$$

$$\mathrm{e}^{j2\pi f_0 t} \Leftrightarrow \delta(f - f_0) \tag{2-47d}$$

式(2-47b) 表明，直流信号的傅里叶变换就是单位脉冲函数 $\delta(jf)$，这说明时域中的直流信号在频域中只含 $f=0$ 的直流分量，而不包含任何谐波成分，如图 2-26(a) 所示。

式(2-47d) 左侧时域信号 $x(t) = \mathrm{e}^{j2\pi f_0 t}$ 为一复指数信号，表示一个单位长度的矢量，以固定的角频率 $2\pi f_0$ 逆时针旋转。复指数信号经傅里叶变换后，其频谱为集中于 f_0 处、强度为 1 的脉冲，如图 2-26(b) 所示。

(a) δ函数的频谱　　(b) 直流信号的频谱

图 2-26　信号的频谱

2. 正、余弦信号的频谱

傅里叶变换要满足狄利克雷(dirichlet)和函数在无限区间上绝对可积的条件，而正、余弦信号不满足后者，因此，在进行傅里叶变换时，必须引入 $\delta(t)$ 函数。

由式(2－21)可知：

$$\sin 2\pi f_0 t=\frac{j}{2}(e^{-j2\pi f_0 t}-e^{j2\pi f_0 t})$$

$$\cos 2\pi f_0 t=\frac{1}{2}(e^{-j2\pi f_0 t}+e^{j2\pi f_0 t})$$

上述两式的傅里叶变换为

$$x(t)=\sin 2\pi f_0 t \Leftrightarrow \frac{j}{2}[\delta(f+f_0)-\delta(f-f_0)] \tag{2-48a}$$

$$y(t)=\cos 2\pi f_0 t \Leftrightarrow \frac{1}{2}[\delta(f+f_0)-\delta(f-f_0)] \tag{2-48b}$$

其双边幅频图如图 2－27 所示，比较图 2－27(a)和图 2－27(d)可知，它们的结果是一样的，即利用傅里叶级数的复指数展开的方法和利用傅里叶变换的方法获得的双边幅频图是相同的。

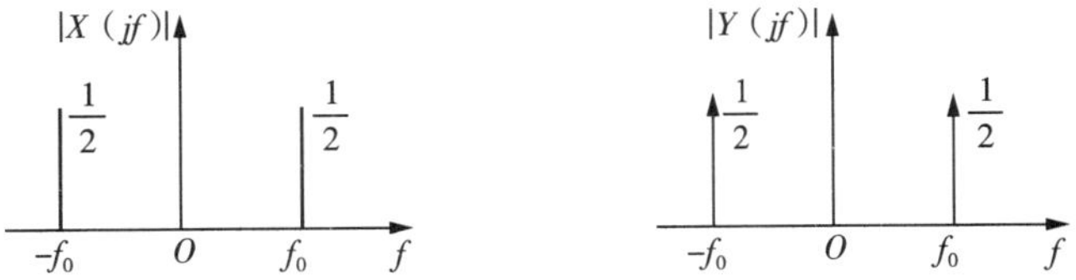

(a) 正弦信号双边幅频谱　(b) 余弦信号双边幅频谱

图 2－27　正、余弦信号的双边幅频图

3. 周期单位脉冲序列的频谱

等间隔的周期单位脉冲序列也称为梳状函数或采样函数，如图 2－28(a)所示，表示为

$$g(t)=\sum_{n=-\infty}^{\infty}\delta(t-nT_s) \tag{2-49}$$

式中，T_s 为周期；n 为整数，$n=0,\pm1,\pm2,\pm3,\cdots$；$g(t)$ 为周期函数，根据式(2－49)有

$$g(t)\Leftrightarrow\sum_{n=-\infty}^{\infty}C_n\delta(f-nf_s) \tag{2-50a}$$

式中，$f_s=1/T_s$，而系数 C_n 由式(2－29)确定，即在区间$(-\frac{T_s}{2},\frac{T_s}{2})$内，$g(t)=\delta(t)$，同时根据 δ 函数的筛选特性可得

$$C_n=\frac{1}{T_s}\int_{-\frac{T_s}{2}}^{\frac{T_s}{2}}\delta(t)e^{-j2\pi nf_s t}dt=\frac{1}{T_s}=f_s \tag{2-50b}$$

因此，周期单位脉冲序列 $g(t)$ 的频谱 $G(jf)$ 为

$$G(jf)=f_s\sum_{n=-\infty}^{\infty}\delta(f-nf_s)=\frac{1}{T_s}\sum_{n=-\infty}^{\infty}\delta(f-\frac{n}{T_s})\tag{2-51}$$

可见，周期单位脉冲序列的频谱也是一个周期脉冲序列，其强度和频率间隔均为 f_s，如图 2-28(b) 所示。

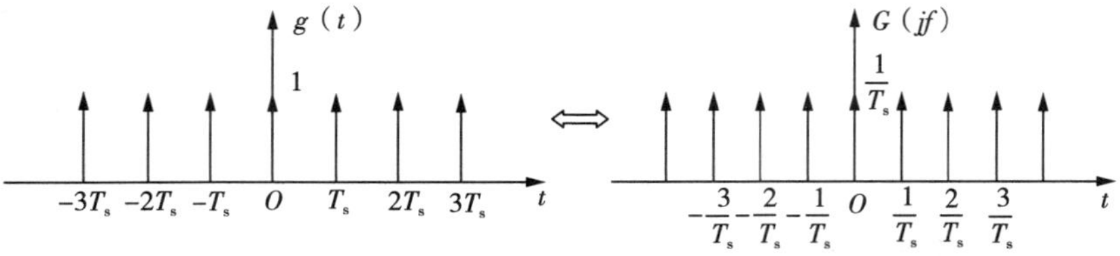

(a) 周期单位脉冲序列　　(b) 周期单位脉冲序列的频谱

图 2-28　周期单位脉冲序列及其频谱

为了便于查阅，现将常见信号的波形、时域表达、频谱函数及其频谱图列成表，见表2-2。

表 2-2　常见信号及其频谱

$x(t)$		$X(jf)$	
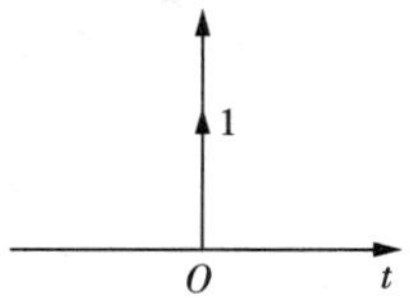	单位脉冲 $\delta(t)$	1	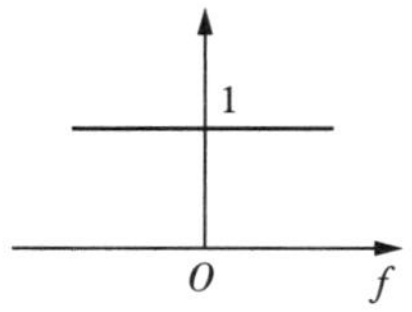
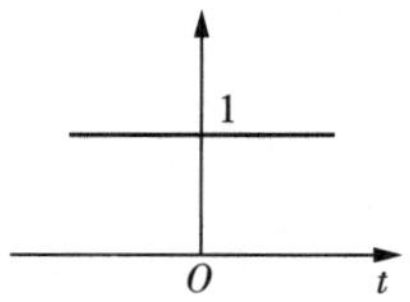	单位直流 1	$\delta(f)$	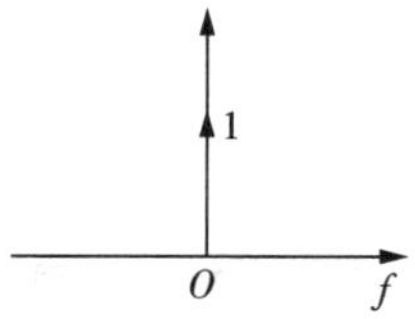
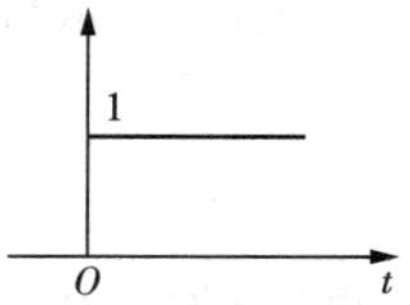	单位阶跃 $u(t)$	$\frac{1}{2}\delta(f)+\frac{1}{j2\pi f}$	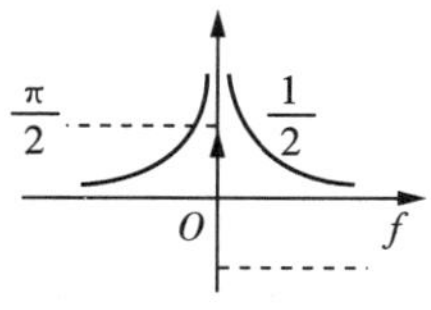
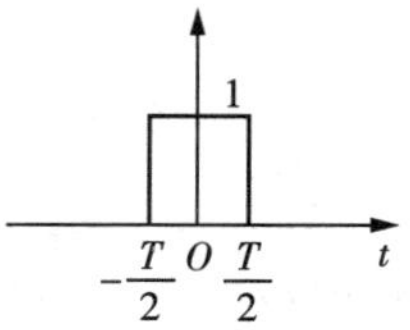	非周期方波 $1\ \lvert t\rvert\leqslant\frac{T}{2}$ $0\ \lvert t\rvert>\frac{T}{2}$	$T\cdot \mathrm{sinc}(\pi fT)$	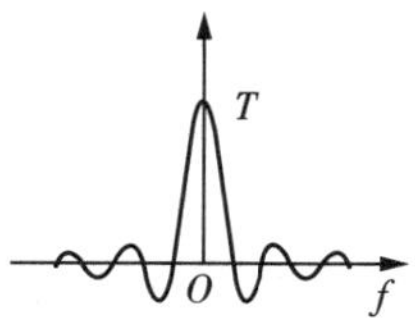
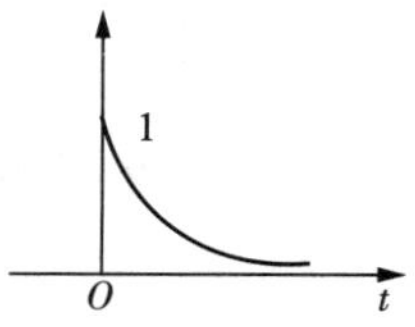	单边指数 $e^{-at}\cdot u(t)(a>0)$	$a+j\cdot 2\pi f$	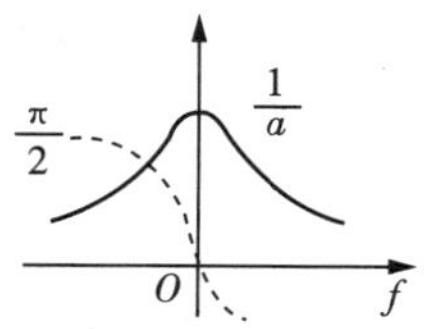

（续表）

$x(t)$		$X(jf)$	
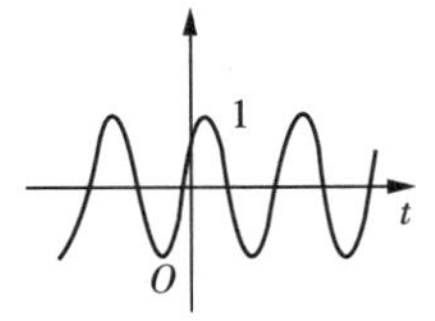	周期正弦 $\sin 2\pi f_0 t$	$j\cdot\frac{1}{2}[\delta(f+f_0)-\delta(f-f_0)]$	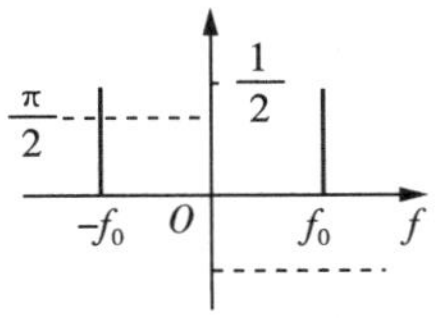
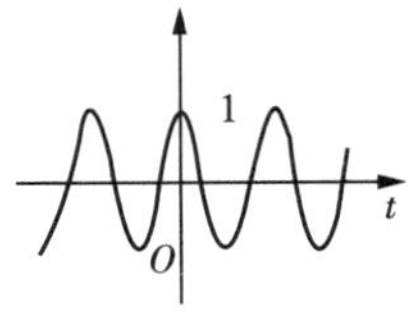	周期余弦 $\cos 2\pi f_0 t$	$\frac{1}{2}[\delta(f+f_0)+\delta(f-f_0)]$	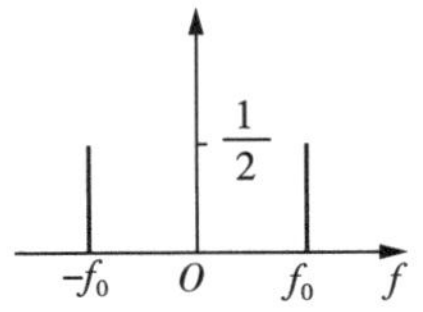
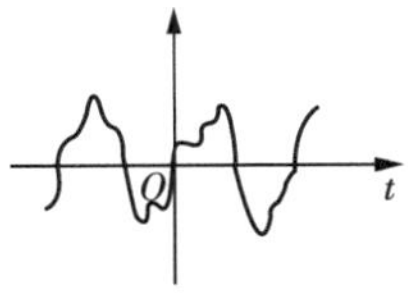	复杂周期信号 $\sum_{n=-\infty}^{\infty} C_n e^{jn2\pi f_0 t}$	$\sum_{n=-\infty}^{\infty} C_n\delta(f-nf_0)$	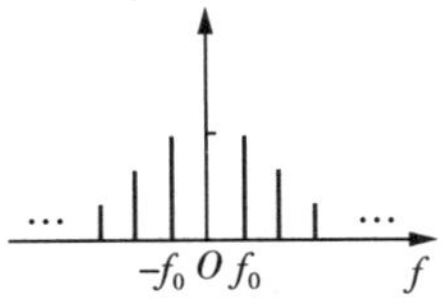
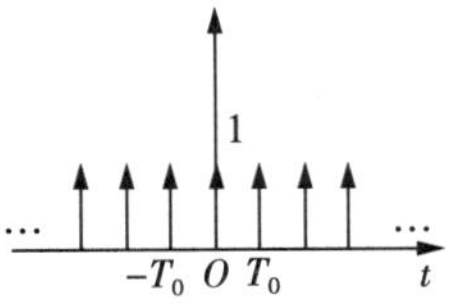	周期单位脉冲序列 $\sum_{n=-\infty}^{\infty}\delta(t-nT_s)$	$\frac{1}{T_s}\sum_{n=-\infty}^{\infty}\delta(f-\frac{n}{T_s})$	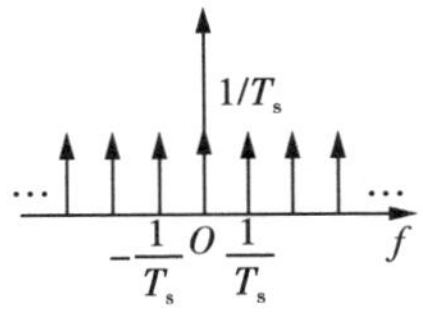
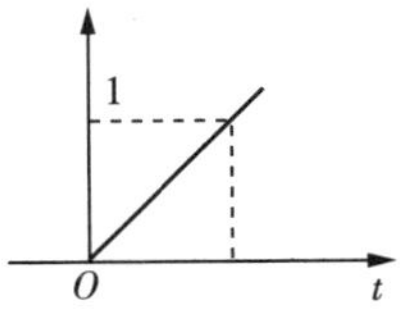	单位斜坡 $t\cdot u(t)$	$\frac{j}{2}\delta^*(f)-\frac{1}{(2\pi f)^2}$	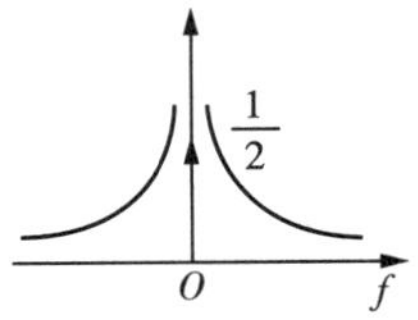
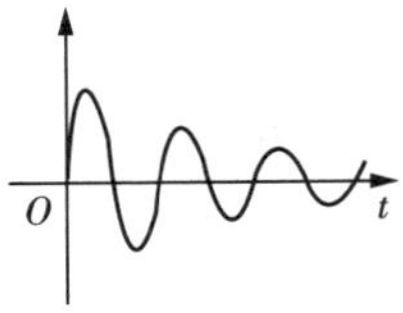	衰减正弦 $e^{-at}\sin 2\pi f_0 t\cdot u(t)$	$\frac{2\pi f_0}{(\alpha+j2\pi f)^2+(2\pi f_0)^2}$	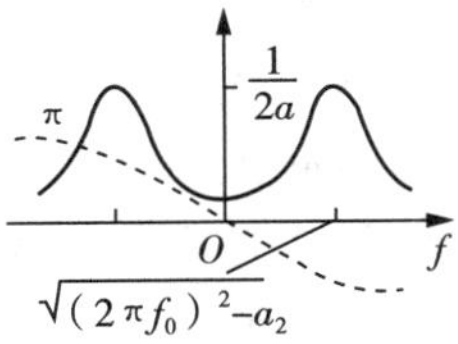
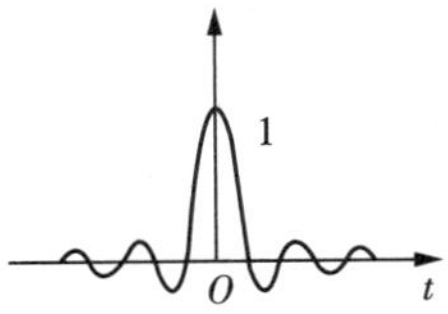	取样函数 $\frac{\sin\Omega t}{\Omega t}$	$\begin{cases}\frac{\pi}{\Omega} & \lvert f\rvert<\Omega\\ 0 & \lvert f\rvert>\Omega\end{cases}$	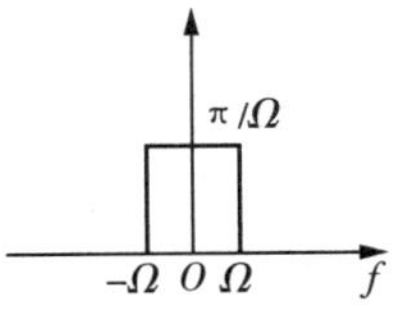

例 2-4　信号 $x(t)$ 的傅里叶变换为 $X(jf)$，$x(t)$ 和 $X(jf)$ 的图形如图 2-29(a)(b) 所示。试求函数 $f(t)=x(t)(1+\cos 2\pi f_0 t)$ 的傅里叶变换 $F(jf)$，并画出其图形。

解：　该题为求两个信号相乘后的频谱及其图形，可灵活应用余弦信号的频谱函数及傅里叶变换的卷积性质方便地求出结果。

由于

$$\cos 2\pi f_0 t \Leftrightarrow \frac{1}{2}[\delta(f+f_0)+\delta(f-f_0)]$$

则

$$x(t)(1+\cos 2\pi f_0 t)=x(t)+x(t)\cos 2\pi f_0 t \Leftrightarrow X(f)+X(f)*\frac{1}{2}[\delta(f+f_0)+\delta(f-f_0)]$$

而

$$x(t)*\delta(t\pm T)=x(t\pm T)$$

所以

$$F(jf)=X(f)+X(f+f_0)/2+X(f-f_0)/2$$

$F(jf)$ 的图形如图 2-29(c) 所示。

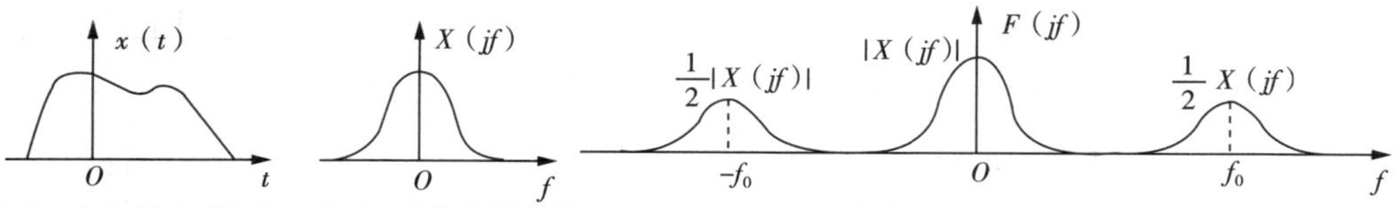

(a) $x(t)$ 的时域波形　(b) $x(t)$ 的幅频谱　(c) $f(t)$ 的幅频谱

图 2-29　信号 $x(t)$ 及其频谱

2.5　随机信号的分析与处理

随机信号是不能用确定的数学关系式来描述的，不能预测其未来任何瞬时值，任何一次观测值只代表在其变动范围中可能产生的结果之一，但其值的变动服从统计规律。描述随机信号必须用概率和统计的方法。在本章第 1 节中，我们讨论了随机过程，并指出工程测试中的随机过程都可简化为各态历经随机过程。这种工程问题处理的方法的理论基础在于是以下两个原因：

(1) 在各态历经随机过程中，任意样本函数均包括了该随机过程的全部特征，故可通过对某个样本函数的分析得到该随机过程的全部特征信息，以单个样本函数的时间平均统计特征值代替集合平均统计特征值，从而使观测次数由无穷次转化为有限次，使得观测过程得以实现。

(2) 在有限的测试时长中，被测系统的物理构造不会发生改变，使得工程测试信号的各种特征不会随时间变化而变化，因而满足各态历经随机过程中“时间平均统计特征参数不随时间变化”的条件。

由此可在某随机过程的单个样本函数中取若干样本记录，用该样本记录的时间平均统计特征来估计整个随机过程。因此，在实际工作中减少对某随机过程的观测时间后，也可以获得该随机过程的特征信息。

随机信号广泛存在于工程技术的各个领域中。确定性信号一般是在一定条件下出现的特殊情况，或者是忽略了次要的随机因素后抽象出来的模型。测试信号总是受到环境噪声污染的，故研究随机信号具有普遍、现实的意义。由于在实际工程中的随机过程绝大多数具有各态历经性，或可在某一范围内具有各态历经性质，因此本书所涉及的随机过程均指各态历经随机过程。

描述各态历经随机过程的主要特征参数有：均值 μ_x、均方值 ψ_x^2、方差 σ_x^2、概率密度函数、自相关函数、功率谱密度函数等。

在实际的信号分析中，往往还需要描述两个或两个以上各态历经随机信号之间的相互依赖程度，通过联合概率密度函数、互相关函数、互谱密度函数等特性参数来描述。

2.5.1　各态历经随机过程的统计特征参数

(1) 均值 μ_x

$$\mu_x = \lim_{T\to\infty} \frac{1}{T}\int_0^T x(t)\mathrm{d}t \tag{2-52}$$

式中，$x(t)$ 为总体 $\{x(t)\}$ 中的一个样本函数；T 为观测时间。

均值表示信号的直流分量。

(2) 方差 σ_x^2

$$\sigma_x^2 = \lim_{T\to\infty} \frac{1}{T}\int_0^T [x(t)-\mu_x]^2\mathrm{d}t \tag{2-53}$$

方差 σ_x^2 描述随机信号的波动分量(交流分量)，它是 $x(t)$ 偏离均值 μ_x 的平方的均值。方差的正平方根叫做标准差 σ_x，是随机数据分析的重要参数。

(3) 均方值 ψ_x^2

均方值反映了随机信号的强度，即平均功率。其计算公式为

$$\psi_x^2 = \lim_{T\to\infty} \frac{1}{T}\int_0^T x^2(t)\mathrm{d}t \tag{2-54}$$

(4) 均方根值

它是随机信号的平均能量(功率)的一种表达。对均方值开根号，就是均方根值，也称为有效值。

$$x_{rms} = \sqrt{\frac{1}{T}\int_0^\infty x^2(t)\mathrm{d}t} = \psi_x \tag{2-55}$$

由式(2-52)(2-53)及(2-54)可得均值、方差和均方值之间的关系

$$\sigma_x^2 = \psi_x^2 - \mu_x^2 \tag{2-56}$$

当均值 $\mu_x=0$ 时，则 $\sigma_x^2=\psi_x^2$，即方差等于均方值。

在实际测试工作中，可以将信号 $x(t)$ 分解为直流分量 $x_D(t)$ 和交流分量 $x_A(t)$ 之和(如图 2-30 所示)。直流分量通过信号的均值描述，而交流分量可通过信号的方差或其正平方根即标准差来描述。

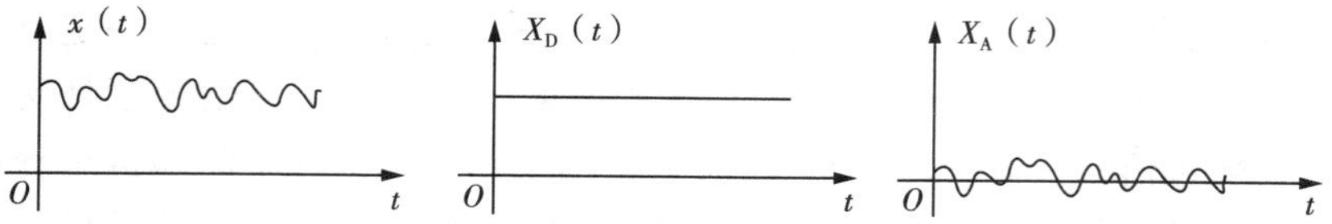

图 2-30　信号的时域分解

2.5.2　概率密度函数及其工程应用

概率密度函数是以幅值大小为横坐标，以每个幅值间隔内出现的概率为纵坐标进行统计分析的方法。它反映了信号落在不同幅值强度区域内的概率情况，提供了随机信号沿幅域分布的信息，它是随机信号的主要特征参数之一。如图 2-31 所示，信号 $-\infty$ 的幅值落在 $+\infty$ 区间内的所有时间总和为 $T_x=$，则

$$T_x=\Delta t_1+\Delta t_2+\Delta t_3+L+\Delta t_n=\sum_{i=1}^{N}1\Delta t_i \tag{2-57}$$

当样本函数 $X(t)$ 的分析时间 T 趋于无穷大时，TX/T 的比值就是幅值落在$[x,x+\Delta x]$区间内的概率，即

$$P[x<x(t)\leqslant(x+\Delta x)]=\lim_{T\to\infty}\frac{T_x}{T} \tag{2-58}$$

定义随机信号的概率密度函数 $p(x)$ 为

$$p(x)=\lim_{\Delta x\to 0}\frac{P[x<x(t)\leqslant x+\Delta x]}{\Delta x}=\lim_{\Delta x\to 0}\frac{1}{\Delta x}\lim_{T\to\infty}\frac{T_x}{T} \tag{2-59}$$

所求 $p(x)$ 是信号 $x(t)$ 的幅值 X 的函数。

对于有限时间 T 内的样本记录的概率密度函数可由下式估计

$$p(x)=\frac{T_x}{T\cdot\Delta x} \tag{2-60}$$

概率密度函数反映了信号的瞬时值落在指定幅值区间内的概率。在全部 x 值变化范围内取值，可画出 $p(x)\to x$ 曲线，称为概率密度函数曲线，它的一种可能形式如图 2-31 所示，这是一条正态分布曲线。

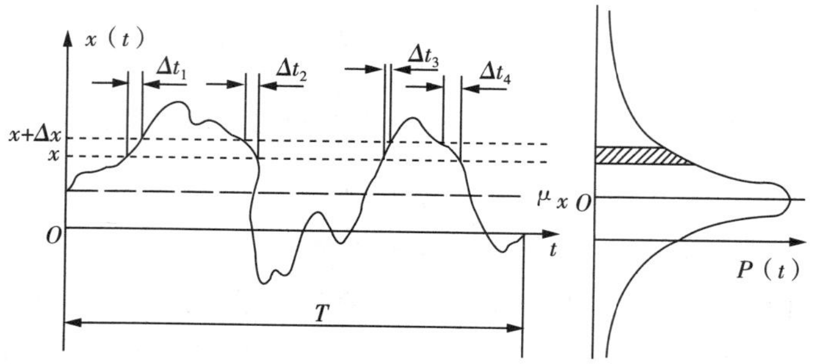

图 2-31　概率密度函数的说明

概率密度函数恒为正实数。概率密度曲线 $p(x)$ 与 x 之间的面积为 1，表示该随机信号的的幅值落在无穷区间内的总概率为 100%。

而概率分布函数是信号幅值小于或等于某值 R 的概率，其定义为

$$P(x)=P[x(t)\leqslant x]=\int_{-\infty}^{x}p(t)\mathrm{d}x \tag{2-61}$$

信号 $x(t)$ 的取值落在区间(x_1,x_2)内对概率为

$$P[x_1\leqslant x(t)\leqslant x_2]=\int_{x_1}^{x_2}p(t)\mathrm{d}x \tag{2-62}$$

在工程实际中，信号的概率密度分析主要应用于以下几个方面：

(1) 概率密度函数的计算与试验数据可以用于机械零部件疲劳寿命的估计和疲劳试验，也可作为产品设计的依据。

(2) 判别信号的性质。工程中测得的动态信号往往是由周期信号、非周期信号和随机信号混合而成，而不同的随机信号有不同的概率密度图形，借助它可以认识信号的性质，见表 2-3 所示。

表 2-3　五种随机信号及其概率密度函数图形

随机信号类型		信号波形	信号的概率密度函数曲线
1	方波信号	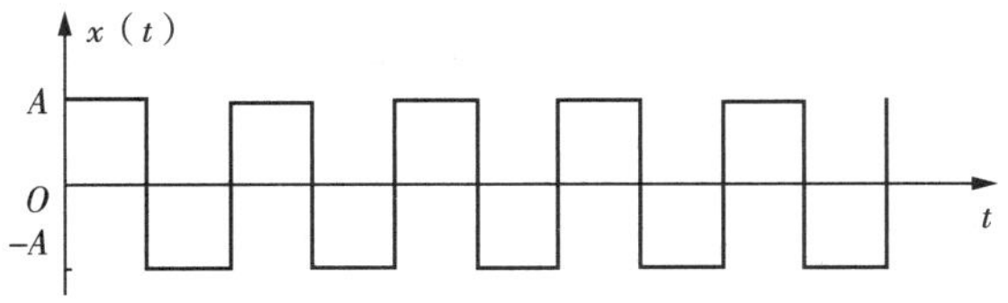	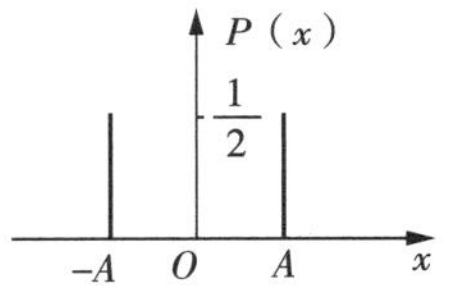
2	正弦信号（初相位随机）	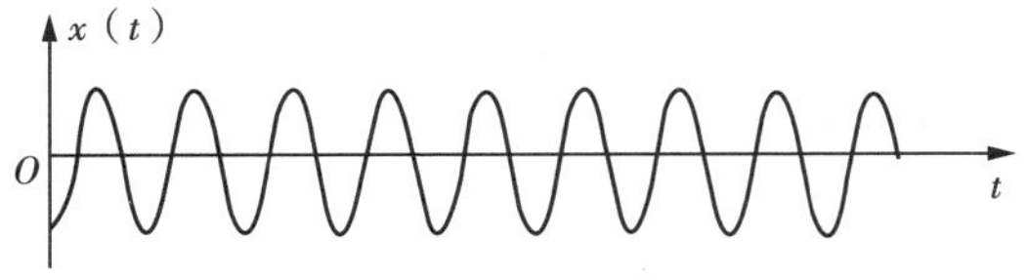	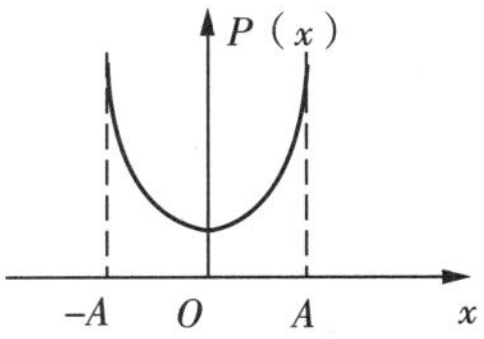
3	正弦信号加随机信号	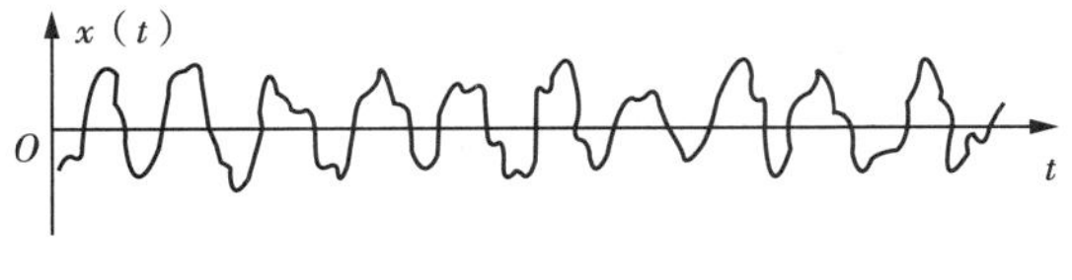	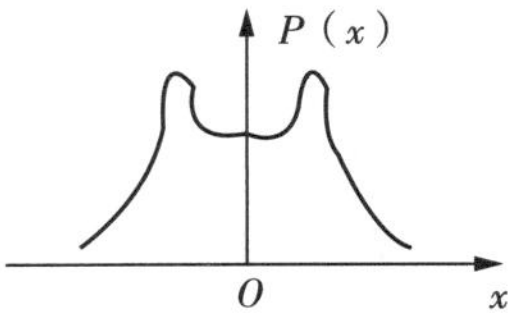
4	窄带随机信号	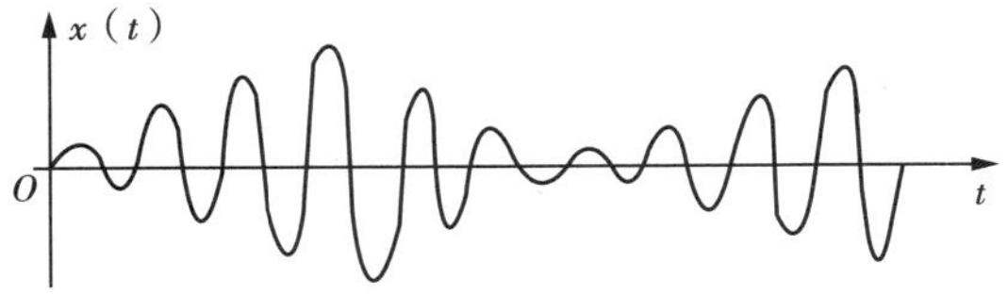	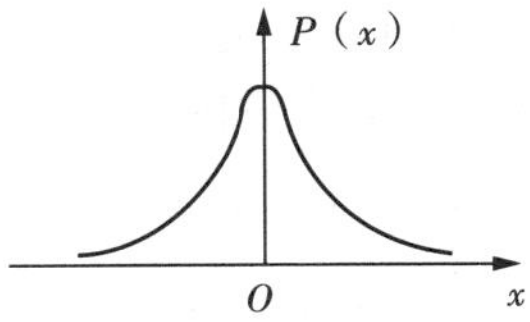

（续表）

随机信号类型		信号波形	信号的概率密度函数曲线
5	宽带随机信号	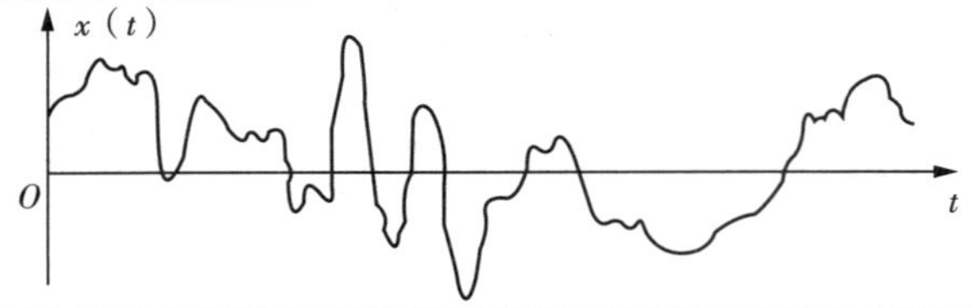	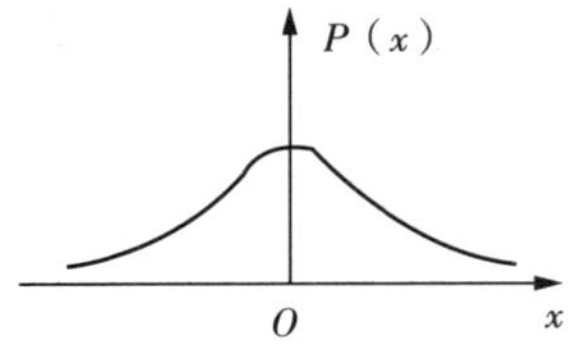

（3）概率密度函数可用于机器的故障诊断。其基本做法是将机器正常与不正常两种状态 $p(x) \rightarrow x$ 曲线进行比较，判断它的运行状态。

如图 2－32 所示为某车床主轴箱新旧两种状态的噪声声压的概率密度函数。显然，该主轴箱在新的时候运行正常，产生的噪声是由大量的、无规则的、量值较小的随机冲击引起的，因而其声压幅值的概率密度分布比较集中，如图 2－32(a) 所示，冲击能量的方差较小。当主轴箱使用较长时间而出现运转不正常时，在随机噪声中出现了有规律的、周期性的冲击，其量值也比随机冲击大得多，因而使噪声声压幅值的概率密度曲线的形状改变，方差值增大，声压幅值分散度增大，如图 2－32(b) 所示。

（a）新主轴箱的 $p(x)-x$ 曲线　（b）旧主轴箱的 $p(x)-x$ 曲线

图 2－32　车床变速箱噪声声压的概率密度分布曲线

2.6　信号的相关分析

在测试结果的分析中，相关分析法是一个非常重要的概念，它表述一个信号在不同时刻或两个信号之间的线性关系或相似程度，可以用描述相关概念的相关系数和相关函数来表达。相关函数有着许多重要的性质，这些重要的性质使得相关函数在测试工程技术得到了广泛应用，形成了专门的相关分析的研究和应用领域。例如在振动测试分析、雷达测距、声发射探伤等都用到相关分析。

在测试中，常常需要对两个以上信号的相互关系进行研究，例如在通信系统、雷达系统，甚至控制系统中，发送端发出的信号波形是已知的，在接收端信号中，我们必须判断是否存在由发送端发出的信号。困难在于接收端信号中即使包含了发送端发出的信号，也往往因为各种原因产生了畸变。一个很自然的想法是用已知的发送波形与畸变了的接收波形相比较，利用他们的相似或相依性做出判断，就需要首先解决信号之间的相似或相依性的度量，这就是相关分析要解决的问题。

2.6.1　相关的概念

所谓相关，是指变量之间的线性关系。对于确定性信号来说，两个变量之间可以用函数关系来描述，两者之间一一对应并为确定的数值。而对于两个随机变量之间就不能用函数关系来表达，也不具有确定的数学关系。但如果两个随机变量之间具有某种内在的物理联系，那么，通过大量的统计还是可以发现它们之间存在着某种虽然不精确，但却具有相应的表征其特性的对应关系。

如旋转机械的转轴的转速与转轴的磨损的关系虽然不能用确定的函数式来描述，但通过大量试验数据的统计可以发现一般的规律是：转速越高磨损也越快，这两个变量之间确实存在着一定的线性关系。

图 2-33 所示由两个随机变量 x 和 y 组成的数据点的分布情况。图 2-33(a) 显示两变量 x 和 y 有较好的线性关系，如考察某结构载荷 x 和应变 y 之间的对应关系，它们之间存在着严格的对应关系，即精确的线性相关；图 2-33(b) 显示两变量虽无确定关系，但从总体上看，两变量间具有某种程度的关联关系，如考察大量个体人的身高 x 和体重 y 的对应关系，即中等的线性相关；图 2-33(c) 各点分布很散乱，两个物理量在数值上没有对应关系，可以说变量 x 和 y 之间是无关的。

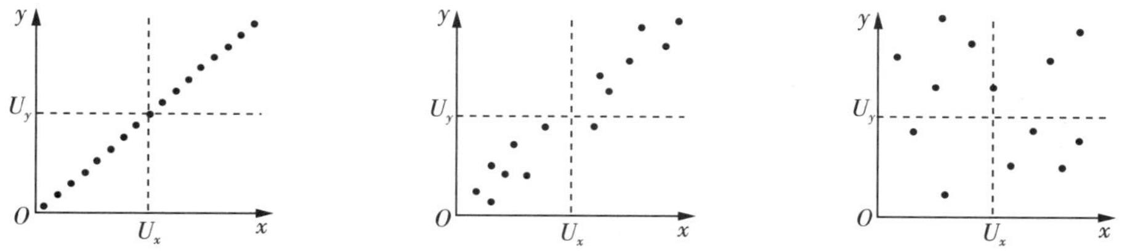

（a）x和y之间是线性关系　（b）x和y之间是某种程度的相关关系　（c）x和y之间是无关

图 2-33　变量 x 与变量 y 的相关性

2.6.2　相关系数与相关函数

对于两变量 x、y 之间的相关程度可以采用相关系数 ρ_{xy} 表示，相关系数定义为

$$\rho_{xy}=\frac{E[(x-\mu_x)(y-\mu_y)]}{\sigma_x\sigma_y} \tag{2-63}$$

式中：E 为数学期望；μ_x、μ_y 分别为随机变量 $x(t)$ 和 $y(t)$ 的均值，$\mu_x=E[x(t)]$，$\mu_y=E[y(t)]$；σ_x、σ_y 分别为随机变量 $x(t)$ 和 $y(t)$ 的标准差，且

$$\sigma_x^2=E\{[x(t)-\mu_x]^2\}$$

$$\sigma_y^2=E\{[y(t)-\mu_y]^2\}$$

根据柯西－许瓦兹不等式

$$E\{[x(t)-\mu_x][y(t)-\mu_y]\}^2\leqslant E\{[x(t)-\mu_x]^2\}E\{[y(t)-\mu_y]^2\}$$

故知 $|\rho_{xy}|\leqslant 1$。

当 $|\rho_{xy}|=1$ 时，所有的数据都落在 $[y(t)-\mu_y]=m[x(t)-\mu_x]$ 的直线上，说明 $x(t)$、$y(t)$ 两变量是理想的线性关系，如图 2-33(a) 所示。$\rho_{xy}=-1$ 时也是理想的线性相关，只不过直线的斜率为负值。

当 $|\rho_{xy}|=0$ 时，则说明两个变量之间完全无关，如图 2-33(c) 所示。

为了表达随机变量 $x(t)$ 和 $y(t)$ 之间是否存在着一定的线性关系，还可以采用变量 $x(t)$ 和 $y(t)$ 在不同时刻的乘积平均来描述，称为相关函数，用 $R_{xy}(\tau)$ 来表示，即

$$R_{xy}(\tau)=\lim_{T\to\infty}\frac{1}{T}\int_0^T x(t)y(t+\tau)\mathrm{d}t \tag{2-64}$$

式中，$\tau\in(-\infty,\infty)$，是与时间变量 t 无关的连续时间变量，称为“时间延迟”，简称“时延”。所以，相关函数是时间延迟 τ 的函数。

设 $y(t+\tau)$ 是 $y(t)$ 时延 τ 后的样本，对于 $x(t)$ 和 $y(t+\tau)$ 的相关系数 $\rho_{x(t)y(t+\tau)}$，简写为 $\rho_{xy}(\tau)$，由式(2-63) 和式(2-64) 得相关系数和相关函数的关系为

$$\rho_{xy}(\tau)=\frac{R_{xy}(\tau)-\mu_x\mu_y}{\sigma_x\sigma_y} \tag{2-65}$$

2.6.3 自相关函数及其应用

1. 自相关函数的定义

从物理意义上讲，自相关函数其实描述的就是随机过程一个时刻的幅值与另一个时刻幅值之间的依赖关系。或者说，现在的波形与时间坐标移动了之后的波形之间的相似程度。

从数学描述上，自相关函数就是信号 $x(t)$ 与信号本身的时移信号 $x(t+\tau)$ 乘积的平均值，是时移变量 τ 的函数。由式(2-64)，若 $x(t)=y(t)$，则 $y(t+\tau)\to x(t+\tau)$，则得到 $x(t)$ 的自相关函数 $R_x(\tau)$ 为

$$R_x(\tau)=\lim_{T\to\infty}\frac{1}{T}\int_0^T x(t)x(t+\tau)\mathrm{d}t \tag{2-66}$$

由式(2-65) 得 $x(t)$ 的自相关系数

$$\rho_x(\tau)=\frac{R_x(\tau)-\mu_x^2}{\sigma_x^2} \tag{2-67}$$

图 2-34 所示为 $x(t)$ 和 $x(t+\tau)$ 的波形图。

2. 自相关函数的性质

自相关函数 $R_x(\tau)$ 的图形如图 2-35 所示。

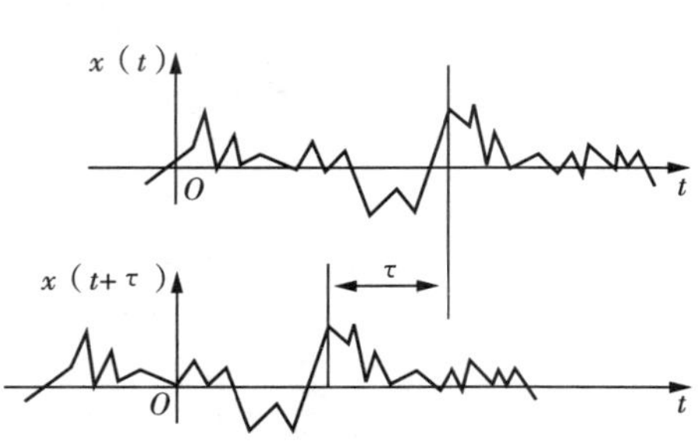

图 2-34 $x(t)$ 和 $x(t+\tau)$ 的波形

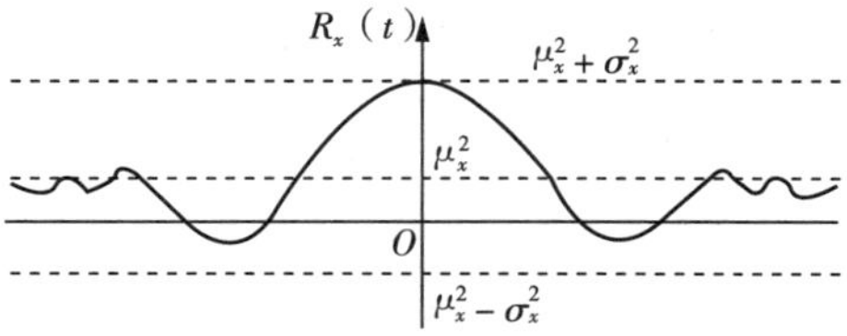

图 2-35 自相关函数的性质

(1)$R_x(\tau)$ 为实偶函数,即 $R_x(\tau)=R_x(-\tau)$。

$$R_x(-\tau)=\lim_{T\to\infty}\int_0^T x(t+\tau)x(t+\tau-\tau)d(t+\tau)$$

$$=\lim_{T\to\infty}\int_0^T x(t+\tau)x(t)d(t+\tau)$$

$$=\lim_{T\to\infty}\int_0^T x(t)x(t+\tau)\mathrm{d}t=R_x(\tau) \tag{2-68}$$

即 $R_x(\tau)=R_x(-\tau)$,又因为 $x(t)$ 为实函数,所以自相关函数 $R_x(\tau)$ 为实偶函数。

(2) 当 $\tau=0$ 时,$R_x(\tau)$ 的值最大,并等于信号的均方值 ψ_x^2,即 $x(t)$ 在同一时刻的记录样本完全成线性,其自相关系数为 1。

(3) 当 $\tau\to\infty$ 时,$x(t)$ 和 $x(t+\tau)$ 之间不存在内在联系,彼此无关,即

$$\rho_x(\tau\to\infty)\to 0 \tag{2-69}$$

$$R_x(\tau\to\infty)\to\mu_x^2 \tag{2-70}$$

如果均值 $\mu_x=0$,则 $R_x(\tau)\to 0$。如果信号越是"随机",则 τ 离开零点时,因此 $x(t)$ 和 $x(t+\tau)$ 两者相关性就越小,$R_x(\tau)$ 的衰减也越快。根据这一性质,可以利用自相关分析来消除噪声信号的干扰。

(4) 当信号 $x(t)$ 为周期函数时,自相关函数 $R_x(\tau)$ 也是同频率的周期函数,保留了变量 $x(t)$ 的幅值信息 x_0 和频率 ω 信息,但丢掉了初始相位 φ 信息。

例 2-5　求正弦函数 $x(t)=x_0\sin(\omega t+\varphi)$ 的自相关函数,初始相角 φ 为一随机变量。

解:　该正弦函数是一个零均值的各态历经随机过程,由于存在周期性,其信号特征可以用一个周期内的平均值计算。根据自相关函数的定义:

$$R_x(\tau)=\lim_{T\to\infty}\frac{1}{T}\int_0^T x(t)x(t+\tau)\mathrm{d}t=\frac{1}{T_0}\int_0^T x_0^2\sin(\omega t+\varphi)\sin[\omega(t+\tau)+\varphi]\mathrm{d}t$$

$$=\frac{x_0^2}{2T}\int_0^T\{\cos[\omega(t+\tau)+\varphi-(\omega t+\varphi)]-\cos[\omega(t+\tau)+\varphi+(\omega t+\varphi)]\}\,\mathrm{d}t$$

$$=\frac{x_0^2}{2T}\int_0^T[\cos\omega\tau-\cos(2\omega t+\omega\tau+2\varphi)]\,\mathrm{d}t$$

$$=\frac{x_0^2}{2T}\int_0^T\cos\omega\tau\,\mathrm{d}t+\frac{x_0^2}{T_0}\int_0^T\cos(2\omega t+\omega\tau+2\varphi)\mathrm{d}t$$

$$=\frac{x_0^2}{2}\cos\omega\tau$$

式中:T_0 为正弦函数的周期,$T_0=2\pi/\omega$,即

$$R_x(\tau)=\frac{x_0^2}{2}\cos\omega\tau \tag{2-71}$$

可见,正弦函数的自相关函数是一个余弦函数,在 $\tau=0$ 时具有最大值$\frac{x_0^2}{2}$,如图 2-36 所

示。它保留了变量 $x(t)$ 的幅值信息 x_0 和频率 ω 信息，但丢掉了初始相位 φ 信息。

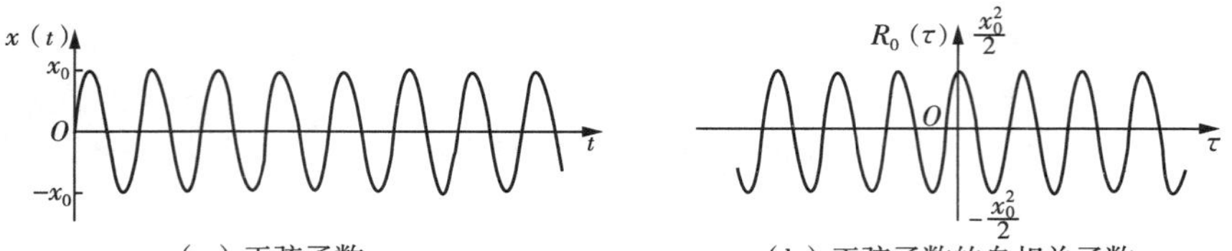

（a）正弦函数　　（b）正弦函数的自相关函数

图 2-36　正弦函数及其自相关函数

3. 自相关函数的应用

(1) 鉴别信号类型

如表 2-4 所示四种典型信号的自相关函数，可以看到自相关函数是鉴别信号类型的一个非常有效的手段。特别是当信号中含有周期成分时，其自相关函数在 τ 很大时都不衰减，并具有明显对周期性。不包含周期成分的随机信号，当 τ 稍大时自相关函数就将趋于零。带宽随机噪声的自相关函数很快衰减到零，窄带随机噪声的自相关函数则有较慢对衰减特征。

表 2-4　四种典型信号及其自相关函数

信号类型	时间历程	自相关函数图
正弦信号	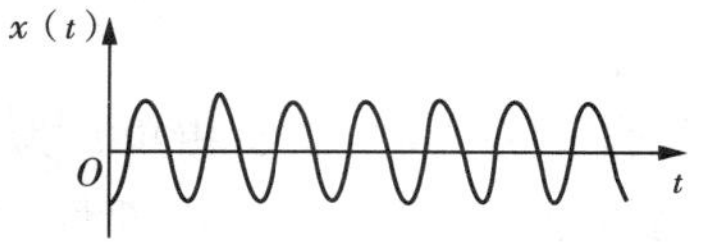	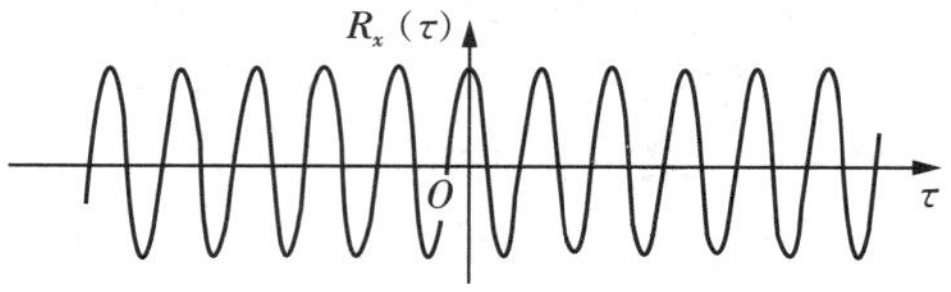
正弦波加随机噪声	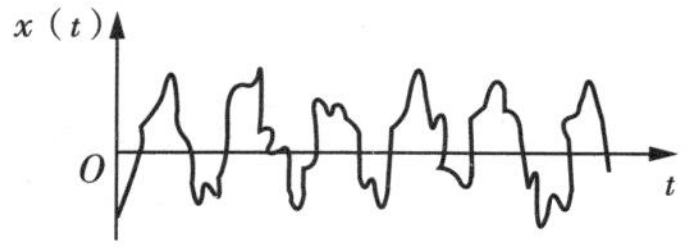	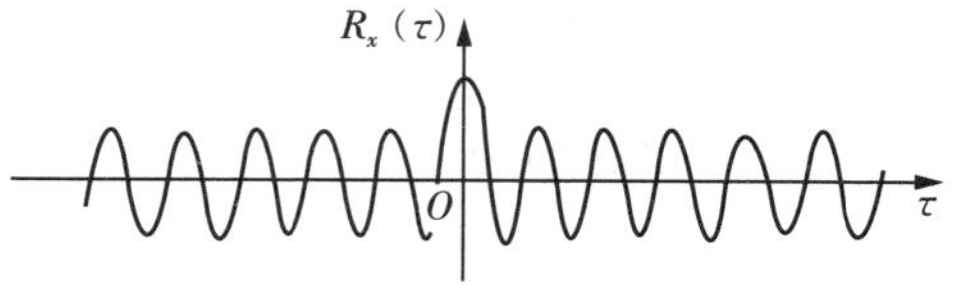
带宽随机噪声	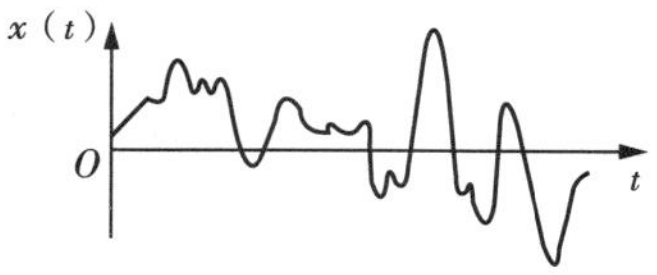	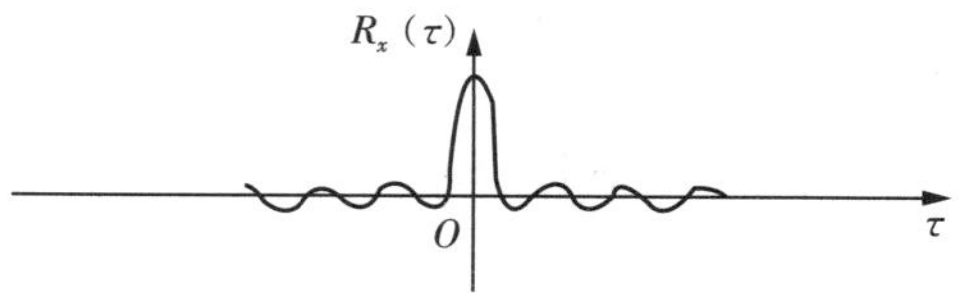
窄带随机噪声	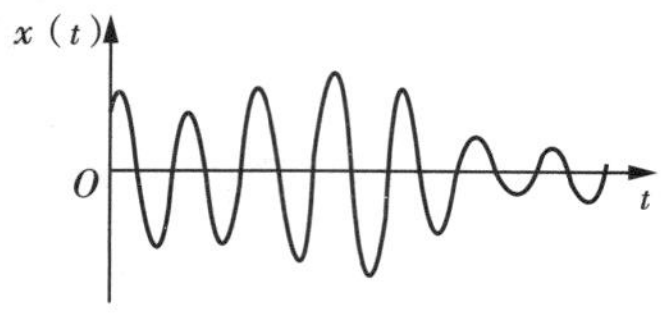	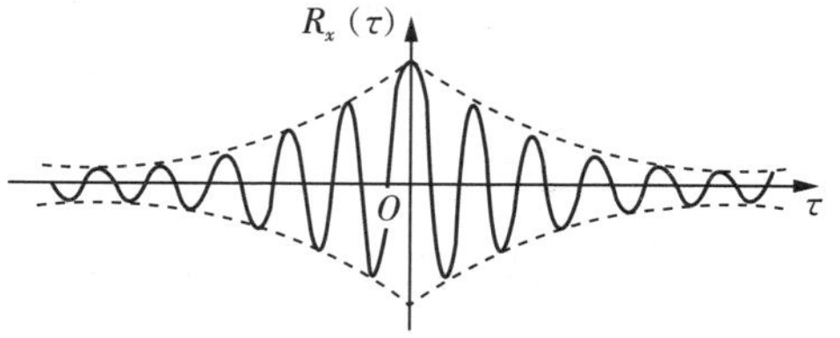

(2) 寻找周期性激励源

例 2-6　如图 2-37 所示，用轮廓仪对一机械加工表面的粗糙度检测信号 $a(t)$ 进行自相关分析，得到了其相关函数 $Ra(\tau)$。试根据 $Ra(\tau)$ 分析造成机械加工表面的粗糙度的原因。

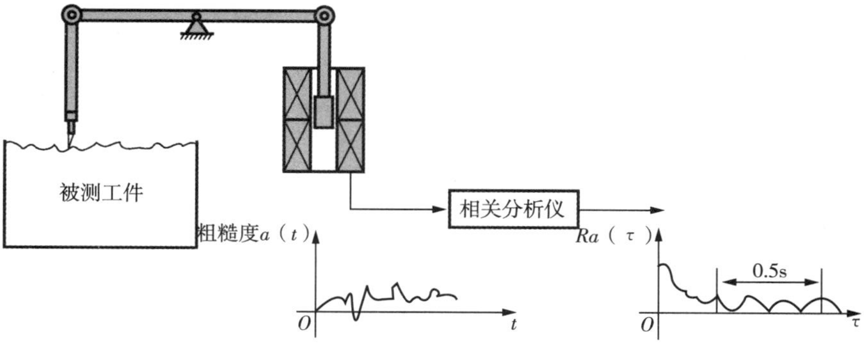

图 2－37　表面粗糙度的相关检测法

解：观察 $a(t)$ 的自相关函数 $Ra(t)$，发现 $Ra(t)$ 呈周期性，这说明造成粗糙度的原因之一是某种周期因素。从自相关函数图可以确定周期因素的频率为

$$f=\frac{1}{T}=\frac{1}{0.5/3}=6\mathrm{Hz} \tag{2-72}$$

根据加工该工件的机械设备中的各个运动部件的运动频率(如电动机的转速，拖板的往复运动次数，液压系统的油脉动频率等)，通过测算和对比分析，运动频率与 6Hz 接近的部件的振动，就是造成该粗糙度的主要原因。

2.6.4　互相关函数及其应用

1. 互相关函数的定义

互相关函数描述一个系统中的一处测点上所得数据与同一个系统的另一测点所得数据互相比较得到他们之间的关系。

在式(2－64)中，若 $x(t)$、$y(t)$ 为两个不同的信号 $x(t)$ 和 $y(t)$，则把 $R_{xy}(\tau)$ 称为函数 $x(t)$ 与 $y(t)$ 的互相关函数，即

$$R_{xy}(\tau)=\lim_{T\to\infty}\frac{1}{T}\int_0^T x(t)y(t+\tau)\mathrm{d}t \tag{2-73}$$

根据式(2－65)，相应的互相关系数为

$$\rho_{xy}(\tau)=\frac{R_{xy}(\tau)-\mu_x\mu_y}{\sigma_x\sigma_y} \tag{2-74}$$

2. 互相关函数的性质

(1) 互相关函数是非奇函数、非偶函数，而且 $R_{xy}(\tau)=R_{yx}(-\tau)$。对于平稳随机过程，在 t 时刻从样本采样计算的互相关函数应与 $t-\tau$ 时刻从样本采样计算的互相关函数一致，即

$$R_{xy}(\tau)=\lim_{T\to\infty}\frac{1}{T}\int_0^T x(t)y(t+\tau)\mathrm{d}t=\lim_{T\to\infty}\frac{1}{T}\int_0^T x(t-\tau)y(t-\tau+\tau)\mathrm{d}(t-\tau)$$

$$=\lim_{T\to\infty}\frac{1}{T}\int_0^T x(t-\tau)y(t)\mathrm{d}t=\lim_{T\to\infty}\frac{1}{T}\int_0^T y(t)x[t+(-\tau)]\mathrm{d}t$$

$$=R_{yx}(-\tau) \tag{2-75}$$

式(2-75)表明，互相关函数不是偶函数，也不是奇函数，$R_{xy}(\tau)$ 与 $R_{yx}(-\tau)$ 在图形上对称于纵坐标轴，如图 2-38 所示。

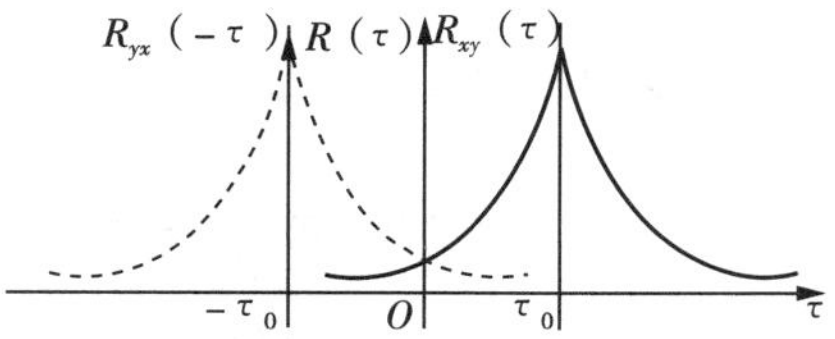

图 2-38　互相关函数的对称性

(2)$R_{xy}(\tau)$ 的峰值不在 $\tau=0$ 处。$R_{xy}(\tau)$ 的峰值偏离原点的位置 τ_0 反映了两信号时移的大小，相关程度最高，如图 2-39 所示。在 τ_0 时，$R_{xy}(\tau)$ 出现最大值，它反映 $x(t)$、$y(t)$ 之间主传输通道的滞后时间。

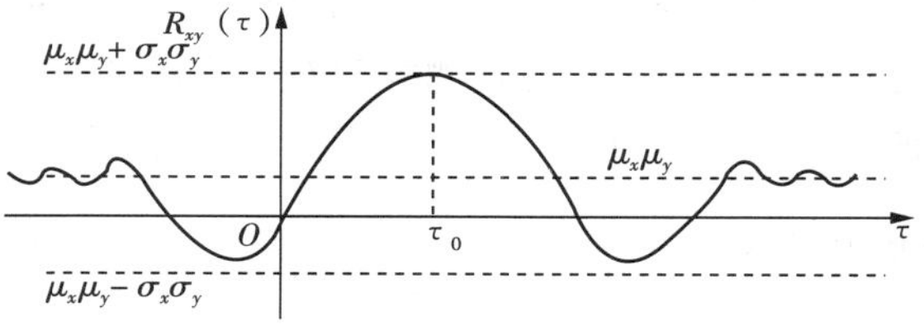

图 2-39　互相关函数的性质

(3) 周期信号与随机信号的互相关函数为零。由于随机信号 $y(t+\tau)$ 在时间 $t\to t+\tau$ 内并无确定的关系，它的取值显然与任何周期函数 $x(t)$ 无关，因此，$R_{xy}(\tau)=0$。

(4) 两个不同频率的周期信号的互相关函数为零。

(5) 两个同频率的谐波信号的互相关函数不仅保留了两个信号的幅值 x_0、y_0 信息、频率 ω 信息，而且还保留了两信号的相位差 φ 信息。

例 2-7　求 $x(t)=x_0\sin(\omega t+\theta)$，$y(t)=y_0\sin(\omega t+\theta+\varphi)$ 的互相关函数 $R_{xy}(\tau)$。

解：

$$R_{xy}(\tau)=\lim_{T\to\infty}\frac{1}{T}\int_0^T x(t)y(t+\tau)\mathrm{d}t=\frac{1}{T_0}\int_0^{T_0} x_0y_0\sin(\omega t+\theta)\sin[\omega(t+\tau)+\theta-\varphi]\mathrm{d}t$$

$$=\frac{x_0y_0}{2}\cos(\omega\tau-\varphi) \tag{2-76}$$

由此可见，与自相关函数不同，两个同频率的谐波信号的互相关函数不仅保留了两个信号的幅值 x_0、y_0 信息、频率 ω 信息，而且还保留了两信号的相位差 φ 信息，当一个信号的相位已知时，即可确定另一个信号的相位，因此也可以说保留了两信号的相位信息。

3. 典型信号间的互相关函数

如图 2－40 所示的几种典型信号的互相关函数的结果进行观察和分析可以得到：

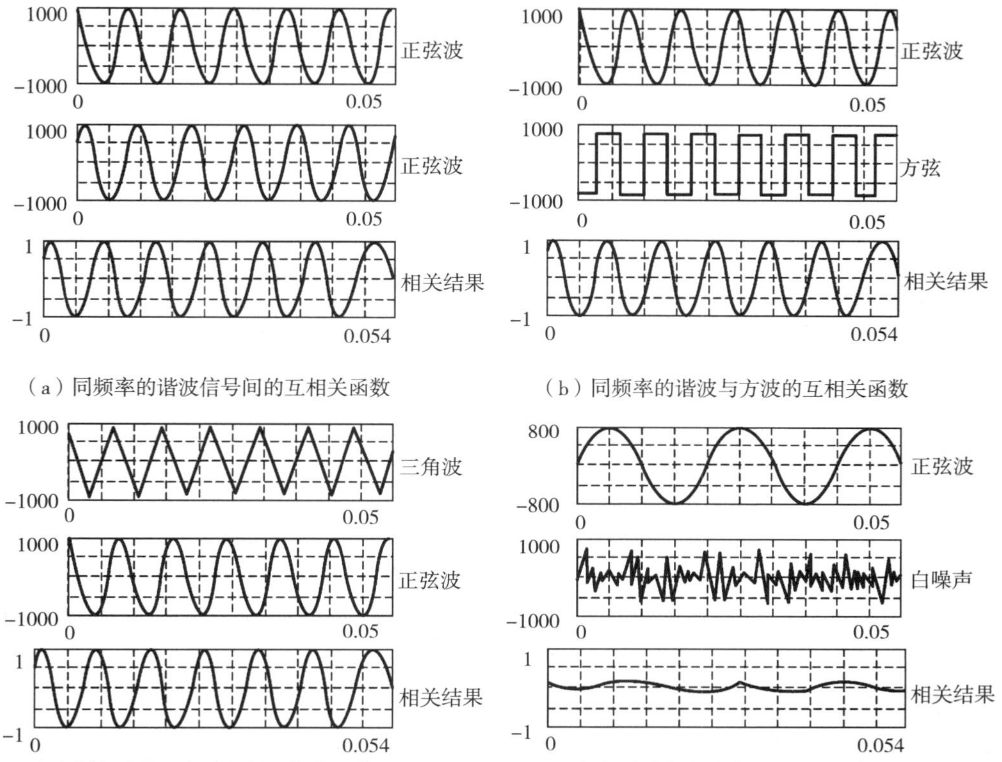

（a）同频率的谐波信号间的互相关函数　（b）同频率的谐波与方波的互相关函数

（c）同频率的三角波间的互相关函数　（d）谐波与白噪声的互相关函数

图 2－40　典型信号的互相关函数的结果

（1）图 2－40(a) 所示是同频率的谐波信号间的互相关函数曲线。谐波 1 的频率 $f_1=150\text{Hz}$，谐波 2 的频率 $f_2=150\text{Hz}$，两者的相位不同。相关以后的函数频率 $f_{12}=150\text{Hz}$，这表明同频率的正弦波与正弦波相关，仍旧得到同频率的正弦波，同时保留了相位差 φ。

（2）图 2－40(b) 所示是当一个 $f_1=150\text{Hz}$ 的正弦波与基波频率为 50Hz 的方波做相关时，相关图形仍旧是正弦波。这是因为，通过傅里叶变换可知，方波是由 1、3、5、… 无穷次谐波叠加构成，当基波频率为 50Hz，其 3 次谐波频率为 150Hz，因此可与正弦波相关。这也可以解释为什么图 2－40(c) 中正弦波与三角波相关后也是正弦波的现象。

（3）图 2－40(d) 是不同频率的两个信号的相关结果。随机函数白噪声与正弦信号不相关，其互相关函数为零。

4. 互相关函数的应用

互相关函数的上述性质在工程中具有重要的应用价值，利用互相关函数可以测量系统的延时，比如用它可确定信号通过给定系统所滞后的时间。如果系统是线性的，则滞后的时间可以直接用输入、输出互相关图上峰值的位置来确定。利用互相关函数还可识别、提取混淹在噪声中的信号。例如对一个线性系统激振，所测得的振动信号中含有大量的噪声干扰。根据线性系统的频率保持性，只有和激振频率相同的成分才可能是由激振而引起的响应，其他成分均是干扰。因此，只要将激振信号和所测得的响应信号进行互相关处理，就可以得到由激振而引起的响应，消除噪声干扰的影响。

下面是应用互相关技术进行测试的工程案例。

(1) 用相关分析法分析复杂信号的频谱

相关分析法分析复杂信号的频谱的工作原理如图 2-41 所示。

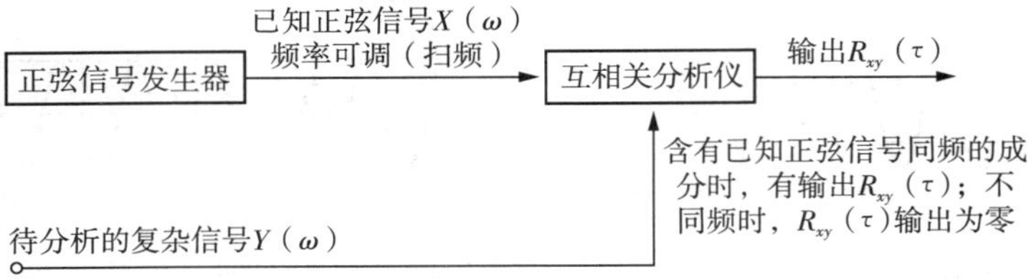

图 2-41　利用相关分析法分析信号频谱的工作原理框图

根据测试系统的频谱定义 $H(\omega)=\dfrac{Y(\omega)}{X(\omega)}=\dfrac{Y_0\mathrm{e}^{j(\omega t+\varphi)}}{Z_0\mathrm{e}^{j\omega t}}$ 可知，当改变送入到测试系统(这里就是指互相关分析仪)的已知正弦信号 $X(\omega)$ 的频率(由低频到高频进行扫描)时，其相关函数输出就表征了被分析信号所包含的频率成分及所对应的幅值大小，即获得了被分析信号的频谱。

(2) 相关测速

图 2-42 所示是利用互相关分析法在线测量热轧钢带运动速度的实例。在沿钢板运动的方向上相距 L 处的下方，安装两个凸透镜和两个光电池。当热轧钢带以速度 v 移动时，热轧钢带表面反射光经透镜分别聚焦在相距 L 的两个光电池上。反射光强弱的波动，通过光

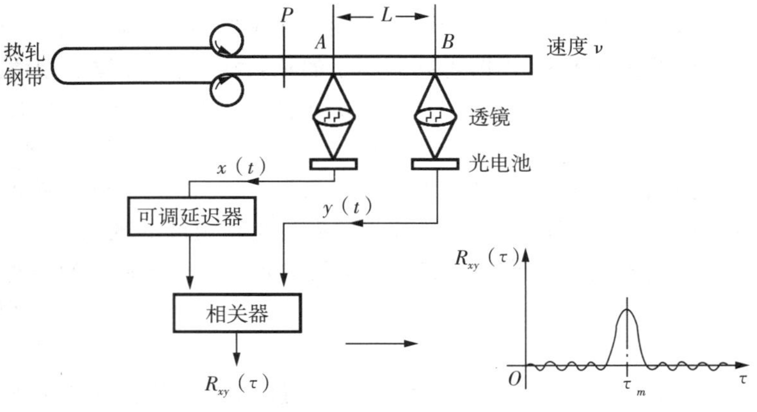

图 2-42　利用相关分析法进行相关测速

电池转换成电信号。再把这两个电信号进行互相关分析，通过可调延时器测得互相关函数出现最大值所对应的时间 τ_m，由于钢带上任一截面 P 经过 A 点和 B 点时产生的信号 $x(t)$ 和 $y(t)$ 是完全相关的，在 $x(t)$ 与 $y(t)$ 的互相关曲线上产生最大值，则热轧钢带的运动速度为 $v=L/\tau m$。

（3）故障诊断

如图 2－42 所示为利用相关分析线性定位输油管裂损位置，以便准确开完维修。漏损处 K 可视为向两侧传播声音的声源，在两侧管道上分别放置传感器 1 和 2。因为放置传感器的两点相距漏损处距离不等，则漏油的声响传至两传感器的时间就会有差异，在互相关函数图上 $\tau=\tau_m$ 处有最大值，这个 τ_m 就是时差。设 s 为两传感器的安装中心线至漏损处的距离，v 为音响在管道中的传播速度，则

$$s=\frac{1}{2}v\tau_m$$

用 τ_m 来确定漏损处的位置，即线性定位问题，其定位误差为几十厘米，该方法也可用于弯曲的管道。

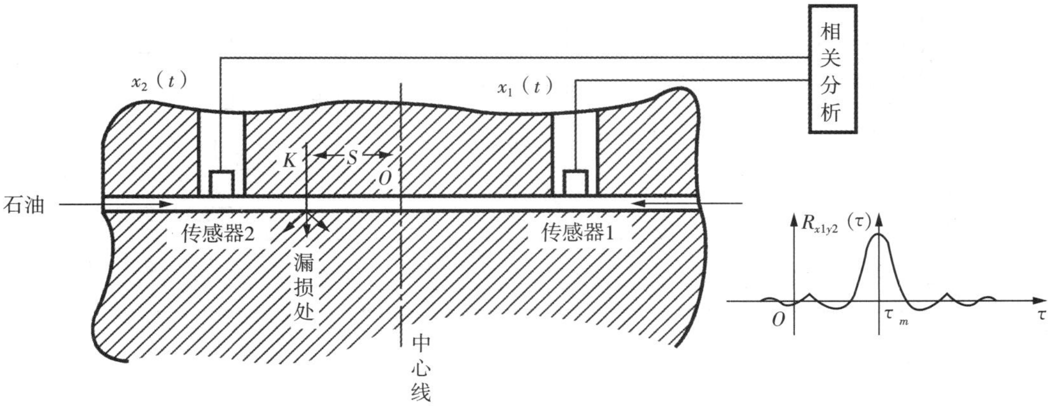

图 2－43　利用相关分析进行线性定位实例

（4）传递通道的相关测定

相关分析方法可以应用于工业噪声传递通道的分析和隔离、剧场音响传递通道的分析和音响效果的完善、复杂管路振动的传递和振源的判别等。图 2－44 所示为车辆振动传递途径的识别示意图。在发动机、司机座、后桥位置上放置三个加速度传感器，对输出并放大的信号进行相关分析，可以看到，发动机与司机座振动的相关性较差，而后桥与司机座振动的互相关较大，因此可以认为，司机座的振动主要是由汽车后桥的振动引起的。

图 2－45 所示为复杂管路系统振动传递途径识别的示意图。图中，主管路上测点 A 的压力正常，分支管路的输出点 B 的压力异常，将 A、B 处传感器的输出信号进行相关分析，便可以确定哪条途径对点 B 的压力变化影响最大（注意：各条途径的长度不同）。

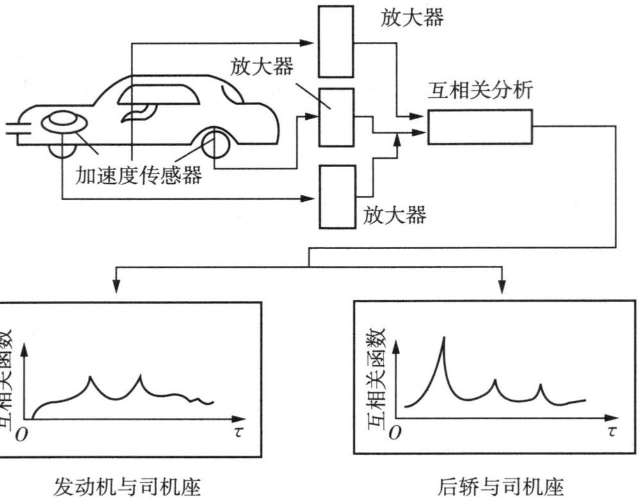

图 2-44 车辆振动传递途径的识别示意图

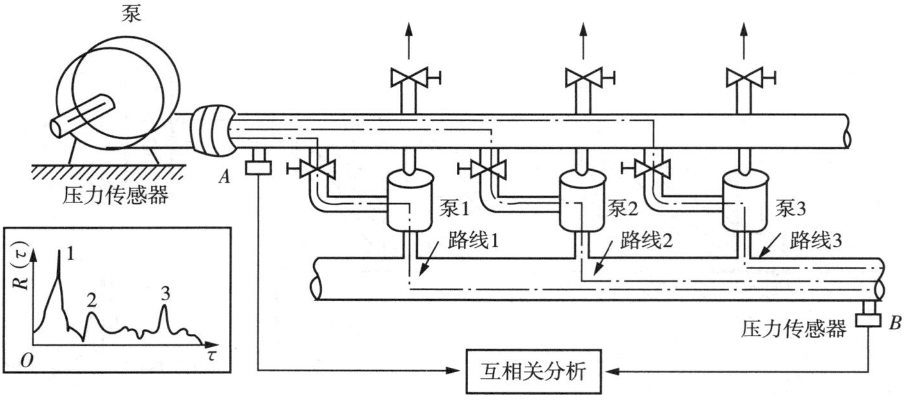

图 2-45 复杂管路系统振动传递途径的识别示意图

习 题

一、填空题。

2-1 信号的变化则反映了其所携带的________的变化，为了获得有用信息，测试工作始终和信号打交道，包括信号的获取、调理、分析及记录显示。

2-2 将时域信号进行时移，则频域信号将会发生________。

2-3 已知三角波傅里叶级数展开式为 $g(t)=\frac{8A_0}{\pi^2}(\sin\omega t-\frac{1}{3^2}\sin3\omega t+\frac{1}{5^2}\sin5\omega t+\cdots)$，则其频率成分为__________；各频率的振幅为__________；

2-4　已知 $x(t)=e^{-t}$，则 $\int_{-\infty}^{\infty}x(t)\delta(t-1)\mathrm{d}t=$________，这个性质称为________。

2-5　工程中常见的周期信号，其谐波幅度总的趋势是随着________而________的，因此，在频谱分析中，没有必要取那些________的谐波分量。

2-6　非周期信号是不会重复出现的信号，可分为________信号和________信号。

2-7　周期信号的频谱具有________性、________性和________性，瞬变非周期信号的频谱是________的。

2-8　描述非周期信号的数学工具是________。

2-9　对于非周期信号，当时间尺度在压缩时，则其频谱频带________，幅值________，例如将记录磁带________，即是例证。

2-10　一般持续时间有限的瞬态信号都是________信号；一般持续时间无限的信号都属于________信号。

2-11　自相关函数 $R_x(\tau)$ 是一个周期函数，则原信号是一个________，而自相关函数 $R_x(\tau)$ 是一个脉冲信号，则原信号将是________。

2-12　描述信号的方法通常有________域、________域、________域和________域四种。信号的“域”不同，是指信号的________不同。

2-13　两同频正弦周期信号的互相关函数包含下列信息________。

二、简答题。

2-14　信号的时域和频域描述方法各自有什么特点和用途？

2-15　准周期信号与周期信号有何异同之处？

2-16　傅立叶变换的主要性质有哪些？

2-17　试阐述时域卷积定理和频域卷积定理。

2-18　举例说明自相关函数、互相关函数在工程中的主要应用。

2-19　已知方波的傅里叶级数展开式为

$$f(t)=\frac{4A_0}{\pi}\left(\cos\omega_0 t-\frac{1}{3}\cos3\omega_0 t+\frac{1}{5}\cos5\omega_0 t-\cdots\right)$$

求该方波的均值、频率成分、各频率的幅值，并画出其单边频谱图。

第3章　测试系统的基本特性

测试的基本任务是通过测试手段，对研究对象中有关信息量做出比较客观、准确的描述，使人们对其有一个恰当的、全面的认识，并达到进一步改造和控制研究对象的目的，即解决如何获取有关被测对象的状态、运动和特征等方面的信息的问题。例如，弹簧在外力作用下产生变形的测量；一个回转圆盘不平衡量的大小及其分布信息的测量；机械系统动态特性的测试等。

测试系统的特性是通过其输出和输入之间的关系来体现的。为了获得准确的测试结果，需要对测试系统提出多方面的性能要求。这些性能大致上可分为两个方面：静态特性和动态特性。对于静态测试系统，一般只需利用静态特性来描述其性能。对于动态测试系统，不仅需要用静态特性，而且还需要用动态特性来描述其性能。静态和动态特性对测试结果均有影响。

本章主要讨论测量系统及其与输入、输出之间的关系，掌握测量系统静态、动态特性的评价方法和特性参数的测定方法，尤其是测量系统的频率响应函数的物理意义；熟悉测量系统在型输入下的响应和实现不失真测试的条件；正确地选用仪器设备来组成合理的测量系统。

3.1　测试系统及其主要性质

3.1.1　测试系统的概念及有关术语

测试是从客观事物中获取有关信息的过程。在这一过程中，需要借助专门的设备仪器，通过合适的测试手段和必要的数学处理方法，来获得被测对象的有关信息。这种设备器称为测试系统或测试装置。测试系统可以是由众多环节组成的一个完整的系统，如机床动态特性的测试系统，也可以时系统中的某一组成环节，如传感器等，甚至可以是一简单的弹性元件。

一个完整的测量系统通常由传感器、信号调理环节、信号处理环节、信号显示和记录等环节组成，必要时，也可包含激励装置、标定装置等内容。依据测试的内容、目的和要求等不同，测量系统的组成可能会存在很大的差别。如测量温度时，可以使用简单的液柱式温度计，也可以使用较为复杂的红外测温仪；测试机床主轴的动态特性时，则需要用到力锤（或激振器）、加速度传感器、电荷放大器、A－D转换模块、数据记录仪、模态分析软件等构成一个复杂的测量系统，从而得到机床主轴的固有频率、阻尼、振型等模态参数。本章所及的“测量系统”,既可以是复杂的测量系统,也可以是测量系统中的不同环节,如一个传感器或简单的 *RC* 滤波电路等。

必须指出,任何一种测试仪器或系统都是一个动态系统,不可避免地存在“惯性要素”、“弹性要素”和“阻尼要素”,推动测试仪器或系统工作势必要消耗能量,因而出现种种衰减和滞后现象,这就使得测量的结果与真实物理量之间在幅值和相位上产生差异,甚至使所获得的变化曲线完全失真。因此,必须研究测试系统的静态特性和动态特性。

在研究测试系统的特性之前需要了解几个有关术语:

1. 测量、试验和测试

测量、试验和测试三者之间关系密切。一般认为,测量是指以确定被测对象量值为目的的过程;试验是指对未知事物探索性认识的实验过程;而测试则是指具有试验性质的测量,也可理解为测量和试验的总和。

2. 测量装置的误差和精确度

测量装置的示值总是会有误差的。测量装置示值和被测量真值之间的差值称为装置的示值误差,简称测量装置的误差。

测量装置的精确度表示测量结果与被测量真值的一致程度,它反映测量装置的综合误差,包括装置的系统误差和随机误差。

3. 量程和测量范围

测量装置示值范围上、下限之差的绝对值称为量程。测量范围则是指在误差允许极限内测量装置所能测量的被测量值的范围。对于动态测量,还要给出所能测量的频率范围。

3.1.2　线性系统及其主要性质

在工程中,一般把外界对系统的作用称之为系统的输入或激励,而将系统对输入的反应称为系统的输出或响应。显然,对于测试系统,输入量就是被测的量,而经测试系统传输或变换后的量就是系统的输出量,如图 3-1 所示。图中,$x(t)$ 表示测试系统随时间而变化的输入,$y(t)$ 表示测试系统随时间而变化的输出。

通常,工程测试问题需要处理输入量 $x(t)$、测试系统和输出量 $y(t)$ 三者之间的关系:

图 3-1　测试系统方框图

(1) 预测　已知输入量 $x(t)$ 和测试系统的传递特性,则可以求出系统的输出量 $y(t)$;

(2) 系统辨识　已知系统的输入量 $x(t)$ 和输出量 $y(t)$,通过它们推断系统的传递特性;

(3) 反求　已知系统的传递特性和输出量 $y(t)$,通过它们估计或辨识系统的输入量。

从输入到输出,系统的特性将对输出信号产生影响,因此,要使输出信号真实地反映输入信号,测试系统必须满足一定的性能要求。一个理想的测试系统应该具有单一的、确定的输入输出关系,而且系统的特性不应随时间而发生变化。能满足上述要求的系统是线性时不变系统,具有线性时不变特性的测试系统称为理想的测试系统。

测试系统的输出量 $y(t)$ 能否正确地反映输入量 $x(t)$,显然与测试系统本身的特性有密切关系。输入量 $x(t)$ 是要测的未知量,测试人员需要根据可供观测的输出量 $y(t)$ 来判断输入量。当输入 $x(t)$ 经过测试系统时,由于测试系统的传递特性和外界各种干扰的影响,输

出量 $y(t)$ 不可能完全反映真实的输入量 $x(t)$，存在不同程度的失真，即输出量 $y(t)$ 是输入量 $x(t)$ 在经过测试系统传递和外界干扰双重影响后的一种结果。

外界的干扰一般是随机干扰，与 $y(t)$ 没有必然的逻辑关系，而由测试装置自身的物理结构所决定的测试系统的特性则是可以认知的，因为 $x(t)$ 和 $y(t)$ 与测试系统特性有着本质的逻辑关系。因此，只有掌握了测试系统的特性，才能将失真控制在允许的范围之内并对失真的大小做出定量分析。同时，只有掌握了测试系统的特性，才能根据测试要达到的要求合理地选用测试仪器，构建相应的测试系统。

如果输入、输出都是可供观测的量，那么，通过测得输入、输出，就可以推断系统的特性。例如对某机械产品作动态性能试验或对某测量仪器的动态特性进行测试等。这也是测试工作的一个重要方面。

理想的测试系统应该具有确定的、单值的输出-输入关系，即对应每一个输入量，测试系统都只有单一的输出量与之对应，而且出与输入呈线性关系。但实际的测试系统往往无法在较大的工作范围内满足上述要求，而只能在较小的工作范围内和在一定误差允许范围内满足上述要求。

通常采用数学模型来描述测试系统的特性。而测试系统数学模型的建立是通过具体统的物理特性建立输入输出间的运动微分方程来实现的。对于线性时不变系统，其数学模型为：

$$a_n \frac{\mathrm{d}^n y}{\mathrm{d}t^n}+a_{n-1}\frac{\mathrm{d}^{n-1} y}{\mathrm{d}t^{n-1}}+\cdots+a_1\frac{\mathrm{d}y}{\mathrm{d}t}+a_0 y=b_m\frac{\mathrm{d}^m x}{\mathrm{d}t^m}+b_{m-1}\frac{\mathrm{d}^{m-1} x}{\mathrm{d}t^{m-1}}+\cdots+b_1\frac{\mathrm{d}x}{\mathrm{d}t}+b_0 x \quad (3-1)$$

式中，t 为时间变量；系数 $a_n,a_{n-1},\cdots,a_0$ 和 $b_m,b_{m-1},\cdots,b_0$ 为测试系统结构及其结构参数确定的常量。

若系统的物理参数均为常数，则该方程为常系数线性微分方程，所描述的系统便是线性定常系统或线性时不变系统。

实际上，一切物理系统严格地讲都是非线性系统，理想的线性定常系统是不存在的。一个实际的物理系统的结构参数并不能保持常数，即系数 $a_n,a_{n-1},\cdots,a_0$ 和 $b_m,b_{m-1},\cdots,b_0$ 具有时变性，因为构成物理系统的材料、元件、部件的特性并非是绝对稳定的。例如，弹性材料的弹性系数，电子装置中的电阻、电容和半导体器件的特性都受温度的影响。环境温度也是随时间变化的。它们的不稳定，会导致微分方程系数变化。

但是，在实际工程中，物理系统通常可在一定范围内近似地看成是线性定常系统，即在一定工作范内，略去那些影响较小的非线性因素，使其变成线性系统。同时也避免了非线性、时变性在数学处理上的困难。

线性定常系统具有下列主要性质：(以下表达中，用 $x(t)\rightarrow y(t)$ 表示这种系统的输入与输出的对应关系)

(1) 叠加原理

当几个输入同时作用于线性系统时，其总响应等于各个输入单独作用于该系统的响应的代数和。即

若有 $$x_1(t)\rightarrow y_1(t),x_2(t)\rightarrow y_2(t)$$

则
$$x_1(t) \pm x_2(t) \rightarrow y_1(t) \pm y_2(t) \tag{3-2}$$

叠加原理表明，对于线性系统来说，一个输入的存在并不影响另一个输入的响应，各个输入对应的响应是互不影响的。因此，对于复杂的输入信号，可以将其分解为一系列简单的输入信号之和，系统对这个复杂激励的响应等于这些简单的输入引起的响应之和。

（2）比例特性

若线性系统的输入放大 k 倍，则其响应也相应地放大 k 倍，即有

$$kx(t) \rightarrow ky(t) \tag{3-3}$$

（3）微分、积分特性

线性系统对输入信号的微分或积分的响应等于系统对该输入信号响应的微分或积分，即

$$\frac{\mathrm{d}}{\mathrm{d}t}x(t) \rightarrow \frac{\mathrm{d}}{\mathrm{d}t}y(t) \tag{3-4}$$

$$\int_0^t x(t)\mathrm{d}t \rightarrow \int_0^t y(t)\mathrm{d}t \tag{3-5}$$

（4）频率保持特性

若线性系统的输入为某一频率的简谐信号，则其稳态响应必是同频率的简谐信号。证明如下：

若
$$x(t) \rightarrow y(t)$$

设 ω 为已知频率，则根据线性系统的比例特性和微分特性，有

$$\omega^2 x(t) \rightarrow \omega^2 y(t)$$

$$\frac{\mathrm{d}^2}{\mathrm{d}t^2}x(t) \rightarrow \frac{\mathrm{d}^2}{\mathrm{d}t^2}y(t)$$

根据线性系统叠加原理，有

$$\frac{\mathrm{d}^2}{\mathrm{d}t^2}x(t) + \omega^2 x(t) \rightarrow \frac{\mathrm{d}^2}{\mathrm{d}t^2}y(t) + \omega^2 y(t)$$

设输入信号 $x(t)$ 为单一频率 ω 的简谐信号，即 $x(t) = X_0 \mathrm{e}^{j\omega t}$

则有
$$\frac{d^2}{\mathrm{d}t^2}x(t) = (j\omega)^2 X_0 \mathrm{e}^{j\omega t} = -\omega^2 x(t)$$

因此，有
$$\frac{d^2}{\mathrm{d}t^2}x(t) + \omega^2 x(t) = 0$$

相应地，有
$$\frac{d^2}{\mathrm{d}t^2}y(t) + \omega^2 y(t) = 0$$

于是，输出 $y(t)$ 的唯一的可能解只能是

$$y(t) = Y_0 \mathrm{e}^{j(\omega t + \varphi_0)} \tag{3-6}$$

式中：X_0，Y_0—— 简谐输入、输出信号的幅值；

φ—— 输出信号的相位。

线性系统的频率保持特性在测试工作中具有非常重要的意义。在实际测试中，测试得到的信号不可避免地会受到其他信号和噪声的干扰，这时，根据频率保持特性则可以认定，测得的信号中只有与输入信号相同的频率成分才是真正由输入引起的输出响应，而其他频率成分都是干扰噪声。进而可采用相应的滤波技术，在强噪声干扰下，把有用的信息提取出来。又如，在故障诊断技术中，根据测试信号的主要频率成分，在排除干扰后，依据频率保持特性可以推断出输入信号中也应含有该频率成分。寻找到产生该频率成分的原因，就可以诊断出发生故障的原因。

实际上，研究复杂输入信号所引起的输出时，就可以转换到频域中去研究，研究输入频域函数所产生的输出频域函数。在频域处理问题中，往往比较方便和简捷。

3.2 测试系统的静态特性

3.2.1 测试系统静态特性的数学描述

静态特性是指测试系统对于不随时间变化的输入量的响应特性，即当输入为一静态量时，系统的输出也是静态量，则系统输入输出之间的关系称为系统的静态特性。在静量时，由于输入量和输出量都不随时间变化，因而输入和输出的各阶导数均为零，故式(3-1)描述的线性定常系统的微分方程将演变成代数方程：

$$y=\frac{b_0}{a_0}x=kx \tag{3-7}$$

式中 a_0 和 b_0 都是不随时间变化的常数，式(3-7)所描述的系统是一理想的测试系统，其输出与输入之间是单调、线性比例关系，即输入、输出关系是一条理想的直线，斜率 $k=b_0/a_0$ 为常数。

式(3-7)称为测试系统的静态方程，它是系统的静态数学模型。测试系统的静态特性是指，在静态测量情况下描述实际测试装置与理想线性定常系统的接近程度。静态特性也可用一条曲线来表示，该曲线称为测试系统的静态特性曲线或静态标定曲线，有时也称静态校准曲线或定度曲线。静态标定曲线反映了测试系统输入、输出之间的静态传输特性。工程上通常采用实验的方法来确定静态标定曲线，根据静态标定曲线进行相应的数据处理，即可得到相应的静态特性参数。

但是，实际测试系统并非是理想线性定常系统，输出-输入关系曲线并不是理想的直线，因此，通常将静态标定曲线拟合成直线，用拟合直线来近似地表示测试系统的静态特性。常用的确定拟合直线的方法有下面三种。

(1) 最小二乘法。拟合直线通过坐标原点，并且使它与静态标定曲线上各输出量偏差的平方和为最小。这一方法较为精确，但计算复杂。

(2) 端点连线法。将静态标定曲线上对应于量程上、下限的两点连线作为拟合直线。方法较为简单，但不够精确。

(3) 最大偏差比较法。使拟合直线与静态标定曲线的最大偏差比其他所有直线所形成的最大偏差都小。

3.2.2　静态特性的基本参数

为了全面而方便地描述测试系统的静态特性，通常采用静态特性参数来对系统的静态特性进行评价。描述测量系统静态特性的主要参数有灵敏度、非线性度、回程误差、量程、精确度、分辨力、重复性、漂移和稳定性等。下面讨论几个常用的静态特性参数。

1. 灵敏度

单位输入量变化所引起的输出量的变化称为灵敏度，反应测试系统对输入信号变化的敏感程度。若系统的输入信号有一个增量 Δx，引起输出产生相应增量 Δy，则定义灵敏度 S 为：

$$S=\frac{\Delta y}{\Delta x} \tag{3-8}$$

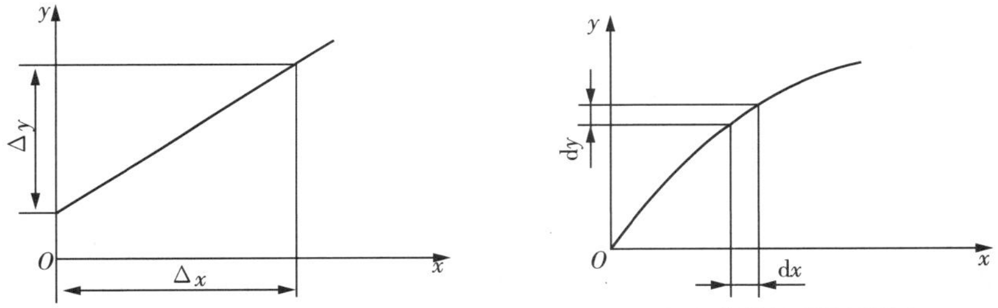

(a) 线性系统灵敏度　　(b) 非线性系统灵敏度

图 3－2　灵敏度的定义

对于线性定常系统，其灵敏度为常数，即直线的斜率，如图 3－2(a) 所示。但是，实际的测试系统并非是线性定常系统，因此其灵敏度就是该系统特性曲线的斜率，可以用 $S=\lim\limits_{\Delta x\to 0}\frac{\Delta y}{\Delta x}=\frac{dy}{dx}$ 来表示，如图 3-2(b) 所示。通常在工作频率范围内的幅频特性曲线越平坦越好，对具有代表性的频率点进行标定。对于具有低通特性的测试系统，一般在静态下进行标定。

例 3－1　有一差动变压器式位移传感器，在位移变化 1mm 时，输出电压变化为 1200mV，问位移传感器的灵敏度是多少？

解：　根据已知条件，$\Delta y=1200\text{mV}$，$\Delta x=1\text{mm}$，则位移传感器的灵敏度为：

$$S=\frac{\Delta y}{\Delta x}=\frac{1200\text{mV}}{1\text{mm}}=1200\text{mV/mm}$$

例 3－2　有一机械指针式位移传感器，当输入信号有 0.01mm 的位移变化量时，指针位移 10mm，求位移传感器的灵敏度。

解：　根据已知条件，$\Delta y=10\text{mm}$，$\Delta x=0.01\text{mm}$，则位移传感器的灵敏度为：

$$S=\frac{\Delta y}{\Delta x}=\frac{10\text{mm}}{0.01\text{mm}}=1000(\text{无量纲})$$

灵敏度的量纲取决于输入-输出的量纲，当输入与输出的量纲相同时，则灵敏度是一个无量纲的数，常称之为“放大倍数”，也称为“增益”。

在设计或选择测试系统的灵敏度时，并非越高越好。应综合考虑选择各参数，既要满足使用要求，又能做到经济合理，通常情况下，系统的灵敏度越高，测量范围越窄，系统的稳定性往往也越差。

2. 非线性度

非线性度是指测试系统的输入、输出关系保持常值线性比例关系的程度。

在静态测量中，通常用实验测定的方法求得系统的输出-输入关系曲线，称为定度（标定）曲线。理想的测量系统的定标曲线是直线，实际测量系统是很难做到的。一般测量系统的定标曲线是一条具有特定形状的曲线。定标曲线偏离其拟合直线的程度即为非线性度，如图 3-3 所示。在系统的标称输出范围（亦称全量程）A 内，定度曲线与该拟合直线的最大偏差 B 与 A 的百分比定义为非线性度，即

$$\text{非线性度} = \frac{B}{A} \times 100\% \tag{3-9}$$

测试系统的非线性度是一个非常重要的精度指标，它是无量纲的，通常用百分数来表示，非线性度值越小，表明该系统的线性特性越好。实际工作中经常会遇到非线性较为严重的系统。此时，可以采取限制测量范围，采用非线性拟合或非线性放大器等技术措施来提高系统的线性度。

对于拟合直线的确定，目前国内外尚无统一的标准，常用的主要是端基直线和独立直线两种。端基直线是指，连接测量范围上下限点的直线，如图 3-4 所示。显然，用端基直线代替输出-输入曲线，其求解过程比较简单，但其非线性度较差。独立直线是指，使输入与输出曲线上各点的线性误差 B_i 的平方和最小，即 $\sum B_i^2$ 最小的直线，其拟合方法通常采用最小二乘法。

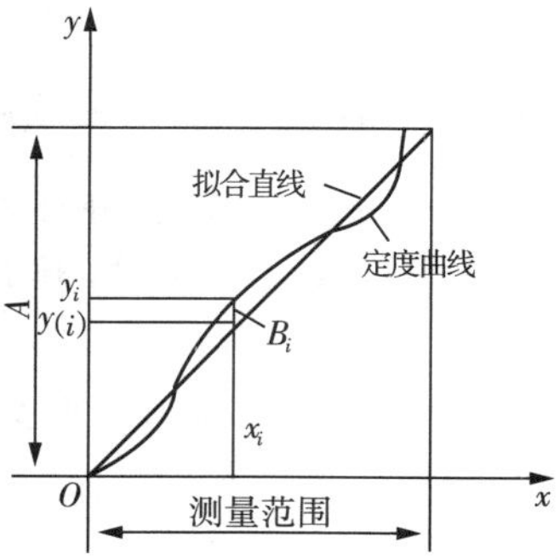

图 3-3　非线性度

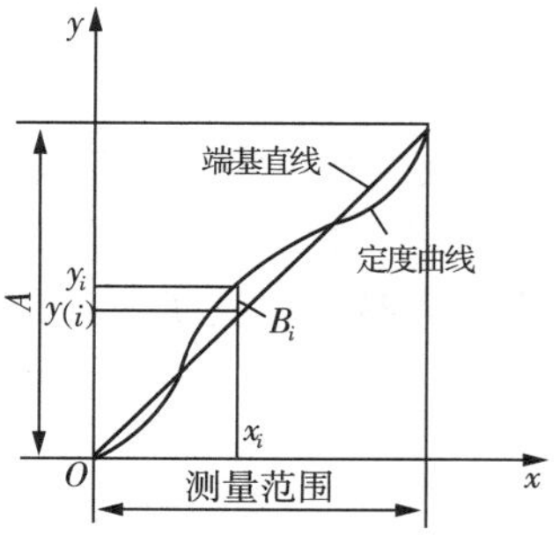

图 3-4　端基直线

3. 回程误差

回程误差也称滞后误差，它表征测试系统在全量程范围内，输入量由小到大（正行程）或由大到小（反行程）两者静态特性不一致的程度，如图 3-5 所示。由于仪器仪表中磁性材料的磁滞、弹性材料的迟滞现象，机械结构中的摩擦和游隙等原因，往往会出现输入量在递增

过程中的定度曲线与输入量在递减过程中的定度曲线不重合的现象。回程误差是判别实际测试系统与理想系统特性差别的一项指标参数。

回程误差通常用同一输入量的两条定度曲线之差的最大值$|h_i|_{max}$与标称输出范围A之比来表示，即

$$回程误差=\frac{|h_i|_{max}}{A}\times 100\% \tag{3-10}$$

测试系统的回程误差越小越好。

4. 分辨率

分辨率是指测试系统能检测到输入量最小变化的能力，即能引起响应量发生变化的最小激励变化量，用Δx来表示。由于测试系统或仪器在全量程范围内，各测量区间的Δx不完全相同，因此常用全量程范围内最大的Δx，即Δx_{max}与测试系统满量程输出值A之比的百分率表示其分辨能力，称为分辨率，用F表示：

$$F=\frac{\Delta x_{max}}{A}\times 100\% \tag{3-11}$$

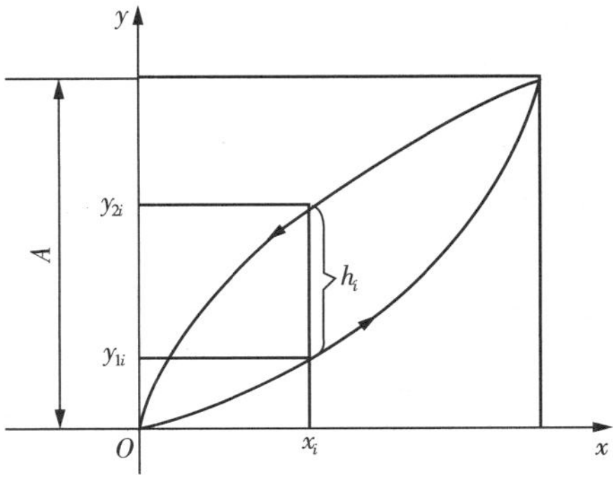

图 3-5　回程误差

为了保证测试系统的测量准确度，工程上规定：测试系统的分辨率应小于允许误差的1/3，1/5或1/10。这可以通过提高仪器的敏感单元增益的方法来提高分辨率。如使用放大镜可比裸眼更清晰地观察刻度盘相对指针的刻度值，也可用放大器放大测量信号等。测量仪器必须有足够高的分辨率，但这还不是构成良好仪器的充分条件。分辨率的大小应能保证在稳态测量时仪器的测量值波动很小。分辨率过高会使信号波动过大，从而会对数据显示或校正系统提出过高的要求。因此一个好的设计应使其分辨率与仪器的功用相匹配。

5. 稳定度

稳定度是指测试系统在规定条件下保持其特性恒定不变的能力。通常在不指明影响量时，稳定度是指测试系统不受时间变化影响的能力，如果是对其他影响量来考察稳定度时，则需特别说明。影响稳定性的因素主要是时间、环境、干扰和测量装置的器件状况。选用测量装置时应该考虑其稳定性，特别是在复杂环境下工作时，应考虑各种干扰(如磁辐射和电网干扰的影响，提高测量装置的抗干扰能力和稳定性)。

6. 漂移

漂移是指在测试系统的输入不变时，输出随时间变化的趋势。漂移的同义词是测试统的不稳定性。产生漂移的原因有两个方面：一是测试系统自身结构参数的变化；二是外界工作环境参数的变化对输出的影响。最常见的漂移是温度漂移，即由于外界工作温度的变化而引起输出的变化。随着温度的变化，测试系统的灵敏度和零点位置也会发生漂移，并相应地称为灵敏度漂移和零点漂移。

3.3　测试系统的动态特性

大多数情况下被测物理量是随时间变化的动态信号，当被测量随时间快速变化时，输出量与输入量之间的关系称为动态特性。在进行动态信号的测试时，要使输出如实地反映输入，装置还应有良好的静态特性。描述测试系统动态测量时输入与输出之间函数关系的方程、图形、参数称为测试系统的动态传递特性。在进行动态测量时，掌握测试系统的动态传递特性非常必要，尤其是测试系统工作的频率范围。众所周知，水银体温计测体温时，必须与人体有足够的接触时间，它的读数才能反映人体的温度，其原因是体温计的示值输出滞后于温度输入，这种现象称为时间响应。又如，用千分表测量振动物体的振幅，如果振动体的振幅一定，当振动体的振动频率很低时，千分表的指针将随其摆动，指示出各个时刻的幅值；随着振动频率的增加，指针摆动的幅度逐渐减小，以致近乎不动，表明指针的示值随振动频率的变化而改变，这种现象称为测试系统对输入的频率响应。时间响应和频率响应是动态测试过程中的重要特征，是研究测试系统动态特性的主要内容。

系统的动态特性分析主要研究动态测量过程中输出量与输入量之间的关系，系统对随时间变化的输入量的响应特性和动态测量时所产生的动态误差，从而能够选择、构建合适的测试系统并与所测参数相匹配，使测量的动态误差限制在试验要求的允许范围内。这是动态测量技术中的重要研究课题之一。测试系统动态特性分析与研究已在机械工程中获得广泛应用，如工程中压力、流量、温度、工况等参数的检测，振动与噪声控制，故障诊断及可靠性管理等。

一般地，在所考虑的测量范围内，测试系统都可以认为是线性定常系统，因此可以用式(3-1)来描述测试系统、输入、输出三者之间的动态关系。本节重点介绍的传递函数、频率响应函数和脉冲响应函数是在不同的域描述线性系统传输特性方法，其中频率响应函数是系统动态特性的频域描述，脉冲响应函数是系统动态特性的时域描述。

3.3.1　测试系统动态特性的数学描述

1. 传递函数

当线性定常系统的所有初始状态为零时，即在测试开始时刻，其输入量、输出量及其各阶导数均为零时。设 $X(s)$ 和 $Y(s)$ 分别为输入 $x(t)$ 和输出 $y(t)$ 的拉普拉斯变换，则对式(3-1)进行拉普拉斯变换，得

$$(a_n s^n + a_{n-1} s^{n-1} + \cdots + a_1 s + a_0)X(s) = (b_m s^m + b_{m-1} s^{m-1} + \cdots + b_1 s + b_0)Y(s)$$

定义系统的传递函数为输出的拉普拉斯变换与输入的拉普拉斯变换之比，即

$$H(s) = \frac{Y(s)}{X(s)} = \frac{b_m s^m + b_{m-1} s^{m-1} + \cdots + b_1 s + b_0}{a_n s^n + a_{n-1} s^{n-1} + \cdots + a_1 s + a_0} \quad (n \geq m) \tag{3-12}$$

式中 s 是复变量，即 $s = \sigma + j\omega$

传递函数是系统在复数域中的数学模型，它包含了系统瞬态、稳态时间响应和频率响应

的全部信息。传递函数有以下性质：

(1) $H(s)$ 是一个复变函数，在复数域描述了系统本身固有的动态特性，与输入量 $x(t)$ 及系统的初始状态无关。

(2) $H(s)$ 是对物理系统特性的一种数学描述，与系统的具体物理结构无关。$H(s)$ 是将实际的物理系统抽象成数学模型式(3－1)后，经拉普拉斯变换后得出的，所以同一传递函数可以表征具有相同传输特性的不同物理系统。

(3) $H(s)$ 中的分母取决于系统的结构及其结构参数，而分子则表示系统同外界环境的联系，如输入点的位置，输入信号的形式等。分母中 s 的幂次 n 代表系统微分方程的阶次，如当 $n=1$、$n=2$ 时，分别称为一阶系统、二阶系统。系统微分方程的阶次取决于系统中独立的蓄能元件的个数。

(4) $H(s)$ 中的分母称为特征多项式，令其等于零，则称为特征方程。特征方程的根就是特征根。在复变函数中称为极点，即使 $H(s)$ 不解析的 s 的值。极点或称特征根决定了系统的动态特性。

一般测试系统都是稳定系统，能量是有限的，因此其分母中 s 的幂次 n 总是高于分子中 s 的幂次 m。

2. 频率响应函数

(1) 频率响应函数的定义

传递函数 $H(s)$ 是在复数域中描述和考察系统的特性，与在时域中用微分方程来描述和考察系统的特性相比有许多优点。频率响应函数 $H(j\omega)$ 是在频域中描述和考察系统特性，是系统在频域中的数学模型。与传递函数相比，频率响应函数容易通过实验来建立，而且物理概念清楚。

稳定的线性系统对谐波输入的稳态响应称为频率响应。或者说，当谐波信号作用于稳定的线性系统时，系统输出响应的稳态分量是与输入同频率的谐波信号，这种过程称为系统的频率响应。

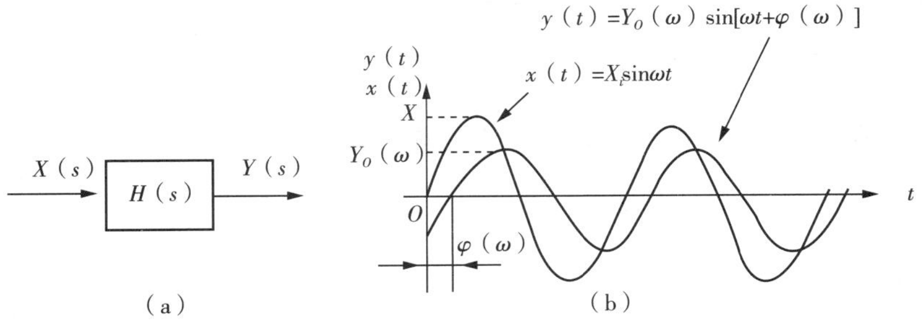

图 3－6　线性系统的频率响应

如图 3－6 所示，对线性系统输入某一频率的正弦波信号，系统的响应经过一定时间进入稳态，系统的稳态响应也是同一频率的正弦波，但稳态输出的幅值和相位与输入信号的幅值和相位相比发生了变化。并且，随着输入信号频率的变化，输出、输入信号的幅值比和相位差将会相应地随频率而发生变化。因此，可以利用这一特性，保持输入信号的幅值不变，不断改变输入信号的频率，研究系统响应信号的幅值和相位随频率的变化规律，即可达到研究系统性能的目的。

频率响应的特性用频率特性（也称为频率响应函数）来描述。

在已知传递函数 $H(s)$ 的情况下，令 $H(s)$ 中复变量 s 的实部为零，即 $s=j\omega$，便可以求得频率响应函数 $H(j\omega)$。对于线性定常系统，频率特性 $H(j\omega)$ 为

$$H(j\omega)=\frac{Y(j\omega)}{X(j\omega)}=\frac{b_m(j\omega)^m+b_{m-1}(j\omega)^{m-1}+\cdots+b_1(j\omega)+b_0}{a_n(j\omega)^n+a_{n-1}(j\omega)^{n-1}+\cdots+a_1(j\omega)+a_0} \tag{3-13}$$

通常称这种特殊形式的传递函数 $H(j\omega)$ 为系统的频率特性。显然，从数学上说，频率特性 $H(j\omega)$ 就是系统在初始状态为零的情况下，输出 $y(t)$ 的傅里叶变换与输入 $x(t)$ 的傅里叶变换之比。

频率特性 $H(j\omega)$ 是一个复变函数，它可以用复指数形式来表达，也可以写成实部和虚部之和，即

$$H(j\omega)=A(\omega)e^{j\varphi(\omega)}=Re(\omega)+jIm(\omega) \tag{3-14}$$

式中，$Re(\omega)$ 为复数 $H(j\omega)$ 的实部，$Im(\omega)$ 为复数 $H(j\omega)$ 的虚部，都是频率 ω 的实函数。$Re(\omega)-\omega$ 图形和 $Im(\omega)-\omega$ 图形分别称为系统的实频特性曲线和虚频特性曲线。

$A(\omega)$ 是频率特性 $H(j\omega)$ 的模，即

$$A(\omega)=|H(j\omega)|=\frac{|Y(j\omega)|}{|X(j\omega)|}=\sqrt{[Re(\omega)]^2+[Im(\omega)]^2} \tag{3-15}$$

频率特性 $H(j\omega)$ 的模 $A(\omega)$ 表示系统的输出对输入的幅值比随频率变化的关系，称为幅频特性，它描述了系统对输入信号幅值的放大或衰减特性；$A(\omega)-\omega$ 图形则称为幅频特性曲线。

$\varphi(\omega)$ 是频率特性 $H(j\omega)$ 的幅角，即

$$\varphi(\omega)=\angle H(j\omega)=\arctan\frac{Im(\omega)}{Re(\omega)} \tag{3-16}$$

$\varphi(\omega)$ 表示系统的输出对输入的相位差随频率的变化关系，称为相频特性，它描述了系统输出信号相位对输入信号相位的滞后（负值）或超前（正值）特性。$\varphi(\omega)-\omega$ 图形则称为相频特性曲线。

如图 3－7 所示的 RC 滤波电路为一阶测试系统，RC 滤波电路的运动微分方程为

$$T\frac{d}{dt}u_0(t)+u_0(t)=u_i(t) \tag{3-17}$$

式中，时间常数 $T=RC$。

RC 网络为一阶系统，其传递函数为

$$H(s)=\frac{U_0(s)}{U_i(s)}=\frac{1}{Ts+1} \tag{3-18}$$

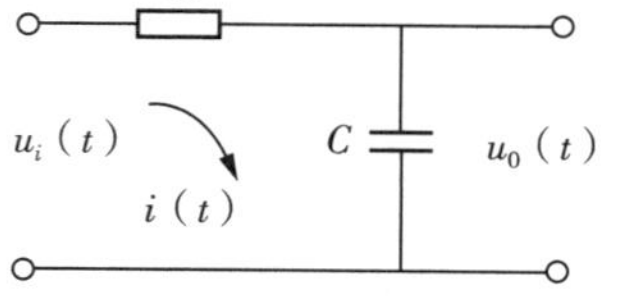

图 3－7 RC 网络

其频率特性表达为：

$$H(j\omega)=\frac{U_0(j\omega)}{U_i(j\omega)}=\frac{1}{1+j\omega T} \tag{3-19}$$

则其幅频特性、相频特性分别为：

$$A(\omega)=\frac{|1|}{|1+j\omega T|}=\frac{1}{\sqrt{1+(\omega T)^2}}$$

$$\varphi(\omega)=\angle 1-\angle(1+j\omega T)=-\arctan\omega T$$

此处需要注意，复数的积、商运算法则：两个复数的积或商的模等于两个复数的模的积或商；两个复数的积或商的相位等于两个复数的相位的和（加）或差（减）。

（2）频率特性 $H(j\omega)$ 的曲线

除了数学表达式外，还常用图形法表示测试系统的频率特性，常用特性曲线有三种，分别是：幅频 — 相频特性曲线、伯德图（Bode）和奈奎斯特（Nyquist）图。

① 以角频率为自变量分别画出 $A(\omega)$ 和 $\varphi(\omega)$ 的图形，所得的曲线分别称为幅频特性曲线和相频特性曲线。

② 在实际作图时，有时也常以自变量 ω（或 f）取对数标尺，而因变量 $A(\omega)$ 则取分贝（dB）数，即作 $20lgA(\omega)-lg\omega$ 图和 $\varphi(\omega)-lg\omega$ 图，分别称为对数幅频特性曲线和对数相频特性曲线，两者合起来称为伯德（Bode）图。

③ 复变函数 $H(j\omega)$ 的指数表示方法，可以在极坐标图中用矢量表示。若在复平面内作一矢量，其长度为 $H(j\omega)$ 的模 $A(\omega)$，矢量与实轴正向的夹角为 $H(j\omega)$ 的幅角 $\varphi(\omega)$（以反时针方向为 $\varphi(\omega)$ 角的正向）。当 ω 在$[0,\infty]$区间变化时，矢量端点的轨迹就称为测试系统的幅相频率曲线，又称为奈奎斯特（Nyquist）图。

上述不同形式的图形（具体图形可见图 3 - 16 ～ 3 - 18 所示），统称为系统的频率响应曲线（简称为频响曲线）。用幅频和相频特性这一组曲线，或实频和虚频这一组曲线，或用奈奎斯特图，都可以全面地表达系统的动态特性。一般情况下，幅频特性曲线和相频特性曲线是常用的频响曲线。

综上所述，频率特性的定义是：

线性稳定系统在谐波信号作用下，当频率从 0 变化到 ∞ 时，稳态输出与输入的幅值比、相位差随频率变化的特性，称为频率特性，它由幅频特性和相频特性两部分组成。

系统稳态谐波输出信号与相应的谐波输入信号的幅值之比随输入频率的变化而变化的特性称为幅频特性 $A(\omega)=|H(j\omega)|$，它描述了系统对输入信号幅值的放大或衰减特性；系统稳态正弦输出信号与相应的正弦输入信号的相位之差随输入频率的变化而变化的特性称为相频特性 $\varphi(\omega)=\angle H(j\omega)$，它描述了系统输出信号相位对输入信号相位的滞后（负值）或超前（正值）特性。

例 3 - 3　已知某测试系统传递函数为 $H(s)=\dfrac{1}{1+0.5s}$，试求：

（1）当输入信号分别为 $x_1=\sin\pi t$，$x_2=\sin 4\pi t$ 时，试分别求系统稳态输出，并比较它们的幅值变化和相位变化情况。

（2）如果将系统的时间常数减小为 0.25，输入信号不变，试分析比较它们的幅值变化和相位变化情况。

解：（1）令 $s=j\omega$，求得测试系统的频率特性为

$$H(jf)=\frac{1}{1+j\times 0.5\times 2\pi f}$$

幅频特性为
$$A(f)=\frac{|1|}{|1+j\pi f|}=\frac{1}{\sqrt{1+(\pi f)^2}}$$

相频特性为
$$\varphi(f)=-\arctan(\pi f)$$

对于信号 x_1：$f_1=0.5\text{Hz}$，因此有：$A(f_1)=0.537$，$\varphi(f_1)=-57.52°$

对于信号 x_2：$f_2=2\text{Hz}$，因此有：$A(f_2)=0.157$，$\varphi(f_2)=-80.96°$

系统稳态输出分别为

$$y_1(\infty)=0.537\sin(\pi t-57.52°)$$

$$y_2(\infty)=0.157\sin(4\pi t-80.96°)$$

由此可知：该测试系统是一阶系统，其幅频特性值在 $f_1=0.5\text{Hz}$ 时，对信号的幅值的衰减率为 0.537；在 $f_2=2\text{Hz}$ 时，对信号的幅值的衰减率为 0.157。所以当频率为 0.5Hz 的信号 x_1 经过该测试系统后，幅值由 1 衰减率为 0.537；而信号 x_2 经过测试系统后，幅值由 1 衰减率为 0.157。同理可分析测试信号的频率对信号相位的影响。

（2）当时间常数为 0.25 时。测试系统的频率特性为

$$H(jf)=\frac{1}{1+j\times 0.25\times 2\pi f}$$

幅频特性为
$$A(f)=\frac{|1|}{|1+j\times 0.5\pi f|}=\frac{1}{\sqrt{1+(0.5\pi f)^2}}$$

相频特性为
$$\varphi(f)=-\arctan(0.5\pi f)$$

对于信号 x_1：$f_1=0.5\text{Hz}$，因此有：$A(f_1)=0.786$，$\varphi(f_1)=-38.13°$

对于信号 x_2：$f_2=2\text{Hz}$，因此有：$A(f_2)=0.307$，$\varphi(f_2)=-72.33°$

系统稳态输出分别为

$$y_1(\infty)=0.786\sin(\pi t-38.13°)$$

$$y_2(\infty)=0.307\sin(4\pi t-72.33°)$$

此例表明，测试系统的动态特性（即幅频和相频特性）对输入信号的幅值和相位的影响是可以通过输入、系统的动态特性（幅频和相频特性）及输出三者之间的关系来分析、掌握并控制的。减小测试系统的时间常数，即提高系统的响应特性，就可以提高测试结果的准确性，幅值衰减减小，相位滞后减小。

3. 脉冲响应函数

若输入为单位脉冲函数，即 $x(t)=\delta(t)$，则 $X(s)=1$。因此，复数域的输出为

$$Y(s)=H(s)\times X(s)=H(s)$$

经过拉普拉斯反变换，时域输出为

$$y(t)=h(t) \tag{3-20}$$

$h(t)$ 就是系统传递函数的拉普拉斯反变换，称为系统的脉冲响应函数，也称为权函数。脉冲响应函数是系统在时域的数学模型，描述了系统的时域特性。

总而言之，系统特性在时域可以用 $h(t)$ 来描述（还有状态空间描述），在频域可以用 $H(j\omega)$ 来描述，在复数域可以用 $H(s)$ 来描述。如图 3-8 所示，三者是一一对应的关系，知道一种模型，就可以导出其他形式的模型。最基本的模型仍然是系统的微分方程描述。

当输入信号为简谐信号时，频率响应函数 $H(j\omega)$ 表达的仅仅是系统对简谐输入信号的稳态输出。因此用频率响应函数不能反映过渡过程，必须用传递函数才能反映全过程。但是频率响应函数能更加直观地反映系统对不同频率输入信号的响应特性。在测试领域，常用频率特性函数来描述系统的动态特性，因为在实际测量时，为了获得较好的测量结果，常常在系统到达稳态输出的阶段进行测试。在控制领域，常用传递函数来描述系统的动态特性，由于控制技术常常要研究典型的扰动所引起的系统响应，研究一个过程从起始的瞬态变化过程到最终的稳态过程的全部特性。因此，本章在讨论测试系统的动态特性时以频率响应函数描述方式为主。

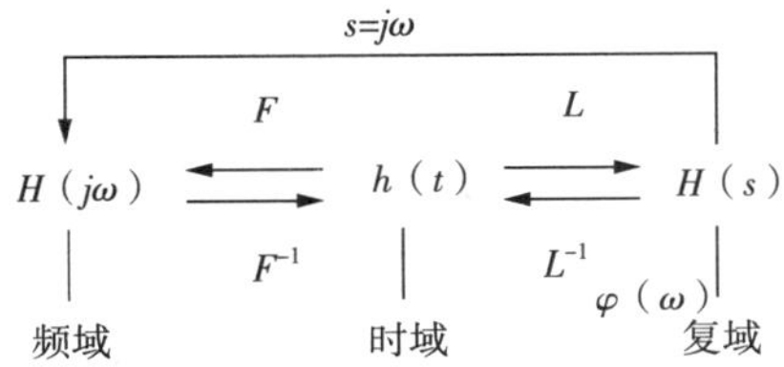

图 3-8　测试系统各动态特性之间的关系

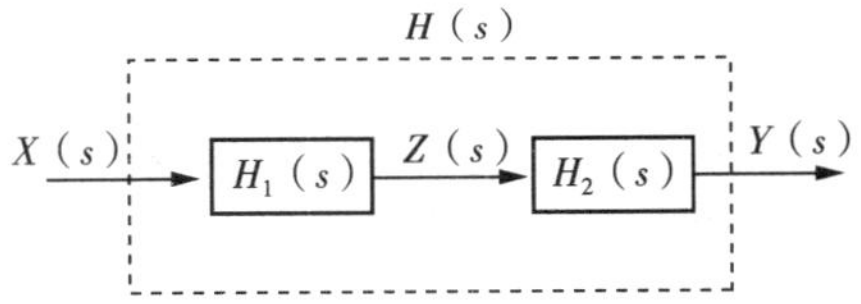

图 3-9　环节的串联

3.3.2　测试系统环节的串联和并联

测试系统通常有若干个环节组成，系统传递函数与各环节传递函数之间的关系取决于各环节之间的联结结构形式。

图 3-9 为由两个传递函数分别为 $H_1(s)$ 和 $H_2(s)$ 的环节经串联后组成的测试系统，其系统传递函数 $H(s)$ 为

$$H(s)=\frac{Y(s)}{X(s)}=\frac{Z(s)}{X(s)}\cdot\frac{Y(s)}{Z(s)}=H_1(s)\cdot H_2(s)$$

类似地，由 n 个环节串联组成的测试系统的传递函数为

$$H(s)=\prod_{i=1}^{n}H_i(s) \tag{3-21}$$

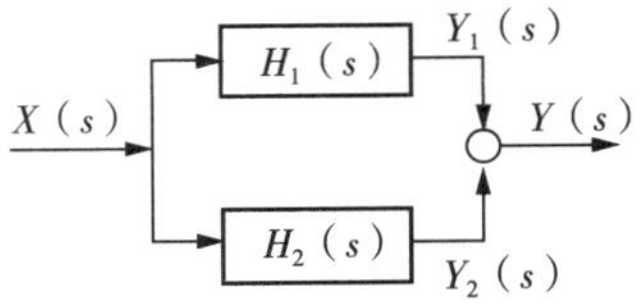

图 3-10　环节的并联

图 3-10 为由两个传递函数分别为 $H_1(s)$ 和 $H_2(s)$ 的环节经并联后组成的测试系统，其系统传递函数 $H(s)$ 为

$$H(s)=\frac{Y(s)}{X(s)}=\frac{Y_1(s)+Y_2(s)}{X(s)}=\frac{Y_1(s)}{X(s)}+\frac{Y_2(s)}{X(s)}=H_1(s)+H_2(s)$$

同样地，由 n 个环节并联组成的系统的传递函数为

$$H(s)=\sum_{i=1}^{n}H_i(s) \tag{3-22}$$

3.3.3 实现动态测试不失真的条件

所谓信号失真就是信号通过系统时，其波形发生了畸变，与原来的信号图形不一样。如果变化只引起时间的延迟和幅度上的增减，而形状不变，就不能称为失真，如图 3-11 所示。图中的波形仅仅幅度不同，而且在整个时间范围内幅度的变化仅是常数衰减或者增大，或是在时间上提前或滞后。测试的目的是应用测试系统精确地复现被测的特征量或参数，获取原始信息。而事实上并不是所有测试系统都能毫无条件地做到这一点。测试的目的是为了获得被测对象的原始信息，这就要求在测试过程中，采取相应的技术措施，确保测试系统的输出信号能够真实、准确反映出被测对象的信息。这种测试称之为不失真测试。

设测试系统的输入为 $x(t)$，若实现不失真测试，则该测试系统的输出应满足

$$y(t)=A_0x(t-t_0) \tag{3-23}$$

式中：A_0—— 比例系数，常数；

t_0—— 延迟时间，常数。

式(3-23) 即为测试系统在时域内实现不失真测试的条件。此时，测试系统的输出波形精确地与输入波形相似，只是幅值放大了 A_0 倍，相位产生了相移 t_0(时间延迟)，如图 3-11 所示。

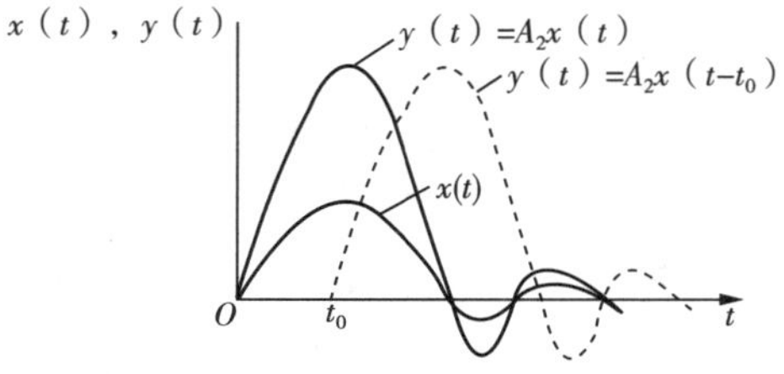

图 3-11　测试系统不失真条件

必须指出，在图 3-11 中，输出波形与输入波形相似，相位完全相同，只是幅值放大了 A_0 倍，即 $y(t)=A_0x(t)$，这是理想的情况。由于实际测试系统存在惯性，含有蓄能元件，不可能实现这种理想的测试情况。

将式(3-23) 进行傅里叶变换，有

$$Y(j\omega)=A_0e^{j(-t_0\omega)}X(j\omega)$$

当测试系统的初始状态均为零时，即 $x(0)=0$，$y(0)=0$ 时，测试系统的频率响应函数(频率特性) 为

$$H(j\omega)=A(\omega)e^{j\varphi(\omega)}=\frac{Y(j\omega)}{X(j\omega)}=A_0e^{j(-t_0\omega)} \tag{3-24}$$

其频率特性和相频特性为

$$A(\omega)=A_0=\text{常数} \tag{3-25}$$

$$\varphi(\omega)=-t_0\omega \tag{3-26}$$

式(3-25) 和式(3-26) 即为测试系统在频域内实现不失真测试的条件。也就是说，幅频特性曲线是一条平行于 ω 轴的直线，相频特性曲线是一条通过坐标原点的斜率为 $-t_0$ 的直线，如图 3-12 所示。

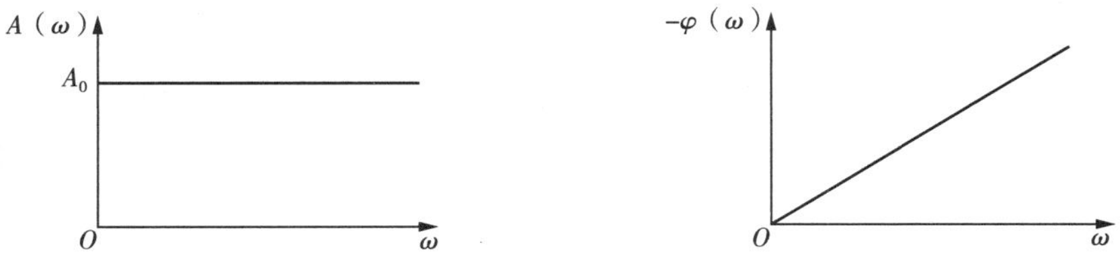

图 3-12　不失真测试的频率响应特性

不失真测试条件的物理意义如下：

(1) 输入信号通过测试系统后其各频率分量的幅值均应被放大(或缩小)相同的倍数 A_0，即幅频特性曲线是平行于横轴的直线；否则，将会产生幅值失真。

(2) 输入信号通过测试系统后其各频率分量的相位角会随着频率成正比例地变化。反应到时域中，其各频率分量均应产生相同的滞后时间，其滞后时间为 $-t_0$，即各频率分量的滞后时间为常量；否则，将会产生相位失真。

测量系统必须同时满足幅值条件和相位条件才能实现不失真测试。我们将 $A(\omega)$ 不等于常数所引起的失真称为幅值失真，由 $\varphi(\omega)$ 与 ω 之间的非线性关系而引起的失真称为相位失真。一般来说，实际测试系统既有幅值失真又有相位失真，因此只能采取一定的技术手段将波形失真控制在一定的误差范围之内。

必须指出，上述动态测试不失真条件是指波形不失真的条件，而幅值和相位其实都是发生了一定变化的。因此，在测试过程中要根据不同的测试目的，合理地应用这个条件。例如，测试的目的只是希望精确地测出输入波形，那么上述条件完全可以满足要求；如果测试的结果要用来作为反馈控制信息，这时就要特别注意，输出信号的波形相对输入信号的波形在相位或者说在时间上是有滞后的，这种滞后有可能导致系统稳定性降低，甚至引起系统不稳定。在这种情况下，必须对输出信号在幅值、相位上进行适当的处理，才能用作反馈信号。

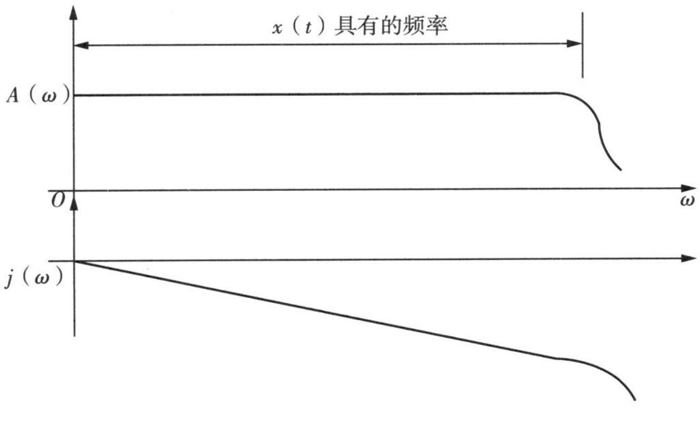

图 3-13　频域动态测试不失真条件

任何一个测试系统都不可能在无限宽广的频率范围内满足不失真的测试条件，往往只能在一定的工作频率范围内近似认为是可实现精确测量的，如图 3-13 所示。

由于测试系统通常是由若干个测试环节组成，因此，只有保证所使用的每一个测试环节满足不失真的测试条件，才能使最终的输出波形不失真。在第 2 章的学习中，我们知道周期性方波是由不同频率的正弦分量叠加而成。当周期性方波通过测试系统后，只有各频率分的幅值产生相同的放大或缩小，并且各频率分量所产生的滞后时间也相同时，各分量的幅值在信号中所占的比重及各分量波形的相对位置才不会发生变化，叠加后才能恢复周期性方波的波形，也就是说信号没有失真。图 3－14 所示为周期性方波及其通过测试系统后各分量的波形（图中略去了 6 次以上谐波）。显然，对于只有单一频率成分的信号，系统的输出波形是不可能失真的。但对于含有多个频率成分的复杂信号，系统的输出波形就有可能产生失真。因此，不失真测试条件是针对含有多个频率成分的复杂信号而言的。

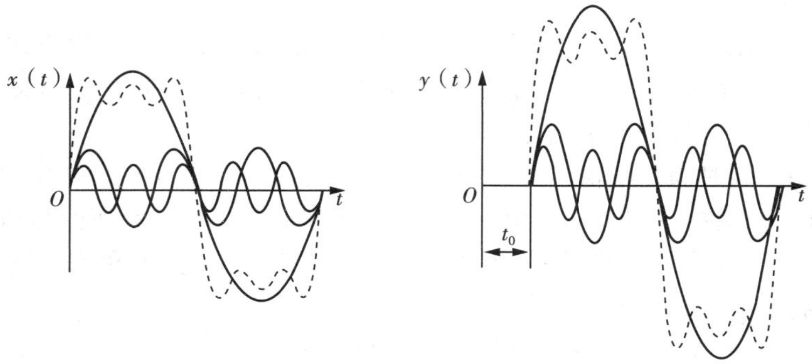

图 3－14　周期性方波及各分量的波形

例 3－4　图 3－15 为某一测试装置的幅频、相频特性，当输入信号为 $x_1(t)=A_1\sin\omega_1 t+A_2\sin\omega_2 t$ 时，输出信号不失真；当输入信号为 $x_2(t)=A_1\sin\omega_1 t+A_4\sin\omega_4 t$ 时，输出信号失真。上述说法正确吗？

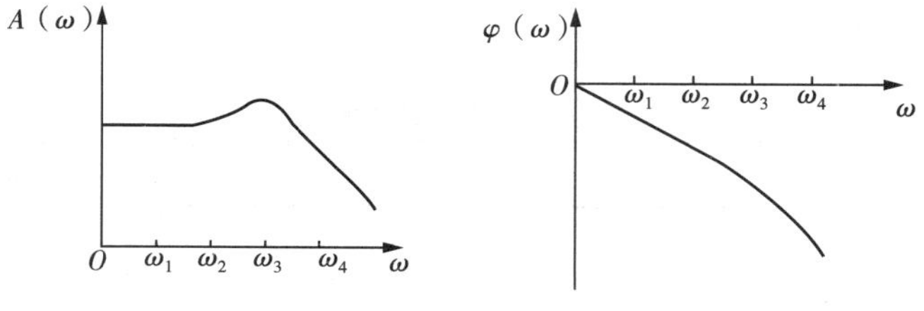

图 3－15　某测试装置的幅频、相频特性

解：该题为是非判断题。根据测试系统实现不失真测试的条件，若要输出波形精确地与输入波形一致而没有失真，则装置的幅频、相频特性应分别满足：

$$A(\omega)=C(\text{常数})\quad \varphi(\omega)=-t_0\omega$$

由图 3－15 可以看出，当输入信号频率 $\omega\leqslant\omega_2$ 时，装置的幅频特性 $A(\omega)=C$（为常数），且相频曲线为线性，而当 $\omega\geqslant\omega_3$ 时，幅频曲线下跌且相频曲线呈非线性。因此在输入信号频率 $\omega\leqslant\omega_2$ 范围内，能保证输出不失真。而在 $x_2(t)$ 中，有 $\omega=\omega_4$，所以，题中的结论是正确的。

3.4 常见测试系统的动态特性

组成测试系统的各功能部件多为一阶或二阶系统，而且任何一个高于二阶的系统都可以看成是由若干个一阶和二阶系统的串联或并联组成的。测试系统的阶数越高，描述其特性的微分方程阶次就越高，系统的传递特性就越复杂，其输入与输出之间的变换关系就越难描述。根据线性定常系统的线性性质，一阶和二阶系统是分析和研究高阶、复杂系统的基础。因此，本节主要讨论较简单的一阶和二阶系统的动态特性。

3.4.1 一阶系统的动态特性

一阶系统的微分方程为

$$a_1\frac{\mathrm{d}y(t)}{\mathrm{d}t}+a_0y(t)=b_0x(t) \tag{3-27}$$

$$\frac{a_1}{a_0}\frac{\mathrm{d}y(t)}{\mathrm{d}t}+y(t)=\frac{b_0}{a_0}x(t)$$

改写为常用形式

$$T\frac{\mathrm{d}y(t)}{\mathrm{d}t}+y(t)=Sx(t)$$

之中　T—— 系统的时间常数，$T=a_1/a_0$

　　　S—— 系统灵敏度，$S=b_0/a_0$。

在线性系统中，S 为常数，由于 S 值的大小仅表示输出与输入之间(输入为静态量时) 放大的比例关系，并不影响对系统动态特性的研究，因此，为讨论问题方便起见，可以令 $S=b_0/a_0=1$，这种处理称为灵敏度归一处理。

一阶系统的传递函数为

$$H(s)=\frac{S}{Ts+1} \tag{3-28}$$

其频率响应函数为

$$H(j\omega)=\frac{S}{1+j\omega T}=\frac{S}{1+(\omega T)^2}-j\frac{S\omega T}{1+(\omega T)^2} \tag{3-29}$$

其幅频、相频特性为

$$A(\omega)=\frac{|S|}{|1+j\omega T|}=\frac{S}{\sqrt{1+(\omega T)^2}} \tag{3-30}$$

$$\varphi(\omega)=\angle S-\angle(1+j\omega T)=-\arctan(\omega T) \tag{3-31}$$

$\varphi(\omega)$ 为负值表示系统输出信号的相位滞后于输入信号的相位。

一阶系统的脉冲响应函数为

$$h(t)=\frac{1}{T}e^{-\frac{1}{T}t} \tag{3-32}$$

图 3-16～图 3-18 所示分别是一阶系统的幅频和相频特性曲线、伯德图、奈魁斯特图以及脉冲响应函数曲线（取静态灵敏度 $S=1$）。

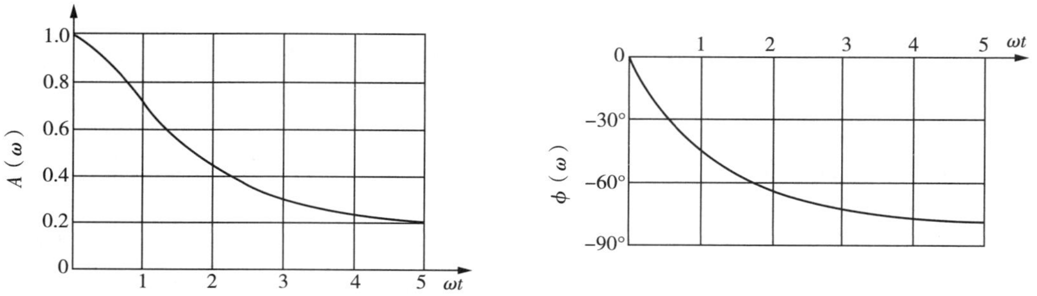

（a）幅频曲线　　（b）相频曲线

图 3-16　一阶系统的幅频和相频特性曲线

从一阶系统的幅频特性曲线（图 3-16(a) 所示）和伯德图（图 3-17 所示）来看，显然它不满足 $A(\omega)$ 为水平直线的动态测试不失真条件的要求。对于实际的测试系统，要完全满足理论上的动态测试不失真条件几乎是不可能的，只能要求在接近不失真的测试条件的某一频段范围内，幅值误差不超过某一限度。一般在没有特别指明精度要求的情况下，系统只要是在幅值误差不超过 5%，即在系统灵敏度归一处理后，$A(\omega)$ 值不大于 1.05 或不小于 0.95 的频率范围内工作，就认为可以满足动态测试要求。一阶系统当 $\omega=1/T$ 时，$A(\omega)$ 值为 0.707(−3dB)，相位滞后 45°，通常称 $\omega_T=1/T$ 为一阶系统的转折频率。只有当 ω 远小于 $1/T$ 时幅频特性才接近于 1，才可以不同程度地满足动态测试要求。在幅值误差一定的情况下，系统的时间常数 T 越小，则系统的工作频率范围越大。或者说，在被测信号的最高频率成分 ω 一定的情况下，T 越小，则系统输出幅值的误差越小。

从一阶系统的相频曲线（图 3-16(b)）所示来看，同样也只有在 ω 远小于 $1/T$ 时，相频曲线接近于一条过零点的斜直线，而且也同样是 T 越小，则系统的工作频率范围越大。

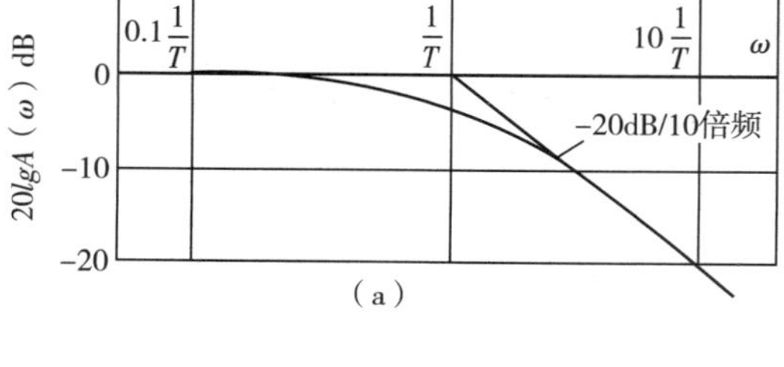

（a）

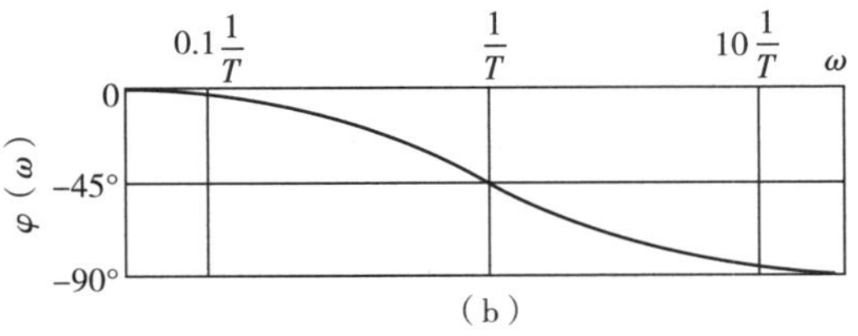

图 3 - 17　一阶系统的伯德图

从一阶系统的奈奎斯特图(图 3 - 18)可以看出,当输入信号频率 $\omega \leqslant \frac{1}{T}$ 时,系统的传输特性较好,幅值衰减率不小于 0.707,相位滞后不大于45°,较好地检测获得输入信号的变化规律;而当输入信号频率 $\omega > \frac{1}{T}$ 后,系统的传输特性随着频率的增加,幅值衰减越来越大,相位滞后也越来越严重。当输入信号频率趋近于 ∞ 时,输出幅值为零,相位滞后已达90°。这就是频率响应函数的物理本质,反映了测试系统能较好地、不失真地传输输入信号的能力。系统的频率响应特性是由系统结构及参数确定的固有特性。

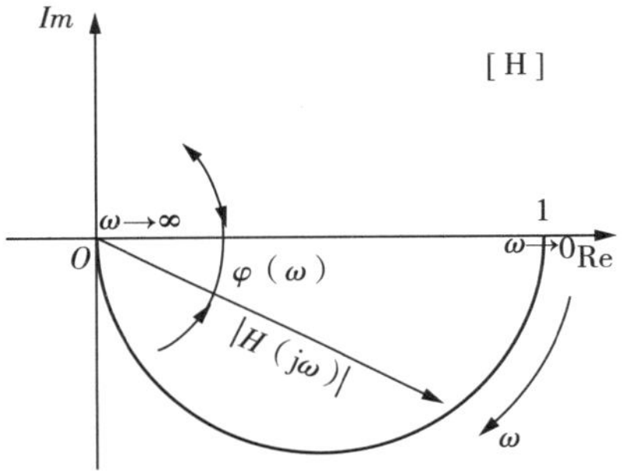

图 3 - 18　一阶系统的奈魁斯特图

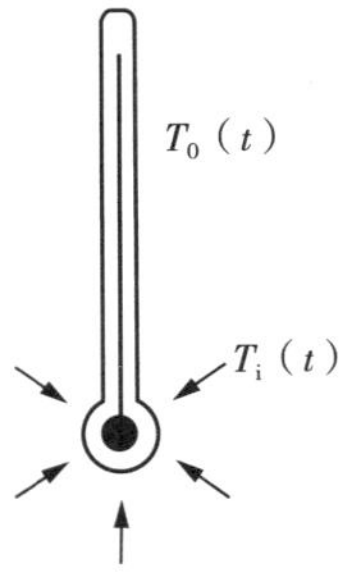

图 3 - 19 柱式温度计

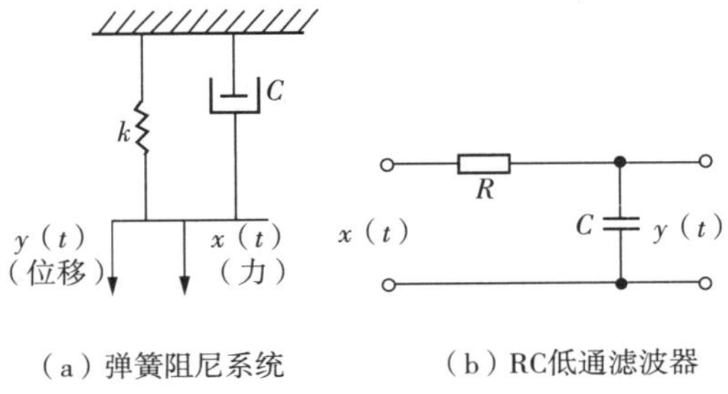

图 3 - 20　一阶系统实例

综合上述分析,可以得出结论:反映一阶系统的动态性能的指标参数是时间常数 T,原则上是时间常数 T 越小越好。

在常见的测量装置中,图 3 - 19 所示的液柱式温度计,图 3 - 20 所示的弹簧-阻尼器系统以及简单的 RC 低通滤波器等都属于一阶系统。

例 3－5 用一个一阶系统作 100Hz 正弦信号测量。试求：

(1) 如果要求限制振幅误差在 5% 以内，则时间常数 T 应取多少？

(2) 若用具有该时间常数的同一系统作 50Hz 信号的测试，此时的振幅误差和相角差各是多少？

解： 测试系统对某一信号测量后的幅值误差应为

$$\delta=\left|\frac{A_i-A_o}{A_i}\right|=|1-A(\omega)| \tag{3-33}$$

式中，A_i、A_o 分别为输入、输出信号的幅值。

解： 对一阶系统，若设 $S=1$，则其幅频特性和相频特性分别为

$$A(\omega)=\frac{1}{\sqrt{1+(\omega T)^2}} \quad \varphi(\omega)=-\arctan(\omega T)$$

(1) 因为 $\delta=|1-A(\omega)|$，故当 $|\delta|\leqslant 5\%=0.05$ 时，即要求 $1-A(\omega)\leqslant 0.05$，有

$$1-\frac{1}{\sqrt{1+(\omega T)^2}}\leqslant 0.05$$

化简得

$$(\omega T)^2\leqslant\frac{1}{0.95^2}-1=0.108$$

则

$$T\leqslant\frac{\sqrt{0.108}}{2\pi f}=\frac{\sqrt{0.108}}{2\pi\times 100}=5.23\times 10^{-4}s$$

(2) 当作 50Hz 信号测试时，则其幅频特性值和相频特性值分别为

$$A(\omega)=\frac{1}{\sqrt{1+(2\pi fT)^2}}=\frac{1}{\sqrt{1+(2\pi\times 50\times 5.23\times 10^{-4})^2}}=0.9868$$

$$\varphi(\omega)=-\arctan(2\pi fT)=-\arctan(2\pi\times 50\times 5.23\times 10^{-4})=-9°19'50''$$

幅值误差为 $\delta=|1-A(\omega)|=1-0.9868=1.32\%$

从上面的计算结果可以看出，要使一阶系统测量误差小，则应使 ωT 尽可能小。

3.4.2 二阶系统的动态特性

二阶系统的微分方程为

$$a_2\frac{\mathrm{d}^2y(t)}{\mathrm{d}t^2}+a_1\frac{\mathrm{d}y(t)}{\mathrm{d}t}+a_0y(t)=b_0x(t) \tag{3-34}$$

$$\frac{a_2}{a_0}\frac{\mathrm{d}^2y(t)}{\mathrm{d}t^2}+\frac{a_1}{a_0}\frac{\mathrm{d}y(t)}{\mathrm{d}t}+y(t)=\frac{b_0}{a_0}x(t) \tag{3-35}$$

若令 $\omega_n=\sqrt{\frac{a_0}{a_2}}$，称为系统固有频率；$\zeta=\frac{a_1}{2\sqrt{a_0a_2}}$，称为系统的阻尼比。则

$$\frac{a_2}{a_0}=\frac{1}{\omega_n^2};\frac{a_1}{a_0}=\frac{2\zeta}{\omega_n}$$

于是式(3－35)可改写为

$$\frac{1}{\omega_n^2}\frac{\mathrm{d}^2y(t)}{\mathrm{d}t^2}+\frac{2\zeta}{\omega_n}\frac{\mathrm{d}y(t)}{\mathrm{d}t}+y(t)=Sx(t)$$

$$\frac{\mathrm{d}^2y(t)}{\mathrm{d}t^2}+2\zeta\omega_n\frac{\mathrm{d}y(t)}{\mathrm{d}t}+\omega_n^2y(t)=S\omega_n^2x(t) \tag{3-36}$$

式中　ω_n—— 系统固有频率；

ζ—— 系统阻尼比；

S—— 系统灵敏度。

由式(3－36)可求得二阶系统的传递函数、频率响应函数、幅频特性和相频特性以及脉冲响应函数分别为

$$H(s)=\frac{S\omega_n^2}{s^2+2\zeta\omega_ns+\omega_n^2} \tag{3-37}$$

$$H(j\omega)=\frac{S}{\left[1-\left(\frac{\omega}{\omega_n}\right)^2\right]+j2\zeta\frac{\omega}{\omega_n}}\quad\text{(作了归一化处理)} \tag{3-38}$$

$$A(\omega)=\frac{S}{\sqrt{\left[1-\left(\frac{\omega}{\omega_n}\right)^2\right]^2+4\zeta^2\left(\frac{\omega}{\omega_n}\right)^2}} \tag{3-39}$$

$$\varphi(\omega)=-\arctan\frac{2\zeta\left(\frac{\omega}{\omega_n}\right)}{1-\left(\frac{\omega}{\omega_n}\right)^2} \tag{3-40}$$

图 3－21 ～ 图 3－23 所示分别是二阶系统的幅频和相频特性曲线、伯德图和奈魁斯特图。注意，这是灵敏度归一后所绘制的曲线。

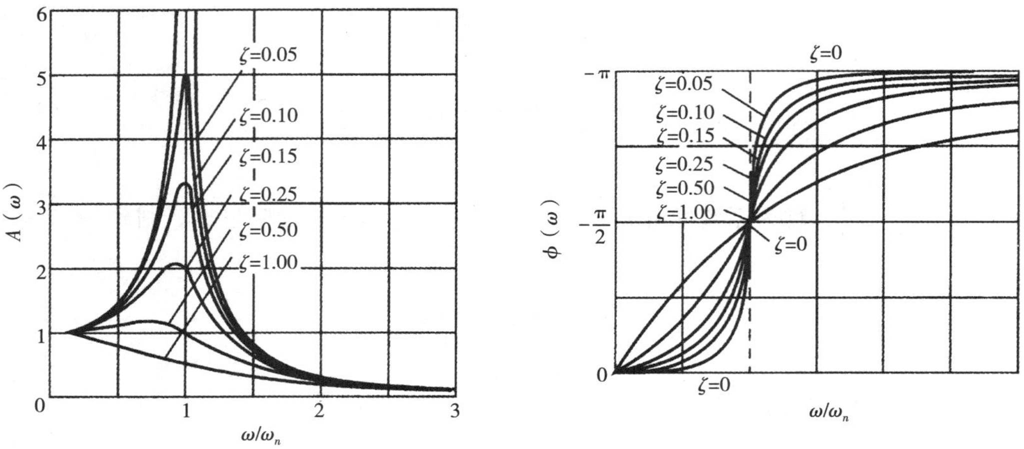

（a）幅频曲线　　　　（b）相频曲线

图 3-21　二阶系统的幅频和相频特性曲线

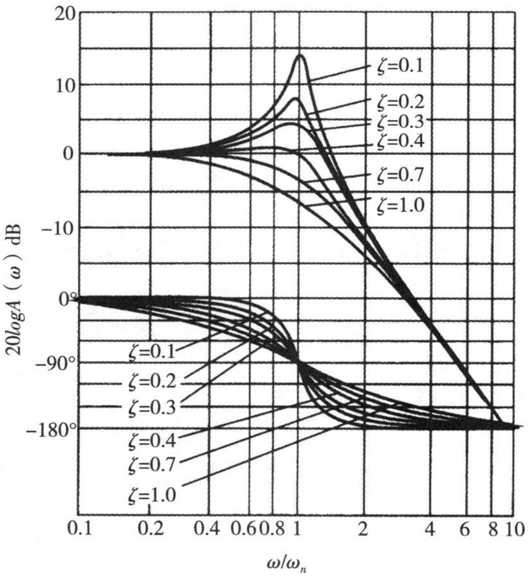

图 3-22　二阶系统的伯德图

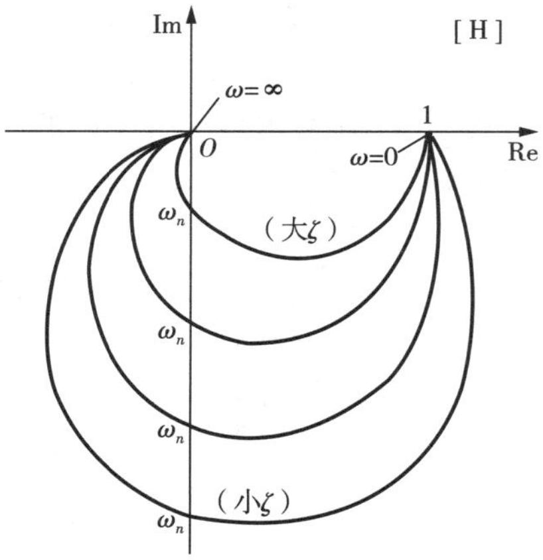

图 3-23　二阶系统的奈魁斯特图

二阶系统的脉冲响应函数如式(3-41)所示，其曲线见图 3-23。

$$h(t)=\frac{\omega_n}{\sqrt{1-\zeta^2}}\cdot e^{-\zeta\omega_n t}\sin(\omega_n\sqrt{1-\zeta^2}\cdot t) \tag{3-41}$$

从二阶系统的幅频和相频曲线可知，影响系统特性的主要参数是固有频率 ω_n 和阻尼比 ζ。只有在 $\omega<\omega_n$ 并靠近坐标原点的一段，$A(\omega)$ 比较接近水平直线，$\varphi(\omega)$ 也近似与 ω 呈线性关系，满足动态不失真测试条件。若测试系统的固有频率 ω_n 较高，相应地 $A(\omega)$ 的水平直

线段也较长一些，系统的工作频率范围便大一些。另外，当系统的阻尼比 ζ 在 0.7 左右时，$A(\omega)$ 的水平直线段也会相应地长一些，$\varphi(\omega)$ 与 ω 之间也在较宽频率范围内更接近线性。当 $\zeta=0.6\sim0.8$ 时，可获得较合适的综合特性。

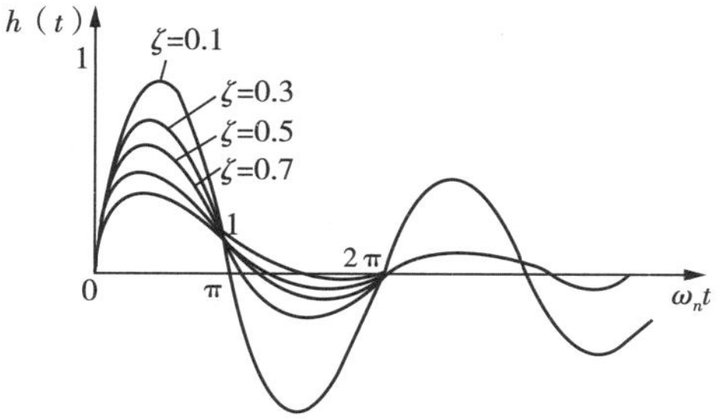

图 3－23　二阶系统的脉冲响应函数曲线

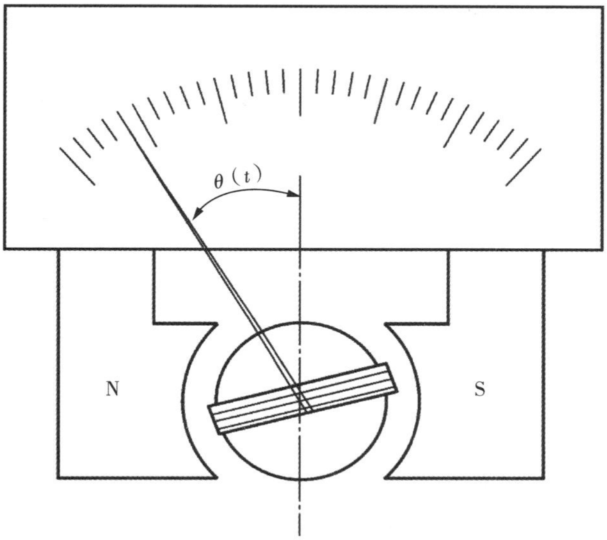

图 3－24　显示仪振子的工作原理

当 $\zeta=0.7$ 时，在 $\omega/\omega_n=0\sim0.58$ 的范围内，$A(\omega)$ 的变化不超过 5%，同时 $\varphi(\omega)$ 也接近于过坐标原点的斜直线。显然，二阶系统的主要动态性能指标参数是系统的固有频率 ω_n 和阻尼比 ζ 两个参数。

注意，对于二阶系统，当 $\omega=\omega_n$ 时，$A(\omega)=1/2\zeta$，若系统的阻尼比甚小，则输出幅值将急剧增大，故 $\omega\approx\omega_n$ 时，系统将发生谐振。谐振时，振幅增大的情况和阻尼比 ζ 成反比，且不管其阻尼比为多大，系统输出的相位总是滞后输入 90°。另外，当 $\omega>2.5\omega_n$ 以后，$\varphi(\omega)$ 接近于 $-180°$，$A(\omega)$ 也接近一条水平直线段（但输出比输入小），若在信号处理中采用移相器或减去固定相位差的办法，也可望在某一频段范围内实现动态测试不失真。

图 3－24 所示的动圈式显示仪振子是一个典型二阶系统。在笔式记录仪和光线示波器等动圈式振子中，通电线圈在永久磁场中受到电磁转矩 $K_i i(t)$ 的作用，指针产生偏转运动，

同时这个偏转的转动惯量会受到扭转阻尼转矩 $B\mathrm{d}\theta(t)/\mathrm{d}t$ 和弹性恢复转矩 $K_\theta\theta(t)$ 的作用，根据牛顿第二定律，这个系统的输出-输入关系可以用二阶微分方程描述，即

$$J\frac{\mathrm{d}^2\theta(t)}{\mathrm{d}t^2}+B\frac{\mathrm{d}\theta(t)}{\mathrm{d}t}+K_\theta\theta(t)=K_i i(t) \tag{3-42}$$

式中，$i(t)$ 为输入动圈的电流信号；$\theta(t)$ 为振子（动圈）的角位移输出信号；J 为振子转动部分的转动惯量；B 为阻尼系数，包括空气阻尼、电磁阻尼、油阻尼等；K_θ 为游丝的扭转刚度；K_i 为电磁转矩系数，与动圈绕组在气隙中的有效面积、匝数和磁感应强度等有关。

振子系统的传递函数为

$$H(s)=\frac{\theta(s)}{I(s)}=\frac{\frac{K_i}{J}}{s^2+\frac{B}{J}s+\frac{K_\theta}{J}}=S\frac{\omega_n^2}{s^2+2\zeta\omega_n s+\omega_n^2} \tag{3-43}$$

式中，$\omega_n=\sqrt{K_\theta/J}$ 为系统的固有频率；$\zeta=B/(2\sqrt{K_\theta J})$ 为系统的阻尼率；$S=K_i/K_\theta$ 为系统的灵敏度。

在常见测量装置中，压电式加速度传感器、光线示波器振子及 RLC 电路等都属于二阶系统如图 3－25、图 3－26 所示。

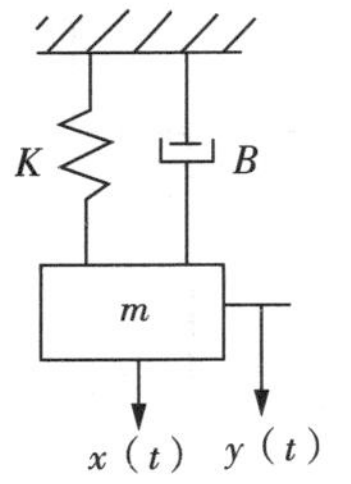

图 3－25　质量-弹簧-阻尼系统

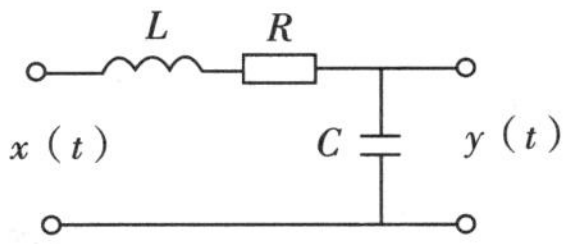

图 3－26　RLC 电路

习　　题

一、填空题。

3－1　线性常系数系统的四个重要特性为________、________、________和________。

3－2　在稳态条件下，测试装置输出信号变量 $\mathrm{d}y$ 和输入信号变量 $\mathrm{d}x$ 之比，称之为________；如输出/输入信号同量纲时，又称为________。

3－3　测试装置的静态特性主要以________、________、________、和稳定度等表征。

3－4　线性系统具有________保持性，即若系统输入一个正弦信号，则其稳态输出的________保持不变，但输出的________和________一般会发生变化。

3－5　实现不失真测试的条件是：该测试装置的幅频特性________、相频特性________。

3-6　测试装置的动态特性在复数域中用________表示，在频域中是用________表示，在时域中是用________表示的。

3-7　在数学上，系统频率响应函数的定义是：在系统________为零的条件下，系统输出响应的________与输入激励的________之比。在系统的稳态分析中，它的模等于系统________与________的幅值比，其幅角等于它们的________。

3-8　要使一阶测试装置的动态响应快，就应使________。

3-9　测试装置的脉冲响应函数 $h(t)$ 就是当输入为________时，装置的输出。当用 $h(t)$ 来表示装置的动态特性时，输入 $x(t)$、输入 $y(t)$ 与 $h(t)$ 三者的关系为________。

3-10　系统的阶跃响应是表征系统对________的响应能力；系统的频率响应则表征系统对信号中________的响应能力。

3-11　影响一阶系统动态特性的主要参数是________；影响二阶系统动态特性的主要参数是________和________。

3-12　在频域中，测试装置的输出 $Y(s)$ 与输入信号 $X(s)$ 之间的关系是________，在时域中，测试装置输出 $y(t)$ 与输入 $x(t)$ 之间的关系是________。

二、计算题。

3-13　若压电式力传感器灵敏度为90pC/MPa，电荷放大器的灵敏度为0.05V/pC，若压力变化25MPa，为使记录笔在记录纸上的位移不大于50mm，则笔式记录仪的灵敏度应选多大？

3-14　由传递函数为 $H_1(s)=\dfrac{1.5}{3.5s+0.5}$ 和 $H_2(s)=\dfrac{100\omega_n^2}{s^2+1.4\omega_n s+\omega_n^2}$ 的两个环节串联组成一个测试系统，问此系统的总灵敏度是多少？

3-15　用时间常数为2s的一阶装置测周期为2s、4s的正弦信号，试求周期为4s装置产生的幅值误差和相位滞后量分别是2s装置的几倍？

3-16　设用时间常数为0.2s的一阶装置测量正弦信号：$x(t)=\sin 4t+0.4\sin 40t(S=1)$，试求其输出信号。

3-17　用一阶系统对200Hz的正弦信号进行测量，如果要求振幅误差在10%以内，则一阶系统的时间常数应取多少？如用具有该时间常数的同一系统对50Hz的正弦信号进行测试，问此时的振幅误差和相位差是多少？

3-18　已知某线性装置的幅频、相频特性为 $A(\omega)=\dfrac{1}{\sqrt{1+0.01\omega^2}}$，$\varphi(\omega)=-\arctan 0.1\omega$，现测得该系统稳态输出为 $y(t)=10\sin(30t-45°)$，试求系统的输入信号 $x(t)$。

3-19　已知某测试系统传递函数 $H(s)=\dfrac{1}{1+0.5s}$，当输入信号分别为 $x_1=\sin\pi t$，$x_2=\sin 4\pi t$ 时，试分别求系统稳态输出，并比较它们的幅值变化和相位变化。

3-20　一种力传感器可作为二阶系统处理。已知传感器的固有频率为800Hz，阻尼比为0.14。试求使用该传感器对频率为500Hz和1000Hz正弦变化的外力进行测试时，输出响应的振幅和相位角各为多少？

第 4 章　常用传感器

4.1　概　述

在人类文明史的历次产业革命中，感受、处理外部信息的传感技术一直扮演着一个重要角色。在 18 世纪产业革命以前，传感技术由人的感官实现：人观天象而仕农耕，察火色以冶铜铁。人类为了从外界获取信息，必须借助于感觉器官，最原始、最天然的传感器就是生物体的感官。人体有五种感觉器官，眼、耳、舌、鼻、手，它们可以分别用来感知外部世界的变化。眼用于看，耳用于听，舌用于品尝，鼻用于闻，手用于触摸。这五种感觉器官是人类获取信息的主要途径，在人类活动中起着至关重要的作用。

从 18 世纪产业革命以来，传感技术越来越多地由人造感官，即工程传感器来实现。因为人类在研究自然现象和规律以及生产活动中，单靠自身感觉器官的作用就远远不够了。为适应这种情况，就需要能够更加准确测量的传感器。传感器是人类五官的延伸，是获取自然界和生产领域中信息的基本工具，是测量或检测系统的首要环节。如视觉——光传感器、听觉——声压传感器、嗅觉——气敏传感器、触觉——温度和压力传感器、味觉——离子传感器等。到目前为止，有些传感的功能已经远远超过人类的感官，如各种光传感器；但有些传感器尚不及人类的感官，如离子传感器。随着科学技术的发展，大量的、各种各样的传感器将逐步取代生物体的各种感官，更加精确地测量或检测对象，应用于生活、生产及科学试验。如图 4 - 1 中的烟雾报警器是将烟雾气体进行检测并转换成电信号的传感器，而电子秤则是将货物重量进行检测并变换成电信号的传感器，它们是日常生活中常见的传感器的例子。

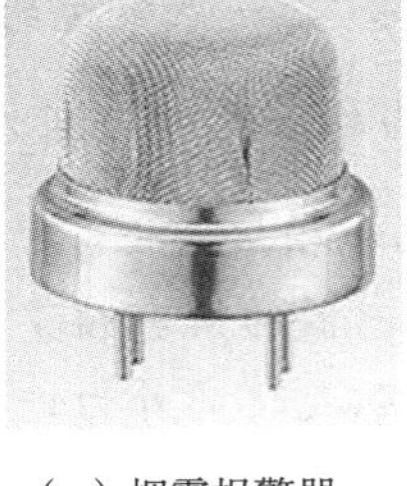

(a) 烟雾报警器

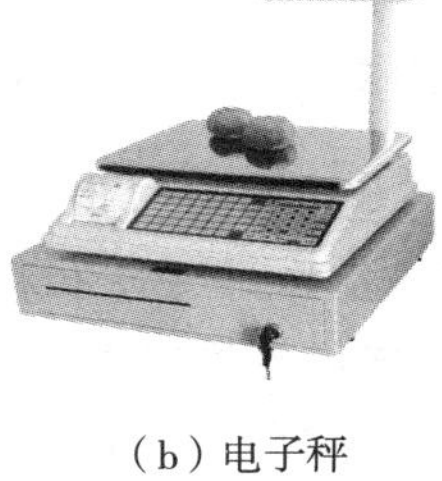

(b) 电子秤

图 4 - 1　生活中使用的传感器

传感器与计算机、通信和自动控制技术等一起，构成一条从信息采集、处理、传输到应用的完整信息链。深入研究传感器的类型、原理和应用，研制开发新型传感器，对于科学技术和生产过程中的自动控制和智能化发展，以及人类观测研究自然界事物的深度和广度都有重要的实际意义。从宇宙探索、海洋开发、环境保护、灾情预报到包括生命科学在内的每一项现代科学技术的研究以及人民群众的日常生活等，几乎无一不与传感器和传感器技术紧密联系。因此，应用、研究和开发传感器和传感器技术是信息时代的必然要求。

本章内容主要包括传感器的基本概念、各类传感器（电阻式、电容式、电感式、压电式、磁电式、霍尔式、半导体、光电、光纤、超声波传感器等）的工作原理及其典型应用。

4.1.1　传感器的定义与组成

根据中华人民共和国国家标准 GB/T7665—2005《传感器通用术语》，传感器的定义是："能感受规定的被测量并按照一定的规律转换成可用输出信号的器件或装置"，其包含以下几个方面的意思：

(1) 传感器是测量装置，能完成检测任务；

(2) 它的输入量是某一被测量，可能是物理量，也可能是化学量、生物量等；

(3) 它的输出量是某种物理量，这种量要便于传输、转换、处理、显示等，这种量可以是气、光、电量，但主要是电量；

(4) 输入输出有对应关系，并且应有一定的精确度。

需要说明的是，由于各行各业的现代测控系统中的信号种类极其繁多，为了对各种各样的信号进行检测，传感器就必须尽量将被测信号转变为简单的、易于处理与传输的二次信号，这样的要求只有电信号能够满足。因为电信号能较容易地利用电子仪器和计算机进行放大、反馈、滤波、微分、存储、远距离操作等处理。因此传感器作为一种功能模块又可狭义地定义为："将外界的输入信号变换为电信号的一类元件"，如图 4-2 所示。

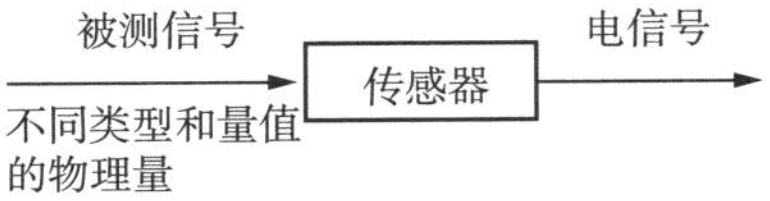

图 4-2　传感器的作用

需要指出的是，传感器的定义和内涵是随着科技的发展而演绎的。目前，信息领域处在由电信息时代向光信息时代迈进的进程中，由于光信号比电信号具有更快的传输速度和更大的传输容量及更好的抗干扰性，因此，在光信息时代，传感器的定义可能就会发展为："将外界的输入信号变换为光信号的一类元件"。

传感器一般由敏感元件、转换元件、信号转换电路三部分组成，如图 4-3 所示。

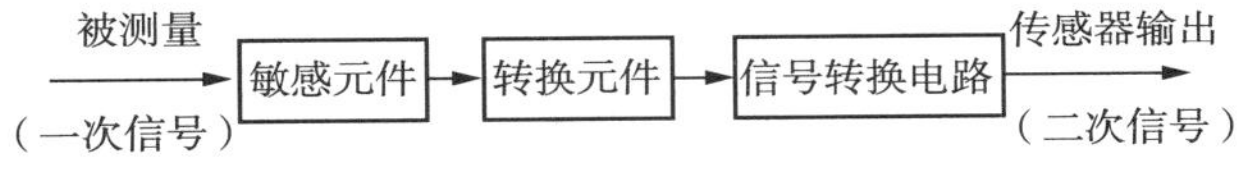

图 4-3　传感器的组成框图

(1) 敏感元件：直接感受被测量，并输出与被测量成确定关系的某一物理量的元件。

(2) 转换元件：以敏感元件的输出为输入信号，把输入信号转换成电路参数，如电阻 R、电感 L、电容 C 或转换成电流、电压等电量。

(3) 信号转换电路：将转换元件输出的电路参数接入信号转换电路并将其转换成电量输出。

实际上，有些传感器很简单，仅由一个敏感元件(兼作转换元件)组成，它感受被测量时直接输出电量，如热电偶；有些传感器由敏感元件和转换元件组成，没有信号转换电路；有些传感器，转换元件不止一个，要经过若干次转换。一般将包含有信号转换电路的传感器称为变换器。因此，在不同的技术领域，传感器又被称为检测器、变换器、换能器等。

4.1.2 传感器的分类

由于被测物理量的多样性，测量范围又很广，传感技术借以变换的物理现象和定律很多，所处的工作环境又有很大的不同，所以传感器的品种、规格十分繁杂。而且新型的传感器不断地研究出来，每年有上千种新的类型出现。为了便于研究，必须予以适当的科学分类。机械工程测试中，往往同一种物理量可以用不同类型的传感器来测量，而同一原理的传感器也可用于多种物理量的测量。因此，传感器有许多种分类方法，下面分别介绍常用的分类方法。

1. 按被测物理量分类

根据被测量的物理量不同来分类，这种分类方法便于实际使用者选用。例如，用来测量力的则称为力传感器；用来测量位移的则称为位移传感器；测量温度的则称为温度传感器等等。具体分类见表 4－1。

表 4－1 传感器按被测量分类

被测量类别	被测量
热工量	温度、热量、比热容；压力、压差、真空度；流量、流速、风速
机械量	位移(线位移、角位移)、尺寸、形状；力、力矩、应力；质量；转速、线速度；振动幅值、频率、加速度、噪声
物性和成分量	气体化学成分、液体化学成分；酸碱度(pH)、盐度、浓度、黏度、密度、相对密度
状态量	颜色、透明度、磨损量、材料内部裂纹或缺陷、气体泄漏、表面质量

这种分类方法对使用者是方便的，但由于这种分类方法把用途相同而变换原理不同的传感器分为一类，对研究和学习是不方便的。例如同是测量加速度用的传感器，可利用各种变换原理和不同的传感元件组成，有应变式、电容式、电感式和压电式加速度传感器等。因此，要研究一种用途的传感器，必须研究多种传感元件和传感机理。

2. 按传感器元件的变换原理分类

传感器对信息的获取，主要是基于各种物理的、化学的以及生物的现象或效应。按工作原理的不同，传感器可分为机械式传感器、电气式传感器、光学式传感器、流体式传感器等几大类。

其中，机械式传感器常以弹性体作为敏感元件，它的输入量可以是力、压力、温度等物理量，而输出则为弹性元件自身的弹性变形。这种变形可以转变成其他形式的变量，例如被测量可用电气式传感器主要包括电阻式、电容式、电感式、压电式、热电式传感器等；光学式传感器有光电传感器、光纤传感器等；流体式传感器则包括气动量仪、各种类型的流量计等。如图 4-4 所示为典型机械式传感器。

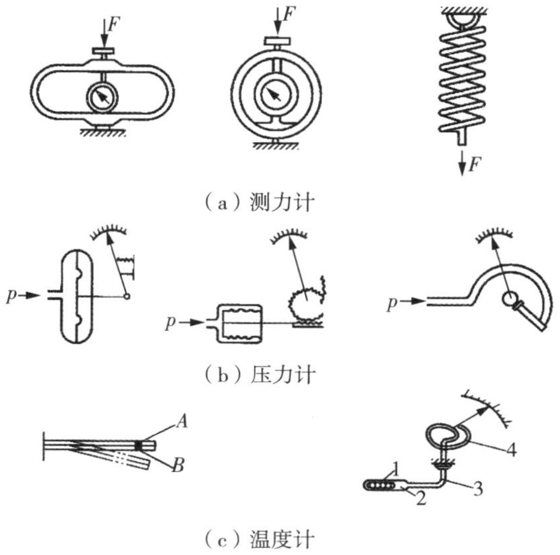

（a）测力计

（b）压力计

（c）温度计

图 4-4　典型机械式传感器

1—酒精；2—感温筒；3—毛细管；4—波登管；A、B—双金属片

这种分类方法通过对一种敏感元件的敏感原理进行研究，就可以研究多种用途的传感器。如利用电阻传感器元件的传感原理可以制造出电阻式位移传感器、电阻式压力传感器、电阻式温度计等。这种分类方法类别少，每一类传感器具有同样的敏感元件。其后的变换、测量电路也基本相同，对研究和学习是很方便的。

3. 按信号变换特征分类

按信号变换特征的不同，传感器可分为结构型传感器与物性型传感器。

结构型传感器主要是通过传感器结构参量的变化实现信号变换的。例如，电容式传感器依靠极板间距离变化引起电容量的变化；电感式传感器依靠衔铁位移引起自感或互感的变化。

物性型传感器则是利用敏感元件材料本身物理性质的变化来实现信号变换。例如，水银温度计是利用水银的热胀冷缩性质；压电式传感器是利用石英晶体的压电效应等。

4. 按传感器的能量关系不同分类

按传感器的能量关系不同，传感器可分为能量转换型传感器和能量控制型传感器。

能量转换型传感器又称为无源型传感器，其输出端的能量是由被测对象取出的能量转换而来的。它无须外加电源就能将被测的非电能量转换为电能量输出。这类传感器包括热电偶、光电池、压电式传感器、磁电式传感器等。

能量控制型传感器又称为有源型传感器，这类传感器自身不能换能，其输出的电能量必须由外加电源供给，而不是由被测对象提供。但要由被测对象的信号控制电源提供给传感器输出端的能量，并将电压(电流)作为与被测量相对应的输出信号。

随着计算机技术的发展，智能传感器是一种带有微处理器并兼有监测和信息处理功能的传感器，虽然它是在传统传感器的基础上发展起来的，但与传统传感器相比其各项性能指标要高得多，是传感器的发展趋势。

4.1.3 传感器的性能要求

无论何种传感器，作为检测系统的首要环节，通常都必须具有快速、准确、可靠而又能经济地实现信号转换的性能，即

(1) 传感器的工作范围或量程应足够大，具有一定的过载能力。

(2) 与检测系统匹配性好，转换灵敏度高 —— 要求其输出信号与被测输入信号成确定关系(通常为线性关系)，且比值要大。

(3) 精度适当，且稳定性高 —— 传感器的静态特性与动态特性的准确度能满足要求，并长期稳定。

(4) 反应速度快，工作可靠性高。

(5) 适应性和适用性强 —— 动作能量小，对被检测对象的状态影响小，内部噪声小，不易受外界干扰的影响，使用安全，易于维修和校准，寿命长，成本低等。

实际的传感器往往很难满足这些性能要求，应根据应用的目的、使用环境、被测对象状况、精度要求和信号处理等具体条件做全面综合考虑。

4.2 电阻式传感器

电阻式传感器是把被测量，如温度、湿度、位移、力等转换为电阻变化的一种传感器。电阻式传感器的传感元件是电阻元件。根据物理学欧姆定律，导体的电阻 R 与其电阻率 ρ 及长度 l 成正比、与截面积 A 成反比的关系，即

$$R=\rho\frac{l}{A} \tag{4-1}$$

由被测物理量(如压力、温度、流量等)引起式中 ρ,l,A 中任一个或几个的变化来使电阻 R 改变的原理构成。

电阻式传感器按其工作原理不同可分为变阻器式传感器、电阻应变式传感器和敏感式电阻传感器三类。仅改变长度 l 时，则形成变阻器式传感器；当长度 l 和截面积 A 均发生变化时，则形成应变式传感器；当外界量引起电阻率 ρ 改变时，则形成敏感式电阻传感器，如湿敏电阻、热敏电阻、光敏电阻等。常用的有电阻应变式、热敏电阻式、磁敏电阻式等多种。

4.2.1 变阻器式电阻传感器

1. 变阻器式电阻传感器的工作原理

变阻器式电阻传感器也称为电位器式传感器，它通过改变电位器触头的位置，实现将位移转为电阻 R 的变化。如果电阻丝直径和材质保持不变，则电阻值 R 随导线长度 l 而变化。

图 4-5 为圆形电位器的示意图。图中，当转动滑块沿圆周状的电阻材料滑动时，输出电阻与滑块在电阻材料间的转动角度成正比。给电阻体施加一个固定的电压时，由滑块位置分压的输出电压，可由电阻材料的总电阻与滑块至固定端的电阻之比求得

$$E_{\text{out}} = E_{in} \times \frac{R_0}{R_A} \tag{4-2}$$

式中：E_{out} 为输出电压(V)；E_{in} 为外加固定电压(V)；R_A 为材料的总电阻(Ω)；R_0 为固定端至滑块的电阻(Ω)。

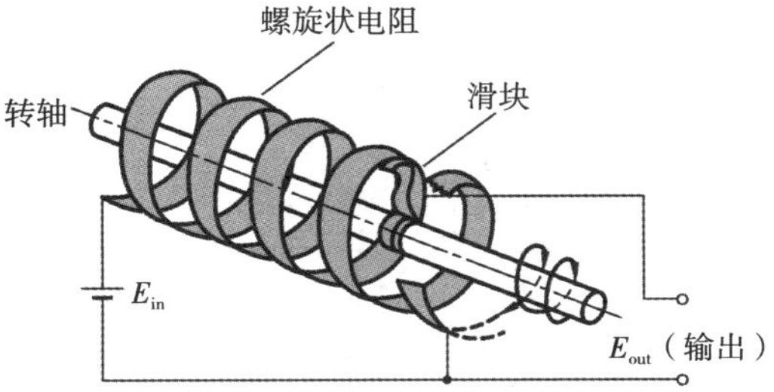

图 4-5　多圈型电位器的工作原理

假设电位器的最大转动角度为 θ_f，滑块的当前角度(位移量)为 θ，输出电压为 E_{out} 则可由式(4-3)求出 E_{out}。

$$E_{\text{out}} = E_{\text{in}} \times \frac{\theta}{\theta_f} \quad (0 \leqslant \theta \leqslant \theta_f) \tag{4-3}$$

在电位器中，电阻材料可以采用金属电阻丝，炭膜，导电塑料，陶瓷电阻等材料。根据不同的用途可变电阻可分为多种规格，阻值从 100Ω ～ 100kΩ。由于电位器的阻值相对较大，因此在精度要求较高的检测电路中，常常需要采用高输入阻抗的差动放大器进行阻抗变换。

常用变阻器式传感器有直线位移型、角位移型和非线性型等，如图 4-5 所示。

图 4-6(a) 所示为直线位移型，触点 C 沿变阻器移动。若移动 x，则点 C 与点 A 之间的电阻值为

$$R = k_l x \tag{4-4}$$

传感器的灵敏度为

$$S = \frac{\mathrm{d}R}{\mathrm{d}x} = k_l \tag{4-5}$$

式中：k_l—— 单位长度的电阻值。

当导线分布均匀时，k_l 为常值。此时传感器的输出(电阻 R)及与输入(位移 x)呈线性关系。

图 4-6(b) 所示为角位移型，其电阻值随电刷转角 α 而变化。其灵敏度为

$$S = \frac{\mathrm{d}R}{\mathrm{d}\alpha} = k_\alpha \tag{4-6}$$

式中：α—— 电刷转角(rad)；

k_α—— 单位弧度对应的电阻值。

图 4-6(c) 所示是一种非线性变阻器式传感器，其骨架形状为直角三角形。敏感元件的输出电阻与输入的直线位移之间的关系为：

$$R = kx^2 \tag{4-7}$$

式中：k—— 与结构有关的比例系数。如果输出 R 与输入 x 之间的关系要求为 $R = kx^3$，则应采用抛物线形骨架。

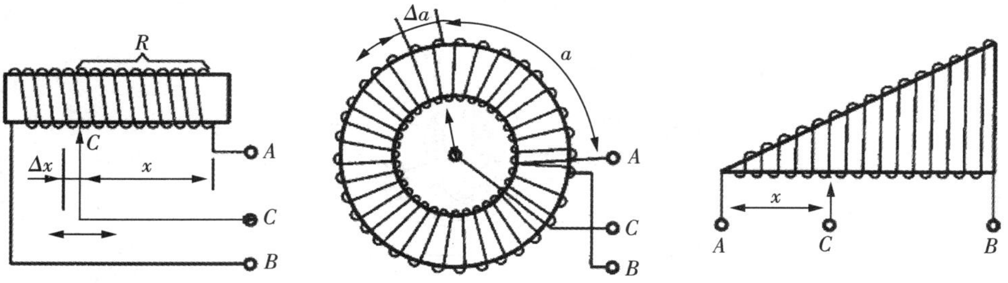

(a) 直线位移型　(b) 角位移型　(c) 非线性型

图 4-6　变阻器式传感器

变阻器式传感器的优点是结构简单，性能稳定，使用方便；缺点是分辨力不高，因为受到电阻丝直径的限制。提高分辨力需使用更细的电阻丝，其绕制较困难。所以变阻器式传感器的分辨力很难小于 20μm。由于结构上的特点，变阻器式传感器还有较大的噪声，电刷和电阻元件之间接触面变动和磨损、尘埃附着等，都会使电刷在滑动中的接触电阻发生不规则的变化，从而产生噪声。

2. 变阻器式电阻传感器的应用

变阻器式传感器常用于线位移、角位移测量，在测量仪器中用于伺服记录仪器或电子位差计等。

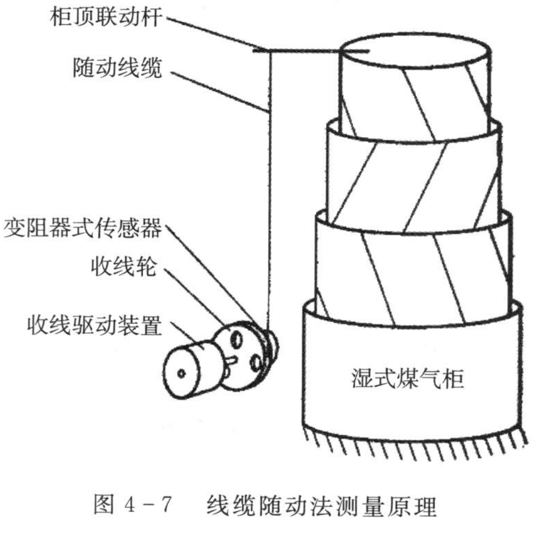

图 4-7　线缆随动法测量原理

在煤气工程中，气柜是保证煤气储配系统正常运转的重要设备。气柜的过度充气或过度抽气都会导致十分严重的事故，如冒顶、塌陷等。为了防止发生这样的事故，须对煤气柜的高度进行实时测控。采用如图 4-7 所示的线缆随动法原理测量，取一根适当直径的柔性线，线的前端与气柜顶部相联结，末端固定在一个收线轮上。收线轮在收线驱动装置的作用下，维持线缆始终具有适当的张力。因此，气柜顶部的升降运动将转换成收线轮的旋转运动，采用旋转变阻器测量出收线轮的转动角度即可换算出气柜顶的高度。这样，完成了机械直线位移运动到旋转运动的转换。利用导电塑料支撑的旋转变阻器精度优于 1/1000，机械寿命在 10 万次以上，满足了煤气柜高度测量的需要。这样通过转换实现了大位移(5 ～ 30m) 的精确测量，且结构简单、成本低，能够达到防爆要求。

4.2.2　应变式电阻传感器

自 1856 年应变效应被发现、1963 年第一个电阻应变片问世以来，它已经成为应用最广泛、技术最成熟的一种传感器。应变式电阻传感器是以电阻应变片为传感元件的传感器，将电阻应变片粘贴到各种弹性敏感元件上，当弹性敏感元件(或试件) 受到被测量作用时，将产生位移、应力和应变，粘贴在弹性敏感元件上的电阻应变片将应变转换成电阻的变化。这样，通过测量电阻应变片的电阻值变化，来确定被测量的大小如力、力矩、位移、加速度等各种参数。应变式电阻传感器的敏感元件也称作敏感栅，采用栅状转换元件是为了提高应变片的灵敏度。按敏感栅材料的不同，电阻应变片可分为金属电阻应变片和半导体电阻应变片两大类。

1. 金属应变式传感器的工作原理 —— 应变效应

金属应变式电阻传感器的工作原理是基于金属的电阻应变效应。所谓应变效应是指金属在外力作用下发生机械变形时，其电阻值会随之发生改变的一种物理现象。

金属应变式电阻传感器的核心是金属应变片，它是在用苯酚、环氧树脂等绝缘材料浸泡过的玻璃基板上，粘贴直径为 0.025mm 左右的金属丝或金属箔制成。金属丝式电阻应变片的敏感栅一般是由一根高电阻率的金属丝(康铜或镍铬合金等) 绕成的，如图 4-8(a) 所示。因价格便宜，多用于大批量、一次性的低精度测量。丝式应变片蠕变较大，有被箔式电阻应变片替代的趋势。金属箔式电阻应变片，用栅状金属箔片代替栅状金属丝，如图 4-8(b) 所示。金属箔式的敏感栅一般采用光刻技术制造，适于大批量生产。其线条均匀、尺寸准确、阻值一致性好。箔片厚 1 ～ 10μm，散热好，粘贴容易，传递试件应变性能好。

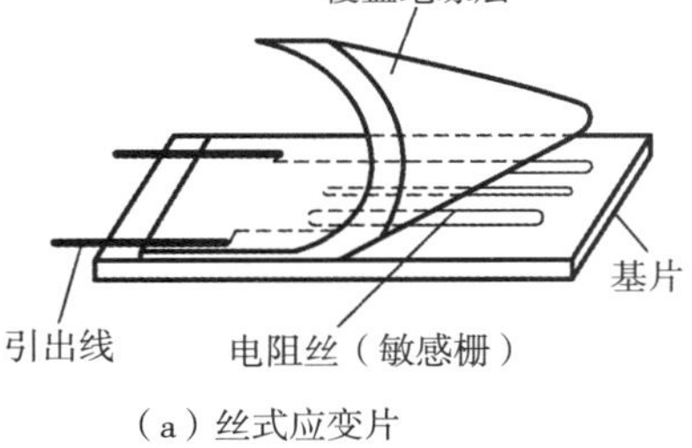

(a) 丝式应变片

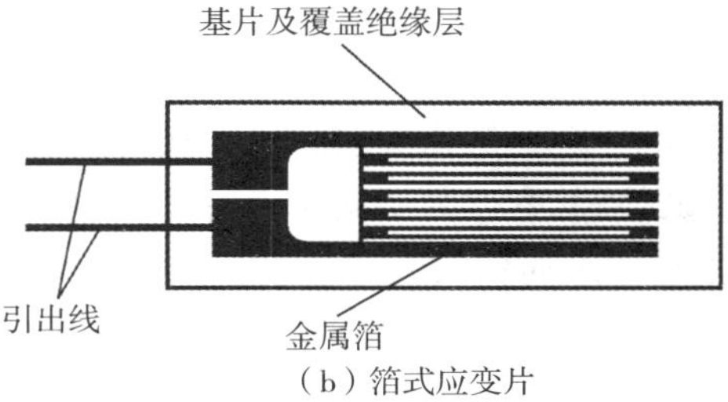

(b) 箔式应变片

图 4-8　金属应变片

电阻应变片的敏感量是应变。如图 4-9 所示，金属受到拉伸作用时，在长度方向发生伸长变形的同时会在径向发生收缩变形。金属的伸长量与原来长度之比称为应变。金属应变片就是利用金属应变量与其电阻变化量成正比的原理制成的器件。

应变片变形时，从引线上测出的电阻值也会相应的变化。只要选择的应变片的材料得当，就可以使应变片因变形而产生的应变（应变片的输入）和它的电阻的变化值（应变片的输出）呈线性关系。如果把应变片贴在弹性结构体上，当弹性体受外力作用而成比例地变形（在弹性范围内）时，应变片也随之变形，所以可通过应变片电阻的大小来检测外力的大小。

设应变片在不受外力作用时的初始电阻值如式（4-8），即

$$R=\rho\frac{l}{A} \tag{4-8}$$

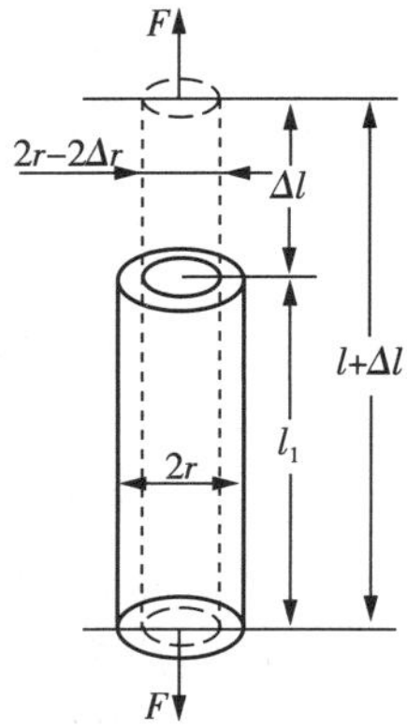

图 4-9　金属丝的应变效应

当应变片随弹性结构受力变形后，如图 4-9 所示，应变片电阻丝的长度 l、截面积 A 都发生变化，电阻率 ρ 也会由于晶格的变化而有所改变。L、A、ρ 三个因素的变化必然导致电阻值 R 的变化，设其变化为 $\mathrm{d}R$，则有

$$\mathrm{d}R=\frac{\partial R}{\partial l}\mathrm{d}l+\frac{\partial R}{\partial \rho}\mathrm{d}\rho+\frac{\partial R}{\partial A}\mathrm{d}A \tag{4-9}$$

即

$$\mathrm{d}R=\frac{\rho}{A}\mathrm{d}l+\frac{l}{A}\mathrm{d}\rho-\frac{\rho l}{A^2}\mathrm{d}A \tag{4-10}$$

方程两边都除以 R，并结合式（4-8），则得

$$\frac{\mathrm{d}R}{R}=\frac{\mathrm{d}l}{l}+\frac{\mathrm{d}\rho}{\rho}-\frac{\mathrm{d}A}{A} \tag{4-11}$$

若导体截面积为圆形，截面积 $A=\pi r^2$，带入式（4-11）可变为

$$\frac{\mathrm{d}R}{R}=\frac{\mathrm{d}l}{l}+\frac{\mathrm{d}\rho}{\rho}-2\frac{\mathrm{d}r}{r} \tag{4-12}$$

式中：$\frac{dl}{l}=\varepsilon$—— 为导体轴向相对变形，称为纵向应变，即单位长度上的变化量；

$\frac{dr}{r}$—— 为导体径向相对变形，称为径向应变。

这里注意，ε 是无量纲的量。常用微应变表示“$\mu\varepsilon$”。$1\mu\varepsilon=10^{-6}$，1 微应变相当于长度为 1 米的试件，其变形为 1 微应变时的相对变形量。

当导体纵向伸长时，其径向必然缩小，它们之间的关系为：

$$\frac{\mathrm{d}r}{r}=-\nu\frac{\mathrm{d}l}{l}=-\nu\varepsilon \tag{4-13}$$

式中：ν—— 为泊桑系数；

而$\frac{d\rho}{\rho}$为导体电阻率相对变化，与导体所受的轴向正应力σ有关。电阻率相对变化量为

$$\frac{d\rho}{\rho}=\lambda\sigma=\lambda E\varepsilon \tag{4-14}$$

式中：E—— 为导线材料的弹性模量；

λ—— 为压阻系数，与材质有关。

于是式(4-12)可改写成

$$\begin{aligned}\frac{dR}{R}&=\varepsilon+2\nu\varepsilon+\lambda E\varepsilon\\&=(1+2\nu+\lambda E)\varepsilon\end{aligned} \tag{4-15}$$

当导体材料确定后，ν、λ 和 E 均为常数，则式(4-15)中的$(1+2\nu+\lambda E)$也是常数，这表明应变片电阻的相对变化率$\frac{dR}{R}$与应变ε之间是线性关系，应变片的灵敏度为

$$S=\frac{dR/R}{\varepsilon}=(1+2\nu+\lambda E) \tag{4-16}$$

由此，式(4-15)也可写为

$$\frac{dR}{R}=S\times\varepsilon \tag{4-17}$$

对于金属电阻应变片，其电阻的变化主要是由于电阻丝的几何变形所引起时，因此从式(4-16)可知，其灵敏度S主要取决于$(1+2\nu)$项，λE 项则很小，可忽略，金属电阻应变片的灵敏度$S=1.7\sim4.6$。常用的金属电阻应变片的初始电阻（标称电阻）为 120Ω，350Ω，650Ω，1000Ω。

2. 半导体应变式传感器的工作原理 —— 压阻效应

半导体应变片的工作原理是基于半导体材料的压阻效应。所谓压阻效应是指单晶半导体材料在沿某一轴向受到外力作用时，其电阻率ρ发生变化的现象。从半导体的物理特性可知，单晶半导体在外力作用下，原子点阵排列规律发生变化，导致载流子迁移率及载流子浓度的变化，从而引起电阻率的变化。

常见的半导体电阻应变片敏感栅的制作材料一般为锗或硅。半导体电阻应变片有体型、薄膜型和扩散型三种。

(1) 体型半导体电阻应变片的敏感栅是用单晶硅或单晶锗等材料，按照特定的晶轴方向切成薄片，经过掺杂、抛光、光刻腐蚀等方法而制成的。

(2) 薄膜型半导体电阻应变片的敏感栅是用真空蒸镀、沉积等方法，在表面覆盖有绝缘层的金属箔片上形成半导体电阻并加上引线而构成的。

(3) 扩散型半导体电阻应变片的敏感栅是用固体扩散技术，将某种杂质元素扩散到半导体上制成的。

半导体应变片最简单的典型结构是如图 4-10 所示体型半导体电阻应变片。半导体应变片的使用方法与金属电阻应变片相同，即粘贴在被测物体上，随被测试件的应变其电阻发

生相应变化。

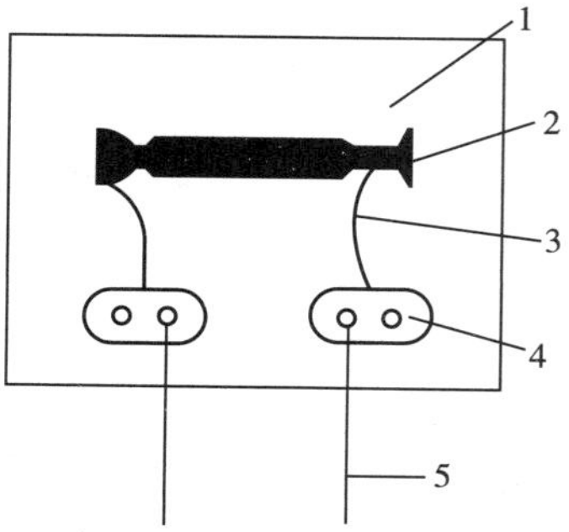

图 4-10　半导体电阻应变片

1—基片;2—P—SI;3—内引线;4—焊接板;5—外引线

根据式(4-15),$(1+2v)$项是由几何尺寸变化引起的,λE是由于电阻率变化而引起的。与金属应变片不同,半导体应变片由于其压阻系数λ及弹性模量E都比较大,所以其灵敏度主要取决于λE项。而其几何变形引起的电阻的变化则很小,可忽略,即λE是半导体应变片的主要部分,式(4-15)可简化为

$$\frac{\mathrm{d}R}{R} \approx \lambda E \varepsilon \tag{4-18}$$

半导体应变片的灵敏度为:

$$S = \frac{\mathrm{d}R/R}{\varepsilon} \approx \lambda E \tag{4-19}$$

根据半导体材料的压阻系数λ及弹性模量E计算,半导体应变片的灵敏度S约60～170,比金属丝式应变片的灵敏度要高50～70倍。

以上分析表明,金属丝电阻应变片与半导体应变片的主要区别在于:前者主要利用导体形变引起电阻的变化,后者主要利用半导体电阻率变化引起电阻的变化。与金属电阻应变片相比,半导体电阻应变片最突出的优点是灵敏度高,另外,还具有机械滞后小、横向效应小和体积小等优点。缺点是温度稳定性差、灵敏度分散度大(由于晶向、杂质等因素的影响),以及大应变时非线性误差大。随着半导体集成电路工艺的迅速发展,上述缺点相应得到了克服。

电桥是电阻应变片式传感器常用的一种测量电路(其原理见第5章),电桥将应变片阻值的变化转换为电压的变化。采用合适的电桥接法可提高测量的灵敏度,并可实现温度补偿。

3. 应变式电阻传感器的应用

应变片在使用时有两种形式,一种是把应变片贴在某些弹性材料上,并将其接入特定的转换电路中,构成测量各种物理量的专用应变式传感器;另一种是把应变片直接粘贴在被测构件上,然后将其接到应变仪上,直接在应变仪上读取应变量。

应变式电阻传感器的应用主要有两个方面:

(1) 直接测定结构的应力或应变

为了研究机械、建筑、桥梁等结构的某些部位或所有部位工作状态下的受力变形情况，往往将不同形状的应变片贴在结构的预定部位上，直接测得这些部位的拉、压应力、弯矩等，为结构设计、应力校核或构件破坏及机器设备的故障诊断提供实验数据或诊断信息。如齿轮轮齿弯矩的测量，飞机机身应力测定，液压立柱应力测定，桥梁构建应力测定等。图 4-11(a) 中，立柱受力后产生应变，贴在立柱上的应变片就可检测到这种应变；图 4-11(b) 中桥梁的应变也可直接由应变片测出。

例 4-1　求图 4-11(a) 中应变片 1 处的力 F 与应变 ε 的函数关系，F 与应变片电阻变化率 $\mathrm{d}R/R$ 的函数关系。

解：　根据材料力学可知，两立柱上各作用 $F/2$ 的力。则应变片 1 处的 F 与 ε 的关系为

$$\varepsilon=\frac{F}{2EA}$$

$$又\ \because \varepsilon=S\times\frac{\mathrm{d}R}{R}$$

$$\therefore \frac{\mathrm{d}R}{R}=\frac{FS}{2EA}$$

从以上的结果可以看到，应变片的电阻的变化率 $\mathrm{d}R/R$ 与力 F 有线性关系，故可以通过应变片的电阻的变化率 $\mathrm{d}R/R$ 测量力 F。

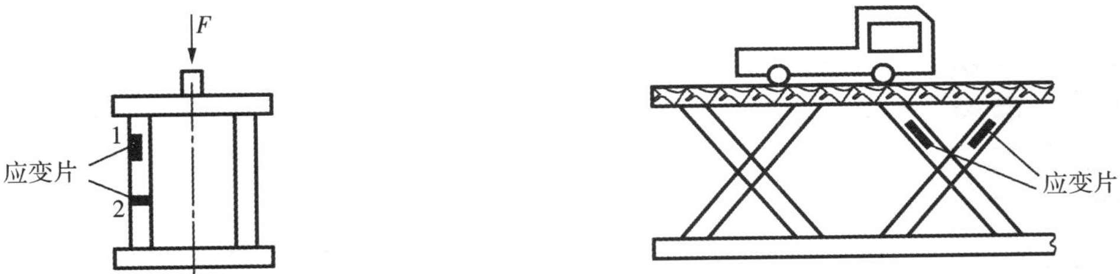

（a）立柱应力　　（b）桥梁结构的应力

图 4-11　构件应力、应变测定

(2) 间接测量可转换为应变的量

用应变片贴于弹性元件上制成多种用途的应变传感器，可测量各种能使弹性元件产生应变的物理量，如力、压力、位移、加速度等。因为这时被测的物理量使弹性元件产生与之成正比的应变，这个应变再由应变片转换成其电阻的变化，最后由测量电路转换为电信号的变化。根据应变效应可知，应变片电阻的相对变化与应变片所感受的应变成比例，从而通过电阻与应变、应变与被测量的关系即可测得被测物理量的大小。图 4-12 给出了几种典型的应变式传感器的例子。

图 4-12(a) 所示是位移传感器。位移 x 使板弹簧产生与之成比例的弹性变形，板簧上的应变片感受板簧的应变并将其转换成电阻的变化量。

图 4-12(b) 所示是压力传感器。压力 p 引起金属膜片的弹性变形，贴在膜片上的应变片也随之变形，并将此应变转换成电阻变化。

图 4-12(c) 所示是 S 型压力传感器。拉力使传感器中部截面为工字型的圆膜片产生应变，应变片也随之变形，并将此应变转换成电阻变化。

图 4-12(d) 所示是应变式加速度传感器。由端部固定并带有惯性质量块的悬臂梁及粘贴在梁根部的应变片、基座及外壳等组成。测量时，根据所测振动体加速度的方向，把传感器基座固定在振动体上。当被测点的加速度沿图中箭头所示方向时，振动加速度使质量块产生惯性力，向箭头相反的方向相对于基座运动，悬臂梁的自由端受质量块的惯性力 $F=ma$ 的作用而产生弯曲变形，应变片电阻也发生相应的变化，产生输出信号，输出信号的大小与加速度成正比。

图 4-12(e) 所示是一应变式扭矩传感器。在扭转轴上沿轴向 ±45° 方向上分别粘贴有 4 个应变片，感受轴的最大正、负应变，将其组成全桥电路，则可输出与扭矩 M 成正比的电压信号。这种接法可以消除轴向力和弯曲力的干扰。应变式扭矩传感器结构简单，精度较高。

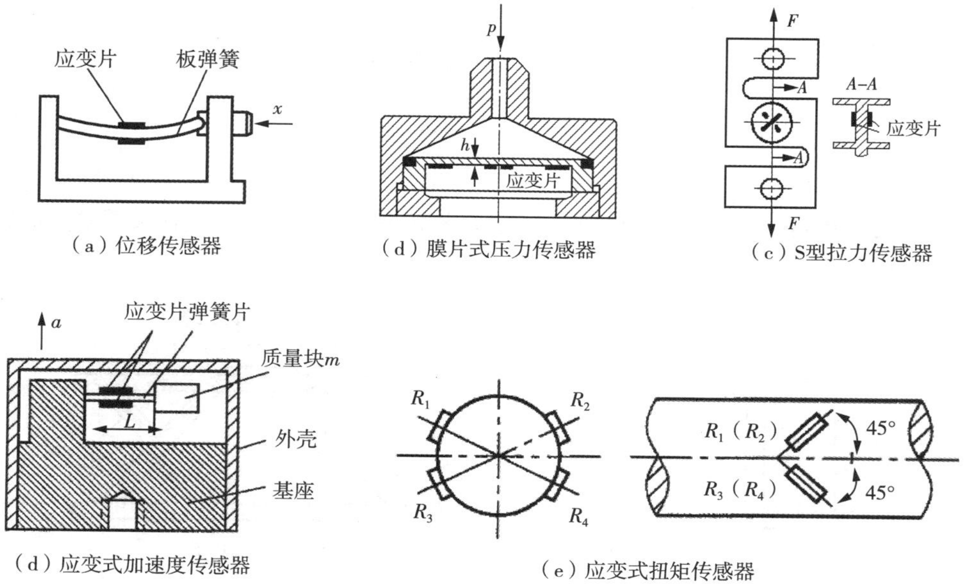

图 4-12　应变式电阻传感器应用举例

在生产制造的过程中，应变式电阻传感器还可以用于完成计数、称重、机械手握力的测量，都是利用压力的变化引起电阻变化，完成相应的测量。

图 4-13 所示的是采用应变式电阻传感器对冲床的生产量和生产过程设备运行状况进行在线监测的实例。图中所用的传感器为柱式半导体应变片，安装在冲头顶部。当冲头冲压零件的过程中，冲头在冲压力作用下将产生弹性变形，从而使应变片电阻发生改变。图中曲线为每次冲压过程根据应变片电阻变化获得的变形或力输出曲线，近似为一条脉冲曲线。累计脉冲数即代表冲床的生产量，同时根据脉冲曲线的变化特征还可以对冲床的运行状况进行监测。

图 4-14 所示的是一个智能搬运机械手。在机械手的前端安装有一套应变式握力传感器，通过应变式测力传感器可感知夹持力度，达到搬运过程自动调整夹持力的目的。

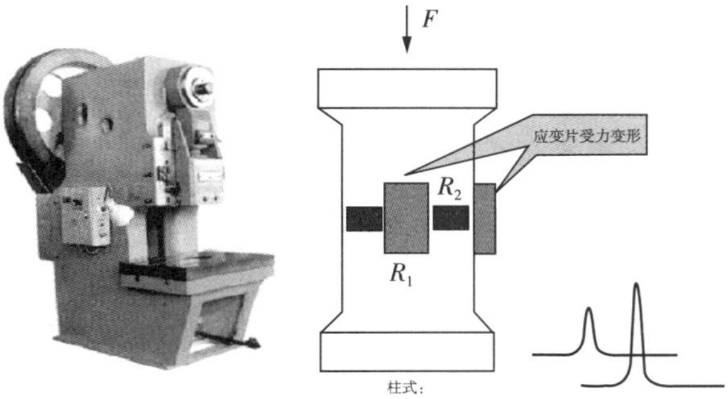

图 4-13　冲床生产过程监测

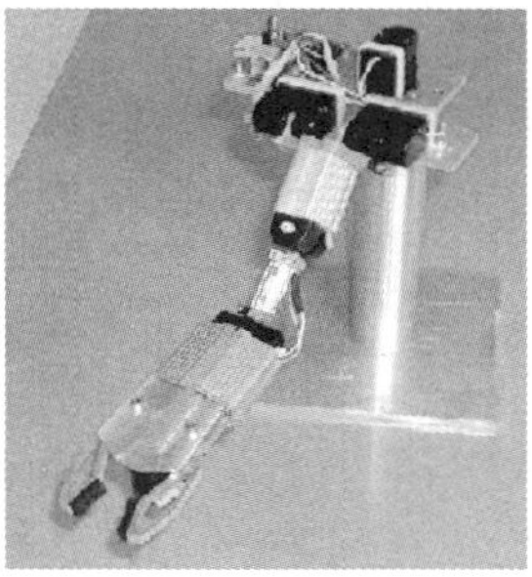

图 4-14　机械手握力测量

图 4-15 所示的是一个典型的电子秤。(b)图上方所示的传感元件就是一个压力应变式传感器。当重物放在秤上时,因为重量作用使得传感器感受到压力,经过微处理芯片的运算,得出被测物的实际重量。

(a)　(b)　(c)

图 4-15　电阻应变式电子秤外部及内部结构

必须指出,电阻应变片测出的是构件或弹性元件上某处的应变,而不是该处的应力、力或位移。只有通过换算或标定,才能得到相应的应力、力或位移量。有关应力 — 应变换算关系可参考有关专门书籍。

电阻应变片必须被粘在试件或弹性元件上才能工作。粘合剂和粘合技术对测量结果有着直接影响。因此,粘合剂的选择,粘合前试件表面加工与清理、粘合的方法和粘合后的固化处理、防潮处理都必须认真做好。

应变式电阻传感器已经是一种使用方便、适应性强、比较完备的器件。近年来半导体应变片技术日臻完善,使应变片电测技术更具广阔的应用前景。

4.3　电容传感器

电容式传感器是将被测物理量(如位移、压力等)变化转换为电容量变化的传感器。它实质上是一个具有可变参数的电容器,再通过测量电路,将被测物理量引起的电容变化转换为电信号输出,从而实现非电量到电量的转化,再根据这种输出信号的大小来测定被测物理量。它具有结构简单、轻巧、灵敏度高、动态响应好,能在高低温及强辐射的恶劣环境中工作等优点。这种传感器广泛应用在位移、压力、流量、液位等测试中。

4.3.1 电容传感器的工作原理

由物理学知识可知，在忽略边缘效应的情况下，电容传感器的基本工作原理可用图 4-16 所示的平板电容器来说明。平板电容器的电容量为

$$C=\frac{\varepsilon A}{\delta}=\frac{\varepsilon_0\varepsilon_r A}{\delta} \tag{4-20}$$

式中：C—— 为电容量（F）；A 为极板的有效覆盖面积（m^2）；ε 为两极板间介质的介电常数；δ 为极板间距（m）；ε_r 为两极板间介质的相对介电常数，对于空气介质，$\varepsilon_r\approx 1$；ε_0 为真空的介电常数，$\varepsilon_0=8.85\times 10^{-12}$（F/m）。

由式（4-20）知，当被检测参数（如位移、压力等）使 ε、A 和 δ 变化时，都能引起电容器电容量的变化，从而实现对被测参数到电容的变换。在实际应用中，通常使 ε、A 和 δ 三个参数中的两个保持不变，只改变其中的一个参数就可使电容产生变化。因此，电容式传感器可分为以下三大类：

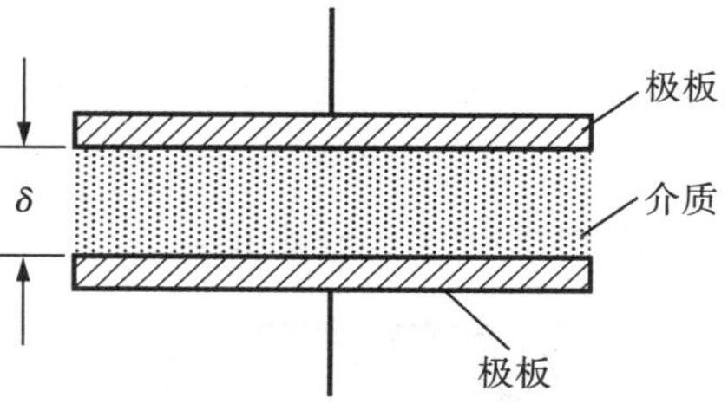

图 4-16　平板电容器

（1）极距变化型电容传感器（改变 δ）

（2）面积变化型电容传感器（改变 A）

（3）介质变化型电容传感器（改变 ε）

1. 极距变化型电容传感器

如图 4-17 所示，当电容器的两平行板的重合面积 A 及极板间介质 ε 不变，而动板因受被测量控制而移动时，改变了极板间距 δ，引起电容器电容量 C 的变化，达到将被测参数转换成电容量变化的目的。

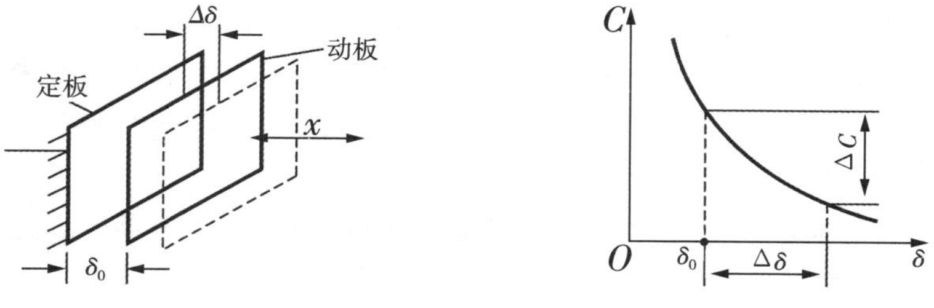

图 4-17　极距变化型电容传感器的结构和特性

当两极板在被测参数作用下极距 δ 发生变化时，引起电容量的变化为

$$\mathrm{d}C=-\frac{\varepsilon_0\varepsilon A}{\delta^2}\mathrm{d}\delta \tag{4-21}$$

由此可得到传感器的灵敏度为

$$S=\frac{\mathrm{d}C}{\mathrm{d}\delta}=-\frac{\varepsilon_0\varepsilon A}{\delta^2} \tag{4-22}$$

由式（4-22）可知，灵敏度 S 与极距的二次方成反比，极距越小，灵敏度越高。一般通过

减小初始极距 δ_0 来提高灵敏度。由于电容 C 与极距 δ 呈非线性关系，故将引起非线性误差。为了减小这一误差，通常规定在较小的间隙变化范围内工作，以便获得近似线性关系，一般取测量范围为 0.1 微米至数百微米。对于精密的电容传感器，$\frac{\Delta\delta}{\delta_0} \ll \frac{1}{100}$，此时传感器的灵敏度近似为常数。

极距变化型电容式传感器的优点是可进行动态非接触式测量，对被测系统的影响小：灵敏度高，适用于较小位移（0.01μm 至数百微米）的测量。但这种传感器有非线性特性、传感器的杂散电容也对灵敏度和测量精确度有影响，与传感器配合使用的电子线路也复杂，由于这些缺点，其使用范围受到一定限制。实际应用中，为了提高传感器的灵敏度，增大线性工作范围，克服外界条件（如电源电压、环境温度等）的变化对测量精度的影响，常常采用差动型电容式传感器。

2. 面积变化型电容传感器

面积变化型电容式传感器的工作原理是在被测参数的作用下来改变极板的有效面积，按电容器的极板相互覆盖的方式不同，面积变化型电容传感器分为有直线位移型和角位移型两种。

（1）直线位移型电容传感器

如图 4-18(a) 所示，当动板沿 x 方向移动时，相互覆盖面积变化，电容量也随之改变，其输出特性为

$$C=\frac{\varepsilon b x}{\delta} \tag{4-23}$$

式中：b 为极板宽度；x 为位移；δ 为极板间距。其灵敏度为

$$S=\frac{\mathrm{d}C}{\mathrm{d}x}=\frac{\varepsilon b}{\delta}=\text{常数} \tag{4-24}$$

由于平板型传感器的动板沿极距方向稍有移动就会影响测量精度，因此，一般情况面积变化型线位移传感器常做成圆柱形。如图 4-18(b) 所示为单边圆柱体线位移型电容传感器，动板（圆柱）与定板（圆筒）相互覆盖，其电容量为

$$C=\frac{2\pi\varepsilon x}{ln(D/d)} \tag{4-25}$$

式中：d 为圆柱外径（m）；D 为圆筒孔径（m）；x 为覆盖长度（m）。

当覆盖长度 x 变化时，电容量 C 发生变化，其灵敏度为

$$S=\frac{\mathrm{d}C}{\mathrm{d}x}=\frac{2\pi\varepsilon}{ln(D/d)}=\text{常数} \tag{4-26}$$

可见，面积变化型线位移传感器的输出（电容的变化 dC）与其输入（由被测物理量引起的电容传感器极板覆盖面积的改变）是呈线性关系的。

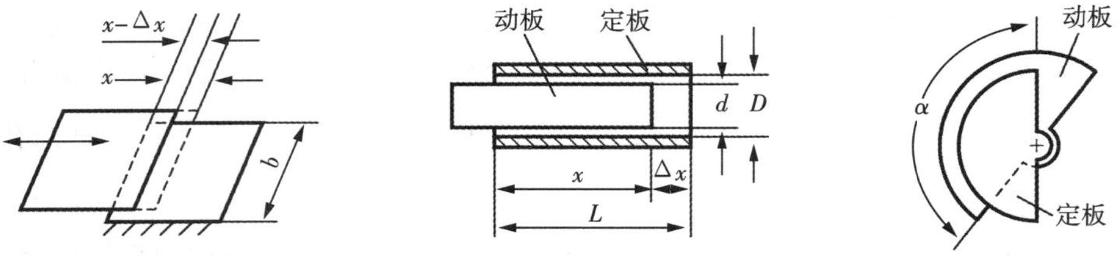

（a）平面线位移型　（b）圆柱体线位移型　（c）角位移型

图 4－18　面积变化型电容传感器

(2) 角位移型电容传感器

图 4－18(c) 所示为角位移型电容传感器。当动板有一转角时，与定板之间相互覆盖面积就发生变化，导致电容量变化。由于覆盖面积为

$$A=\frac{\alpha r^2}{2} \tag{4-27}$$

式中：α 为覆盖面积对应的中心角；r 为极板半径。所以电容量为

$$C=\frac{\varepsilon\alpha r^2}{2\delta} \tag{4-28}$$

其灵敏度为

$$S=\frac{\mathrm{d}C}{\mathrm{d}\alpha}=\frac{\varepsilon r^2}{2\delta}=\text{常数} \tag{4-29}$$

可见，角位移型电容传感器的输入(被测量引起的电容极板的角位移 $\mathrm{d}\alpha$) 与输出(电容量的变化 $\mathrm{d}C$) 为线性关系。

图 4－19 所示是面积变化型电容传感器的其他几种形式的结构示意图。

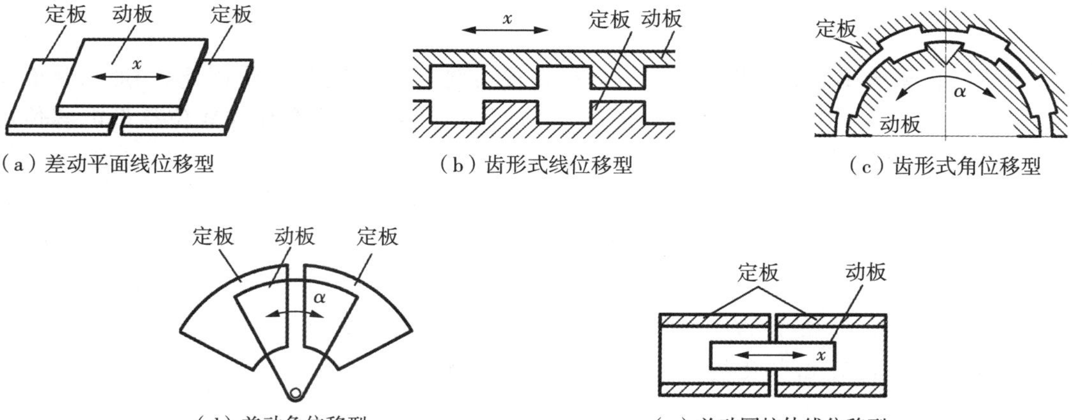

（a）差动平面线位移型　（b）齿形式线位移型　（c）齿形式角位移型

（d）差动角位移型　（e）差动圆柱体线位移型

图 4－19　面积变化型电容传感器的几种其他形式

3. 介质变化型电容传感器

若被测参数使电容传感器的介电常数发生变化而导致其电容量发生变化，则称其为介

质变化型电容式传感器。这种传感器大多用于测量电介质的厚度、位移、液位，还可根据极板间介质的介电数随温度、湿度、容量改变而改变来测量温度、湿度、容量等。

图 4－20(a) 所示的电容式传感器极板间在测量纸的厚度时，其介质就是空气和纸。空气的介电系数是常数，而被测物的厚度是变化的，其介电系数是变化的。因此这种传感器可用来测量纸张等固体介质的厚度。图 4－20(b) 所示为极板间介质本身的介电常数在温度、湿度或体积容量改变时发生变化，可用于测量温度、湿度或容量。

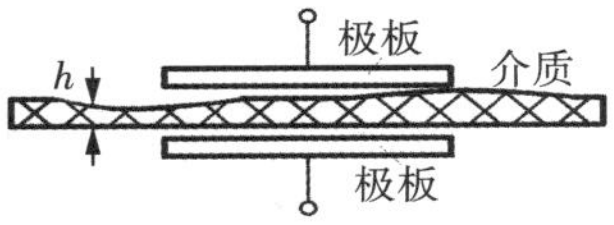

（a）介质厚度h变化导致介电常数改变

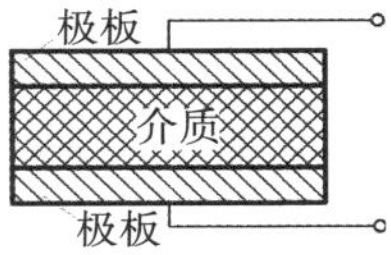

（b）温湿度的变化引起介质的介电常数发生变化

图 4－20　介质变化型电容传感器

图 4－21 所示是一种用于测量导电性液体液位的介质变化型电容传感器。将一根外包绝缘层的金属棒插入装有导电介质的金属容器，金属棒和容器内壁之间形成电容，其填充介质的变化量 ΔH 与形成的电容变化量 ΔC_x 关系如下式：

$$C_x=\frac{2\pi\varepsilon_r\varepsilon_0\Delta H}{\ln\frac{D}{d}} \tag{4-23}$$

式中：D 和 d 分别为绝缘覆盖层外径和内电极外径；ε_r 为液体的介电系数，由于 ε_r 为常数，所以 C_x 与 ΔH 成正比。

图 4－22 是一种纱条均匀度测试仪。纺织工艺要求纱条有一定的均匀度，纱条均匀测量仪中的传感器就是一个介质变化型电容传感器。测试时，纱条通过电容器两个极板间的间隙，若纱条不均匀，则图中 d 值有变化。这个具有两层介质（一层是空气，另一层是纱条）的电容器通过介电系数发生变化而使电容器的电容量发生变化，达到测试纱条均匀度的目的。

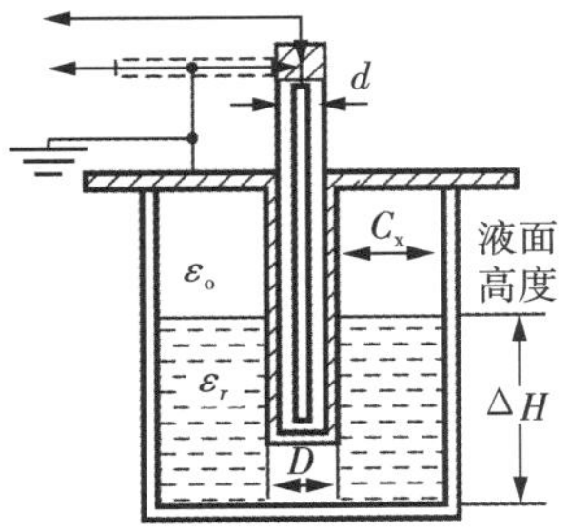

图 4－21　电容式导电性液体液位传感器

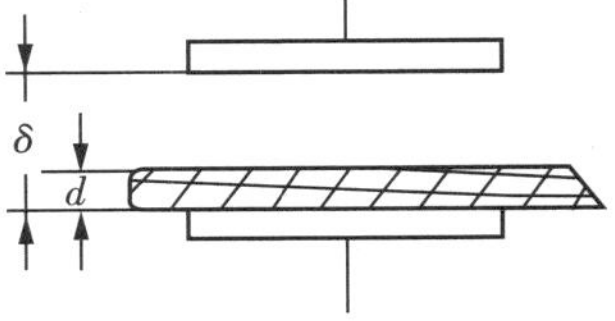

图 4－22　纱条均匀度测试仪

4.3.2　电容传感器的应用实例

目前，电容式传感器已广泛应用于位移、角度、速度、压力、转速、流量、液位、料位以及成分分析等方面的测量，前面分类已经介绍了电容式传感器的一些应用，下面再给出几个应用实例。

(1) 电容式测厚仪

图 4-23 所示是测量金属带材在轧制过程中厚度的电容式测厚仪的工作原理。工作极板与带材之间形成两个电容，即 C_1、C_2，其总电容 $C=C_1+C_2$。当金属带材在轧制中厚度发生变化时，将引起电容量的变化。通过检测电路可以反映这个变化，并转换和显示出带材的厚度。

(2) 电容式转速传感器

如图 4-24 所示是电容式转速传感器的工作原理。图中，齿轮外沿面为电容器的动极板，当电容器定极板与齿顶相对时，电容量最大，而与齿隙相对时，则电容量最小。当齿轮转动时，电容量发生周期性变化，通过测量电路转换为脉冲信号，则频率计显示的频率代表转速大小。设齿数为 z，频率为 f，则转速为 $n=60\dfrac{f}{z}$(r/min)。

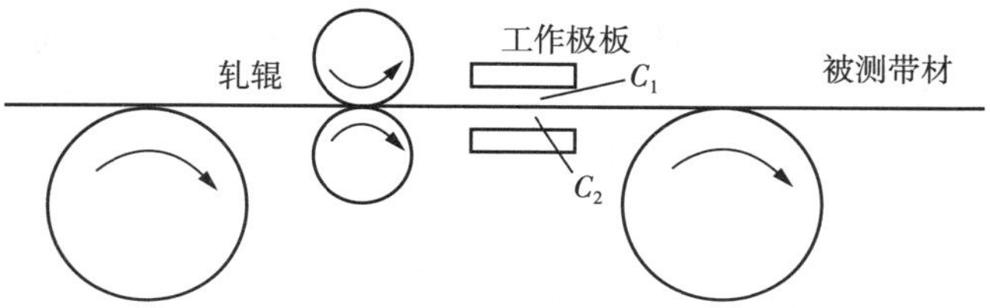

图 4-23　电容式测厚仪

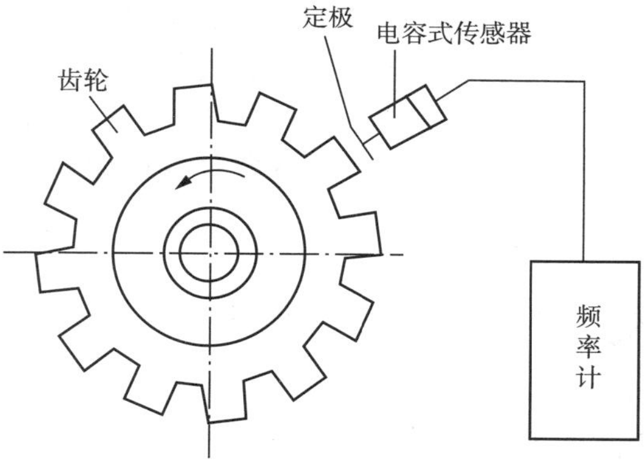

图 4-24　电容式转速传感器

(3) 电容式位移传感器

如图 4-25 所示电容传感器用于振动位移或微小位移测量。用于测量金属导体表面振动位移的电容传感器只含有一个电极，而把被测对象作为另一个电极使用。图 4-25(a) 所示是测量振动体的振动；图 4-25(b) 所示是测量转轴回转精度，利用垂直安放的两个电容式位移传感器，可测出回转轴轴心的动态偏摆情况，这两例电容传感器都是极距变化型的。

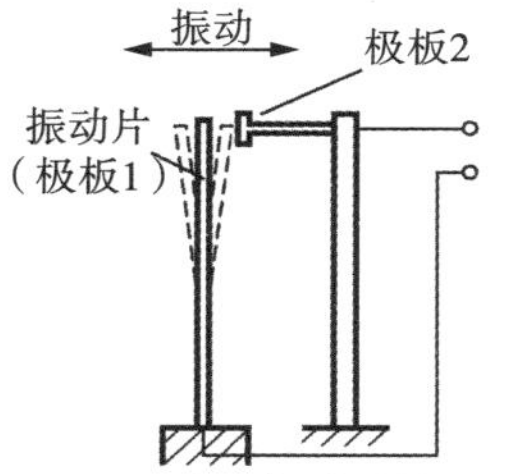

（a）振动测量

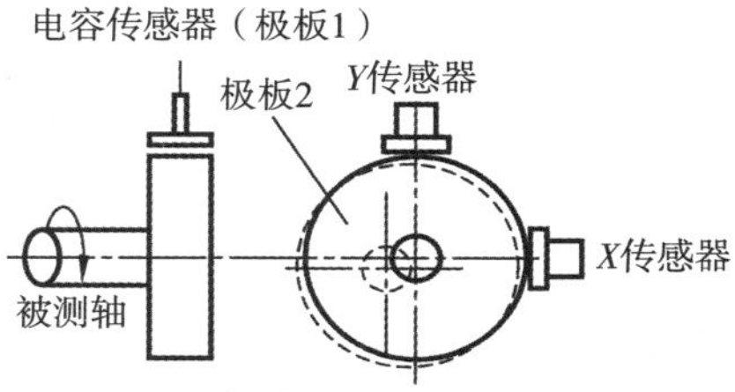

（b）旋转轴的偏心量的测量

图 4－25　电容位移传感器应用实例

（4）电容式传声器

电容式传感器在音频检测领域有着广泛的应用，图 4－26 为典型的电容式传感器实物，其中图 4－26(a) 所示的是电容式传声器，图 4－26(b) 所示的是驻极电容式传声器，采用聚四氟乙烯材料作为振动膜片。这种材料经特殊电处理后，表面永久地驻有极化电荷，取代了电容传声器极板，故名为驻极体电容传声器。特点是体积小、性能优越、使用方便。

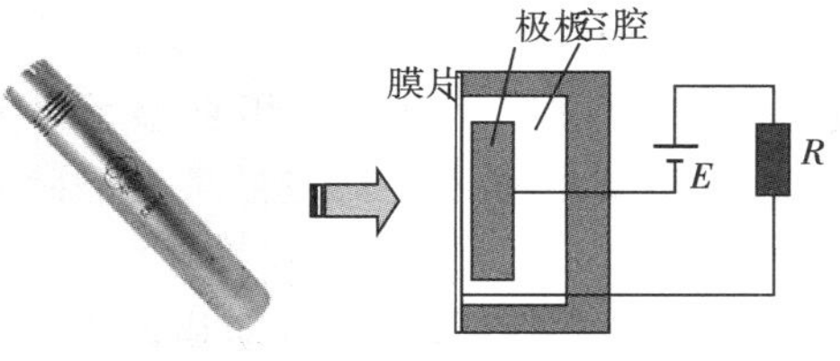

（a）电容传声器

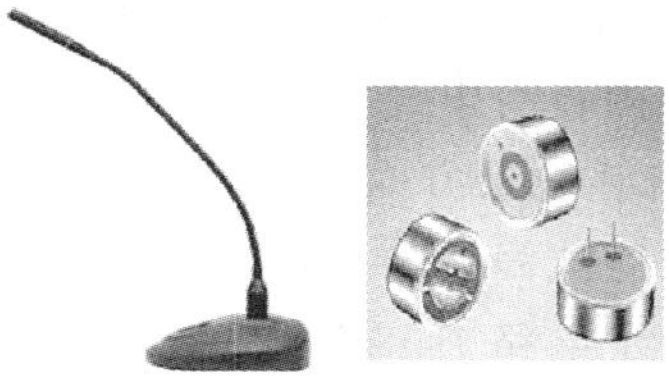

（b）驻极体电容传声器

图 4－26　电容传声器

图 4－27 所示的是一个典型的电容式传声器(也称作电容式拾音器）的测量电路与输出电压波形。拾音器硬件部分由电容拾音传感器及配套电路组成，如图 4－27(a) 所示。其中，电容式拾音传感器的基本结构由背极、内腔、毛细孔、振膜、阻尼孔及绝缘体组成，其作用是将声波造成的空气压强变化转换为拾音器电容量的变化，从而使检测电路中电阻 R 上的电压，发生改变，这样就把声波信号转换成电压信号。根据电压 $U=Q/C$，当受到振动或摩擦时，振动使两极板间的距离改变，引起电压的变化，反映了外界声压的强弱，这种电压变化频率反映了外界声音的频率。如图 4－27(b) 所示是检测时输出的声波电压波形。

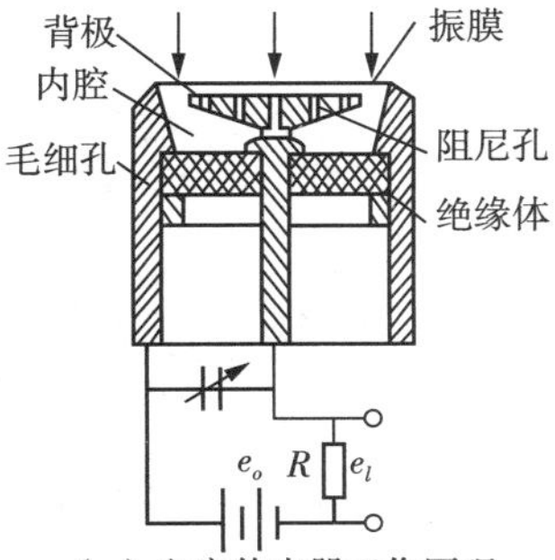

（a）电容传声器工作原理

（b）输出的声波电压波形

图 4－27　电容式传声器

4.4 电感传感器

电感式传感器是以电和磁为媒介，利用电磁感应原理将被测非电量（如位移、压力、流量、振动等）转换成线圈自感量 L 或互感量 M 的变化（在电路中表现为感抗 X_L 的变化），再由测量电路转换为电压或电流的变化量输出的装置。电感传感器的敏感元件是电感线圈。

电感式传感器具有结构简单，工作可靠，测量精度高，零点稳定，输出功率较大等一系列优点。其主要缺点是灵敏度、线性度和测量范围相互制约，传感器自身频率响应低，不适用于快速动态测量，对电源频率和稳定度要求较高。这种传感器能实现信息的远距离传输、记录、显示和控制，在工业自动控制系统中被广泛采用。

电感式传感器常用来检测位移、振动、力、加速度、应变、流量等物理量。电感式传感器种类很多，本节按工作原理不同将电感传感器分为自感型（可变磁阻式）、互感型（差动变压器式）和电涡流式（高频反射式和低频透射式）三种类型。

电路中因自身电流变化而引起感应电动势的现象称为自感。用自感系数来表示器件（线圈）在自感现象方面的特性，其代号为 L。自感型电感传感器包括可变磁阻式电感传感器和高频反射式涡流传感器。

由于一个电路中电流的变化而在邻近另一个电路中引起感应电动势的现象称为互感。互感系数是表示器件（线圈）在互感现象方面特性的一个物理量，其代号是 M。互感型传感器包括差动变压器式电感传感器和低频透射式涡流传感器，它们都是利用互感现象将被测物理量转换成线圈互感变化来实现测试的。

4.4.1 可变磁阻式电感传感器（自感型）

可变磁阻式传感器的结构示意图如图 4－28 所示，由线圈、定铁芯和活动衔铁（动铁芯）组成。可变磁阻式传感器的结构中存在环形磁路，由定铁芯、衔铁以及定铁芯与衔铁之间的气隙三部分组成；铁芯和衔铁都由导磁材料制成。在铁芯和活动衔铁之间有一定的空气间隙 δ。工作时被测物体与衔铁相连，当被测物体带动衔铁移动时，引起磁路的磁阻发生变化，从而导致电感线圈的电感值 L 发生变化。因此，只要能测出电感量的变化，就能确定衔铁位移量大小和方向。

在电感线圈通以交变电流 I，电感线圈的电感为

$$L=\frac{W\Phi}{I} \tag{4-24}$$

式中：L 为电感线圈的自感量；W 为电感线圈匝数；Φ 为通过电感线圈的磁通；I 为电感线圈中通过的电流值。

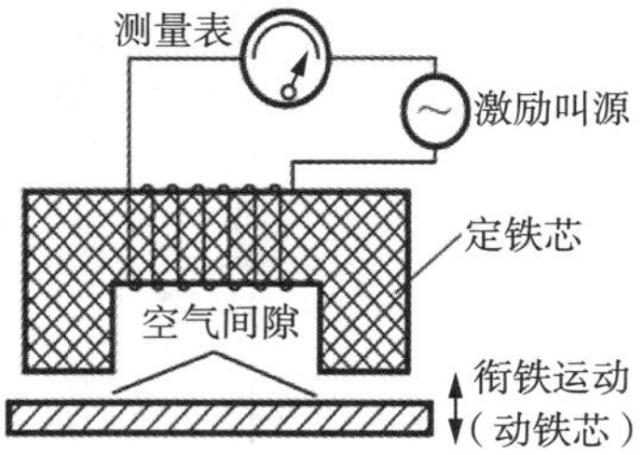

图 4－28 可变磁阻式电感传感器的结构

由磁路欧姆定律可知

$$\Phi=\frac{WI}{R_m} \tag{4-25}$$

式中：R_m 为磁路中的磁阻；WI 为磁路中的磁动势。

将式(4-25)代入式(4-24)得

$$L=\frac{W^2}{R_m} \tag{4-26}$$

从式(4-26)可知，当电感线圈的匝数一定时，通过改变磁路中的磁阻 R_m 来改变自感系数，从而将被测量的变化转换成传感器自感量的变化。因此，这类传感器称为可变磁阻式传感器。下面讨论哪些因素与磁路磁阻 R_m 有关。

图 4-28 的磁路磁阻由两部分组成：空气隙的磁阻；衔铁和铁芯的磁阻，即

$$R_m=\frac{L_1}{\mu_1 A_1}+\frac{2\delta}{\mu_0 A_0} \tag{4-27}$$

式中：L_1 为磁路中软铁(铁芯和衔铁)的长度(m)；μ_1 为软铁的导磁率(H/m)；μ_0 为空气的导磁率，$\mu_0=4\pi\times10^{-7}$(H/m)；A_1 为铁芯导磁截面积(m^2)；A_0 为空气隙导磁截面积(m^2)

由于铁芯的磁阻远小于空气隙的磁阻，因此回路磁阻约等于空气隙磁阻，即

$$R_m\approx\frac{2\delta}{\mu_0 A_0} \tag{4-28}$$

将此式代入式(4-26)得

$$L=\frac{W^2\mu_0 A_0}{2\delta} \tag{4-29}$$

在上述自感式电感传感器的电感表达式中，可以看出空气气隙厚度 δ 和面积 A_0 是改变磁阻从而改变自感 L 的主要因素。被测量只要能够改变空气隙厚度 δ 或面积 A_0，就能达到将被测量的变化转换成自感变化的目的。

因此可变磁阻式电感传感器可分为间隙变化型、面积变化型、螺线管型等三种传感器。

(1) 间隙变化型

图 4-29(a) 所示是间隙变化型电感传感器的典型应用。W、μ_0 及 A_0 都是不变的，空气隙厚度 δ 则由被测参数——工件直径的变化 Δd 引起改变 $\Delta\delta$，从而使电感传感器产生 ΔL 的输出，达到被测参数到电感变化 ΔL 的转换。

由式(4-29)知 $L-\delta$ 的关系是双曲线关系，即为非线性关系，其灵敏度为

$$S=\frac{dL}{d\delta}=-\frac{W^2\mu_0 A_0}{2\delta^2}=-\frac{L}{\delta} \tag{4-30}$$

可以看出：气隙 δ 越小，则传感器灵敏度 S 越高，由于 δ 不是常数，会产生非线性误差。为保证传感器的线性度，限制非线性误差，这种传感器常规定在气隙较小变化范围内工作。实际应用中，一般取$\frac{\Delta\delta}{\delta_0}\leqslant0.1$，多用于微小位移测量，位移测量范围为 0.001 ~ $l$mm。

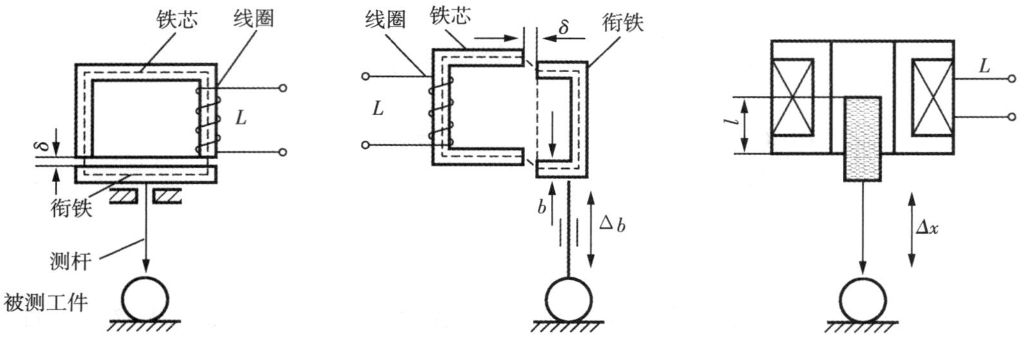

(a) 间隙变化型　　(b) 面积变化型　　(c) 螺线管型

图 4-29　可变磁阻式电感传感器典型应用

(2) 面积变化型

图 4-29(b) 所示为面积变化型电感传感器的典型应用。W、μ_o、δ 都不变，而磁路截面积 A 随着被测物理量 Δb 的变化而变化。由于磁路截面积 A 变为 $A+\Delta A$ 而使传感器的电感由 L 变为 $L+\Delta L$，从而有 ΔL 输出，实现了被测参数到电参量 ΔL 的转换。

根据式(4-28) 知 $L-A$(输出和输入) 呈线性关系，如图 4-30 所示，其灵敏度为

$$S=\frac{\mathrm{d}L}{\mathrm{d}A}=\frac{W^2\mu_0}{2\delta_0}=\text{常数} \tag{4-31}$$

这种传感器灵敏度较低，自由行程限制小，示值范围较大，一般也用于直线位移的测量。如将衔铁做成转动式，还可用来测角位移。

(a) 间隙变化型　　(b) 面积变化型

图 4-30　间隙变化型和面积变化型可变磁阻式电感传感器的输出特性

(3) 螺线管型

图 4-29(c) 所示是螺线管型电感传感器。即在螺线管中插入一个可移动的铁芯构成工作时，因铁芯在线圈中伸入长度 l 的变化 Δl 引起螺线管电感值的变化 ΔL。线圈电感量的大小与衔铁插入线圈的深度有关。螺线管型自感式传感器输出电感的计算比较复杂，在此不详细叙述。

由于螺线管中磁场分布的不均匀，Δl 和 ΔL 是非线性的。这种传感器的灵敏度比较低，但由于螺线管可以做得较长，故适于测量较大的位移量(数毫米)。

(4) 差动式(自感型)

实际应用中，为了提高自感式电感传感器的灵敏度，增大其线性工作范围，常将两个完全相同的电感传感器线圈与一个共用的活动衔铁结合在一起，构成差动式电感传感器。

图 4－31 所示是变气隙型差动变压器式电感传感器的结构和输出特性。

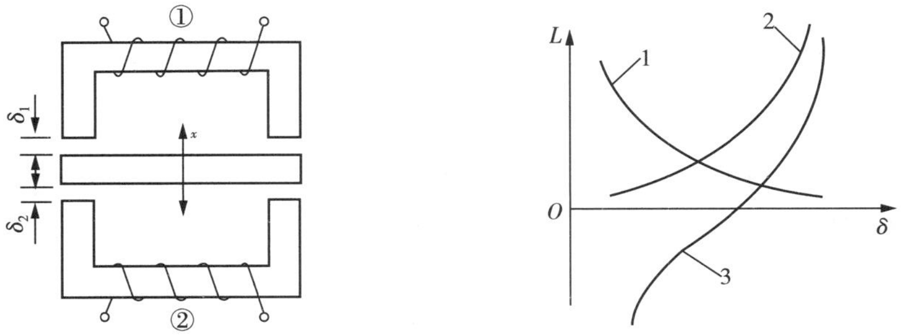

（a）传感器的结构　　（b）传感器的输出曲线

图 4－31　变气隙型差动变压器式电感传感器

1－线圈 ① 的输出曲线；2－线圈 ② 的输出曲线；3－传感器的输出曲线

当衔铁位于气隙的中间位置时，$\delta_1=\delta_2$，两线圈的电感值相等，$L_1=L_2=L_0$，总的电感值等于 $L_1-L_2=0$；当衔铁偏离中间位置时，一个线圈的电感值增加 $L_1=L_0+\Delta L$，另一个线圈的电感值减小 $L_2=L_0-\Delta L$，总的电感变化量等于

$$L_1-L_2=+\Delta L-(-\Delta L)=2\Delta L$$

于是差动变压器式电感传感器的灵敏度 S 为

$$S=\frac{\mathrm{d}L}{\mathrm{d}\delta}=-2\,\frac{L}{\delta} \tag{4-32}$$

与式(4－30) 比较可知，差动变压器式传感器比单边式传感器的灵敏度提高 1 倍。从图 4－31(b) 中还可看出，其输出线性度也改善许多。

面积变化型与螺线管型也可以构成差动型结构如图 4－32 所示。其中，W_1 和 W_2 是参数完全相同的两组线圈，将其对称地绕在骨架上(如螺线管型的骨架是螺线管)，衔铁的初始位置居中。双螺管线圈差动型，较之单螺管型有较高灵敏度及线性度，被用于电感测微计上，常用测量范围为 ±2mm，最高分辨力为 0.5μm。

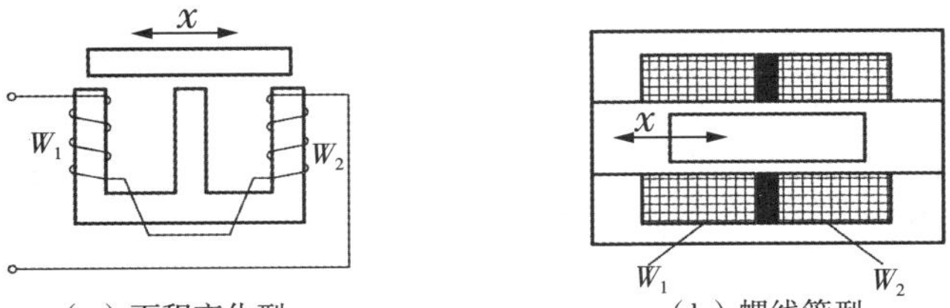

（a）面积变化型　　（b）螺线管型

图 4－32　差动变压器式电感传感器的结构

通过以上内容的讲述，可以看出无论哪一类可变磁阻式电感传感器，最直接测量的物理量都是位移，但实际借助弹性元件，也可以将位移的变化转换为力、质量等物理量的测量。如图 4－33 所示是变隙式电感压力传感器的结构。在电感式压力传感器中，大都采用变隙式电感作为检测元件，它和弹性元件组合在一起构成电感式压力传感器。检测元件由线圈、铁

芯、衔铁组成，衔铁安装在弹性元件上。传感器的基本原理是，具有压力 p 的流体进入膜盒，使膜盒膨胀或收缩而产生垂直方向的位移，从而引起衔铁的位置变化时。衔铁与铁芯的气隙发生变化时，传感器线圈的电感量会发生相应的变化。

4.4.2 差动变压器式电感传感器(互感型)

差动变压器式电感传感器的工作原理是利用电磁感应中的互感现象，将被测位移量转换成线圈互感值的变化。如图 4-34 所示互感现象，当线圈 W_1 输入交变电流 i_1 时，线圈 W_2 产生感应电动势 e_2，其大小与电流 i_1 变化率成正比，即

$$e_2 = -M\frac{\mathrm{d}i_1}{\mathrm{d}t} \tag{4-33}$$

式中：M—— 比例系数，称为互感，其大小与两线圈相对位置及周围介质的导磁能力等因素有关，它表明两线圈之间的耦合程度。

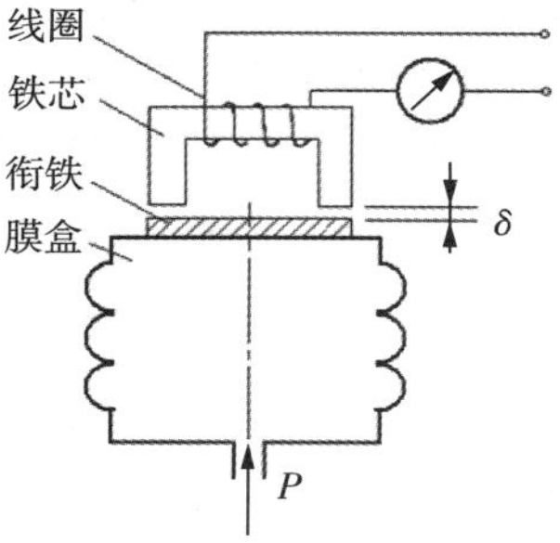

图 4-33 变隙式电感压力传感器

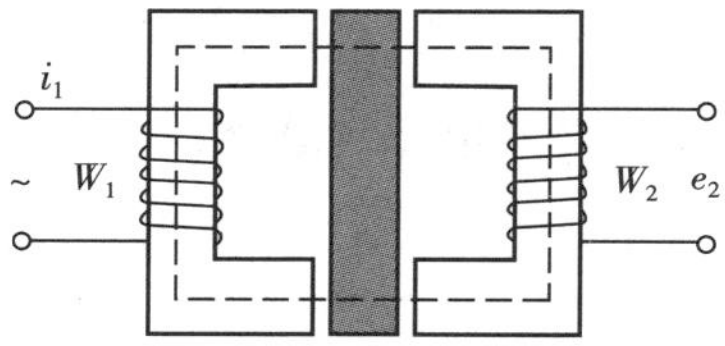

图 4-34 互感现象

螺线管型差动差动变压器式传感器如图 4-35 所示。其基本结构与原理和常用变压器类似，且次级绕组都用差动形式连接，又称差动变压器或称变压器式传感器。它由一个可动铁芯和两个次级线圈构成。传感器的可动铁芯和待测物相连，两个次级线圈接成差动形式，可动铁芯的位移利用线圈的互感作用转换成感应电动势的变化，从而得到待测位移。差动变压器的结构形式较多，变间隙型、变面积型和螺线管型等，但其工作原理基本一样。在非电量测量中，实际应用较多的是螺线管型差动变压器。

螺线管型差动变压器由一次绕组 W 和两个参数完全相同的二次绕组 W_1、W_2 组成，线圈中心插入圆柱形铁心，二次绕组 W_1 及 W_2 反极性串联，当一次绕组 W 加上交流电压时，由于互感作用，二次绕组 W_1 及 W_2 分别产生感应电动势 e_1 和 e_2，其大小与铁心位置有关，当铁芯在中心位置时，$e_1=e_2$，输出电压 $e_o=O$；铁芯向上运动时，$e_1>e_2$，$e_o>0$；向下运动时，$e_1<e_2$，$e_o<0$，随着铁芯偏离中心位置，输出电压 e_o 逐渐增大，其输出特性如图 4-35(c) 所示。

差动变压器的输出电压是交流量，其幅值与铁芯位移成正比，其输出电压如用交流电压表指示，输出值只能反映铁芯位移的大小，不能反映移动的方向性。另外，交流电压输出存在一定的零点残余电压。零点残余电压是由于两个二次绕组结构不对称，以及一次绕组铜损电阻、铁磁质材料不均匀、线圈间分布电容等原因形成。所以，即使铁芯处于中间位置时，输出也不为零。因此，差动变压器式传感器的后接电路形式，需要采用既能反映铁芯位移方

向性，又能补偿零点残余电压的差动直流输出电路。

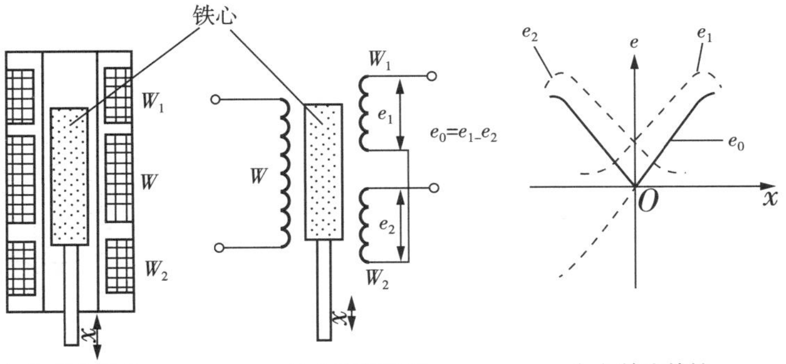

（a）基本结构　（b）工作原理　（c）输出特性

图 4-35　螺线管型差动变压器

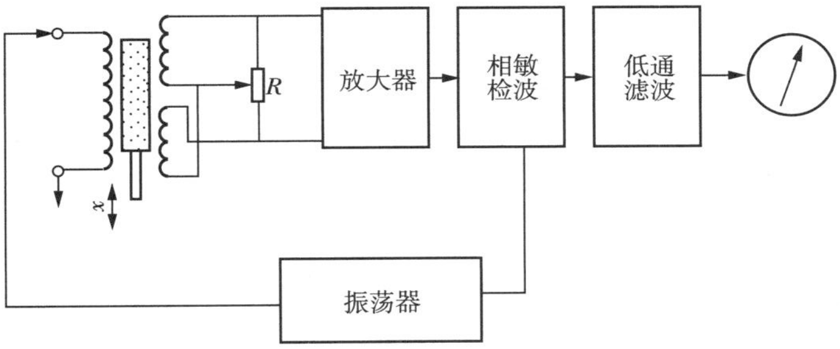

图 4-36　差动相敏检波电路的工作原理

图 4-36 所示是一种用于小位移测量的差动相敏检波电路的工作原理图。在没有输入信号时，铁心处于中间位置，调节电阻 R，使零点残余电压减小；当有输入信号时，铁心上移或下移，其输出电压经交流放大、相敏检波、滤波后得到直流输出，由表头指示输入位移大小和方向。

差动变压器式电感传感器广泛应用于直线位移的测量，借助于各种弹性元件可将力、压力、压差、加速度、流量、厚度、密度及转矩等各种物理量转换成位移变化。一般测量 1～100mm 范围内的位移，并具有测量精度高（最高分辨力可达 0.1μm）、线性范围大、灵敏度高、结构简单和性能可靠等优点，但其实际测量频率上限容易受到传感器机械结构的限制。

图 4-37 所示为测量液位的原理图。差动变压器的铁芯下端是随着液位高度变化的浮子，浮子上浮或下落发生位移的变化带动铁芯在螺线管中位置发生改变，从而引起输出电压的变化，因此电压的变化可以反映液位高低的变化。

图 4-38 是电感式纸页厚度测量仪的原理图。E 形铁芯上绕有线圈，构成一个电感测量头，衔铁实际上是一块钢质的平板。在工作过程中板状衔铁是固定不动的，被测纸张置于 E 形铁芯与板状衔铁之间，磁力线从上部的 E 形铁芯通过纸张而达到下部的衔铁。当被测纸张沿着板状衔铁移动时，压在纸张上的 E 形铁芯将随着被测纸张的厚度变化而上下浮动，也即改变了铁芯与衔铁之间的间隙，从而改变了磁路的磁阻。交流毫安表的读数与磁路的磁

阻成比例，也即与纸张的厚度成比例。毫安表常接微米刻度，这样就可以直接显示被测纸张的厚度了。如果将这种传感器安装在一个机械扫描装置上，使电感测量头沿纸张的横向进行扫描，则可用于自动记录纸张横向的厚度，并可利用此检测信号在造纸生产线上自动调节纸张厚度。

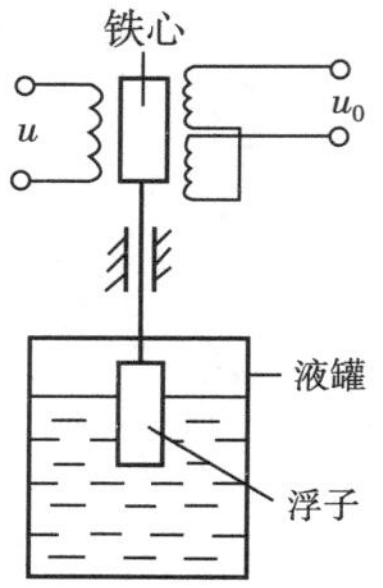

图 4－37　液位测量

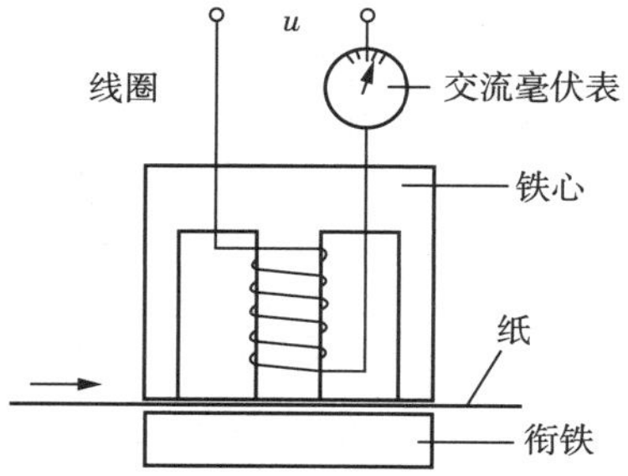

图 4－38　电感式纸页厚度测量仪

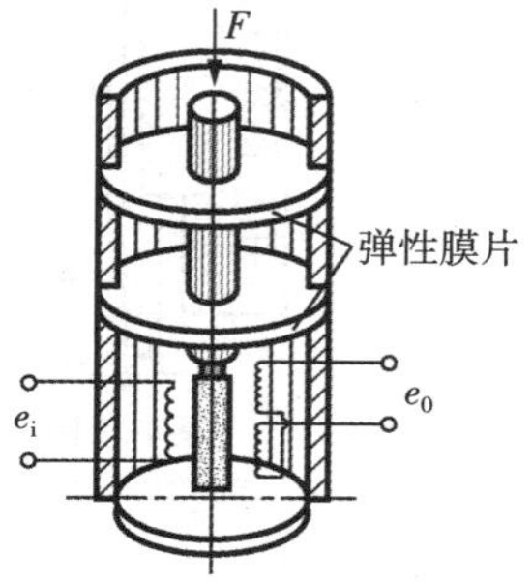

图 4－39　电感测力传感器

借助于弹性元件可以将压力、质量等物理量转换为位移的变化，故也将这类传感器用于压力、质量等物理量的测量。如图 4－39 是差动变压器式电感测力传感器的结构。图中的弹性元件为两个圆片状弹簧，被测力 F 使差动变压器铁芯产生位移。差动变压器输出电压的变化反映位移的变化，从而测出力 F 的大小。

4.4.3　涡流式电感传感器

涡流式电感传感器的工作原理是利用金属板在交变磁场中的涡流效应。金属板置于一只线圈的附近，相互间距为 x。根据法拉第电磁感应定律，当一个通以交流电流的线圈靠近一块金属板时（见图 4－40），交变电流 I_1 产生的交变磁通 Φ_1 通过附近的金属板，在金属板表层上便产生感应电流 I_2，I_2 在金属板内自行闭合形成回路，称为“涡电流”或“涡流”，这种现象称为电涡流效应。

根据楞次定律，涡电流的交变磁场与线圈的磁场变化方向相反，Φ_2 总是抵抗 Φ_1 的变化。由于涡流磁场对导磁材料的作用以及气隙对磁路的影响，使原线圈的等效阻抗 Z 发生变化。传感器线圈阻抗的变化引起涡流的大小变化，这与被测金属板的性质（电阻率 ρ、磁导率 μ 等）、传感器线圈的几何参数、激励电流 I_1 的大小、角频率 ω、被测金属的厚度 h 以及线圈与金属板之间的距离 x 等参数有关。因此，励磁线圈受到金属导体影响后的等效阻抗 Z 可以表达为：

$$Z=f(\rho,\mu,x,\omega\cdots) \tag{4-34}$$

因此，把传感器线圈作为传感器的敏感元件，仅仅改变其中某一个参数，保持其他参数不变，传感器励磁线圈的阻抗 Z 就只与该参数有关，只要测出线圈阻抗的变化，就能按涡流的大小测量出该参数。例如，变化 x 值，可作为位移、振动测量；变化 ρ 或 μ 值，可作为材质鉴别或探伤等。

涡流式电感传感器可分为高频反射式和低频透射式两种类型。

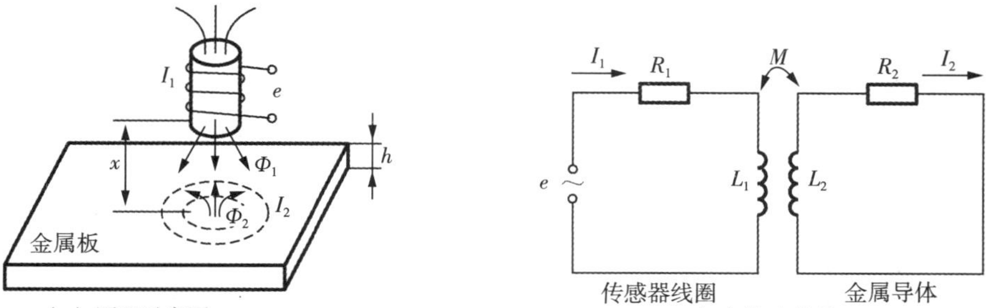

（a）原理示意图　（b）输出特性

图 4 - 40　高频反射式涡流传感器

1. 高频反射式涡流传感器(自感型)

高频反射式涡流传感器是利用自感原理工作的，其原理示意图如图 4 - 40(a) 所示。在金属板一侧的传感器线圈中通以频率为 ω 的高频(MHz 以上) 激励电流时，线圈便产生高频磁场 Φ_1。该磁场作用于金属板，由于集肤效应(涡电流在金属导体的纵深方向并不是均匀分布的，而只集中在金属导体的表面，频率 f 越高，电涡流渗透的深度就越浅，集肤效应越严重)，高频磁场不能透过有一定厚度 h 的金属板，而是作用于表面薄层，并在这薄层中产生涡流。涡流 I_2 又会产生交变磁通 Φ_2 反过来作用于传感器线圈，致使产生 Φ_1 磁场的传感器线圈的阻抗发生变化，从而引起自感量变化，在线圈中产生感应电动势。电感的变化随涡流 I_2 而变，而涡流 I_2 又随线圈与金属板之间的距离 x 而变化。

从能量角度来看，在被测金属体内存在电涡流损耗(当频率较高时，忽略磁损耗)。能量损失使传感器线圈的等效阻抗降低，因此当被测体与传感器间的距离 x 改变时，传感器的等效阻抗 Z 发生变化，于是把位移量 x 转换成电参量 Z。这便是电涡流传感器的基本原理。

因此，如固定传感器的位置，当被测金属产生位移使 x 发生变化时，传感器线圈的阻抗就发生变化，从而达到以传感器线圈的阻抗变化值来检测被测金属板位移量的目的。因此常用高频反射式涡流传感器来测量位移量的变化。

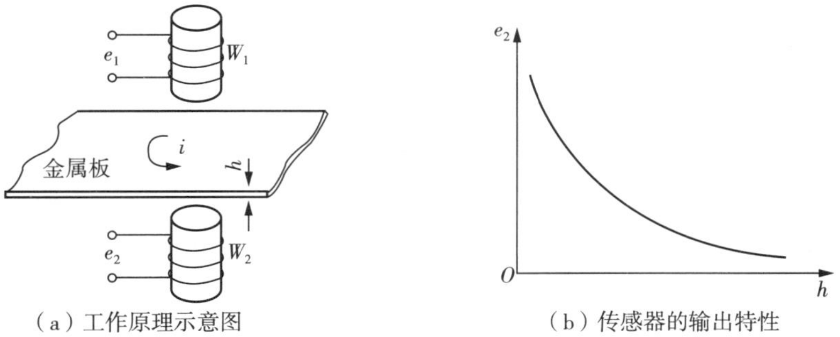

（a）工作原理示意图　（b）传感器的输出特性

图 4 - 41　低频透射式涡流传感器

2. 低频透射式涡流传感器(互感型)

低频透射式涡流传感器是利用互感原理工作的，它多用于测量材料的厚度。其工作原理如图 4-41(a) 所示，发射线圈 W_1 和接收线圈 W_2 分别置于被测材料的上、下方。由于低频磁场集肤效应小，渗透深，当低频(1000Hz 左右)电压加到 W_1 的两端后，W_1 产生一交变磁场，并在金属板中产生涡流，这个涡流损耗了部分磁场能量，使得贯穿 W_2 的磁力线减少，从而使 W_2 产生的感应电势 e_2 减少。金属板的厚度 h 越大，涡流损耗的磁场能量也越大，e_2 就越小。因此 e_2 的大小就反映了金属板的厚度 h 的大小。低频透射式涡流传感器的输出特性即 e_2 与 h 的关系如图 4-41(b) 所示。

涡流式传感器可以用于动态非接触测量，测量范围视传感器结构尺寸、线圈匝数和励磁频率而定。一般测量位移范围从 ±1mm 到 ±10mm 不等，最高分辨力可以达到 1μm。这种传感器具有结构简单，灵敏度高，使用方便，不受油污等介质的影响等优点。因此，近年来涡流式位移和振动测量仪、测厚仪和无损检测探伤仪等在机械、冶金等部门中日益得到广泛应用。实际上，电涡流式传感器还可以实现径向振摆、回转轴误差运动、计数、转速、温度、硬度等参数以及表面裂纹和缺陷测量等。

3. 涡流式传感器的应用

(1) 位移、振幅测量

图 4-42(a) 所示是反射式涡流传感器在位移测量中的应用。它的检测范围从 0～1mm 到 0～40mm，分辨率一般可达满量程的 0.1%。如图 4-42(b) 所示是涡流传感器在振动测量中的应用。振动幅值测量范围从几微米到几毫米。涡流式传感器的频率特性从零到几十千赫的范围内部是平坦的，故能做静态位移测量，特别适合作低频振动测量。

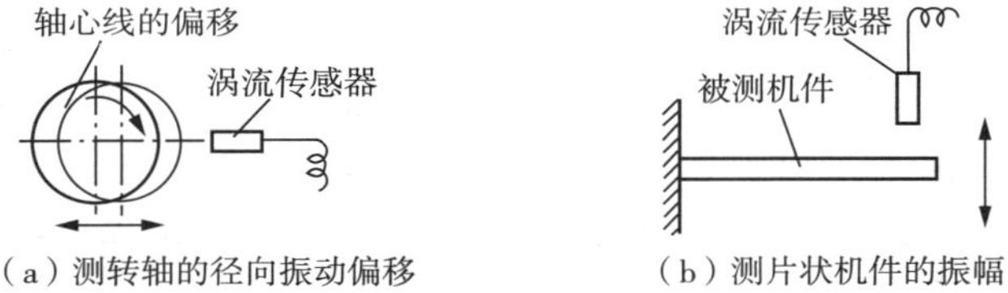

图 4-42　用涡流式传感器检测振幅

(2) 转速测量

在旋转体上开一个或数个槽或固定一块凸块，如图 4-43 所示，将反射式涡流传感器安装在旁边。当转轴转动时，涡流传感器与转轴之间的距离发生周期性的改变，于是它的输出也周期性地发生变化，即输出周期性的脉冲信号，脉冲频率与转速之间有如下关系：

$$n=\frac{f}{z}\times 60 \tag{4-35}$$

式中：n 为转轴的转速(r/min)；f 为脉冲频率(Hz)；z 为转轴上的槽数或齿数。

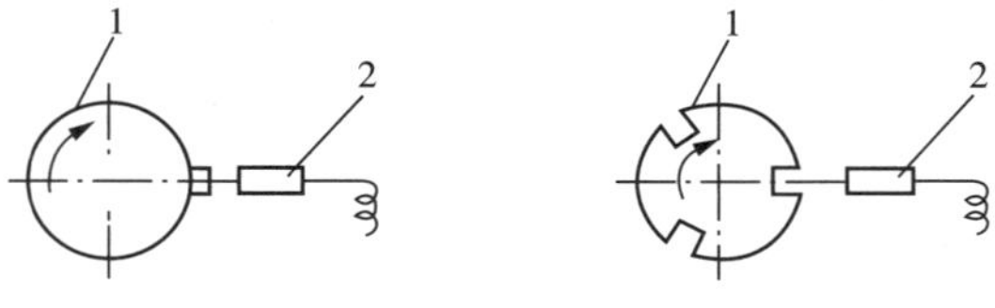

图 4-43　用涡流传感器检测转速

1 — 被测转轴；2 — 发射式涡流传感器

(3) 零件计数

如图 4-44 所示，随传输带匀速移动的金属零件的计数也可以由涡流传感器来完成。将高频反射式涡流传感器固定在某一位置，当金属零件与零件间隙经过传感器正下方时，传感器线圈中的阻抗值以及线圈电压会发生明显变化，通过输出的脉冲信号实现对金属零件计数。

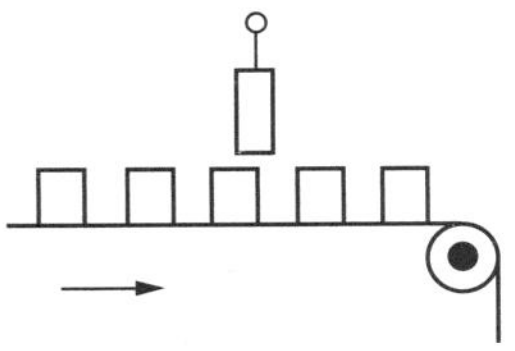

图 4-44　零件计数器

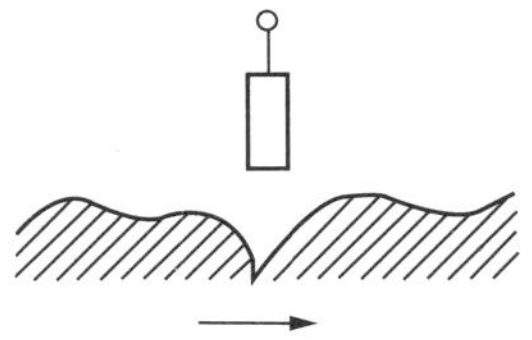

图 4-45　表面裂纹测量

(4) 表面裂纹测量

如图 4-45 所示，导体出现缺陷或测量的金属材料发生变化时，将影响到涡流的强度和分布，涡流的变化又引起了检测线圈电压和阻抗的变化，根据这一变化，就可以间接地知道导体内缺陷的存在及金属材料的缺陷。因此涡流传感器可以用于火车轮裂纹检测、输油管裂纹检测等。

4.4.4　电感传感器的应用实例

电感式传感器中，无论是可变磁阻式电感传感器、差动变压器，还是涡流式电感传感器，在生活及生产中使用都非常广泛，下面列举几个电感传感器的应用实例。

1. 电感式滚柱直径分选装置(双螺线管型差动变压器)

图 4-46 所示是电感测微计(双螺线管型差动变压器)用于滚动轴承中滚柱直径分选装置。待测滚柱从振动料斗中下落，由气缸活塞杆 2 推动滚柱送至电感测微计 6 的钨钢测头 7 正下方，在测量过程中滚柱被压紧并由限位挡板 8 卡住，因滚柱直径的微量变化，使钨钢测头在竖直方向上带动衔铁发生一定的位移变化 Δx，经电感传感器的工作转换，输出为线圈电感量的变化 ΔL，随后经过相敏检波电路(具体原理在第 5 章中讲解)，输出为电压的变化 ΔU，经过电压放大电路，送入计算机进行计算，根据所测量的滚柱直径与标准直径的比较，得到其偏差值的大小，从而对电磁铁驱动器进行控制，控制相应分选仓门 —— 电磁翻板 9 的开启以及限位挡板 8 的下落，使钨钢测头 7 下方的滚柱滚入相应偏差的料斗容器 10 中。经过电感测微计的精确测量可以实现滚动轴承中滚柱直径的快速准确分选，便于产品进行等级分类。

2. 电磁炉及电热水壶(高频反射式涡流传感器)

涡流式传感器的应用其实就在我们的日常生活中，相信现代家庭中都离不开如图4-47 所示的电磁炉以及电热水壶的使用。其实这些生活电器都是基于涡流效应工作的。如图 4-47(a) 所示电磁炉的内部有紧密缠绕的多圈励磁线圈，当电磁炉中通电后，高频交流电通过励磁线圈，产生交变磁场，在铁质锅底会产生无数的电涡流使锅底自行发热，烧开锅内的食物。电热水壶也是同样的工作原理。

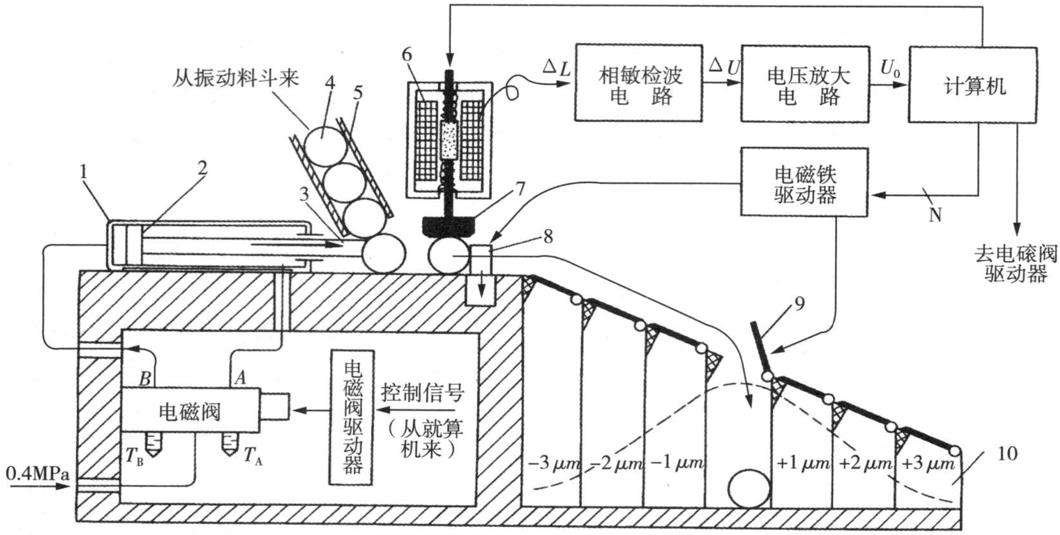

图 4-46　电感式滚柱直径分选装置

1—气缸；2—活塞；3—推杆；4—被测滚柱；5—落料管；6—电感测微计；7—钨钢测头；8—限位挡板；9—电磁翻板；10—容器(料斗)

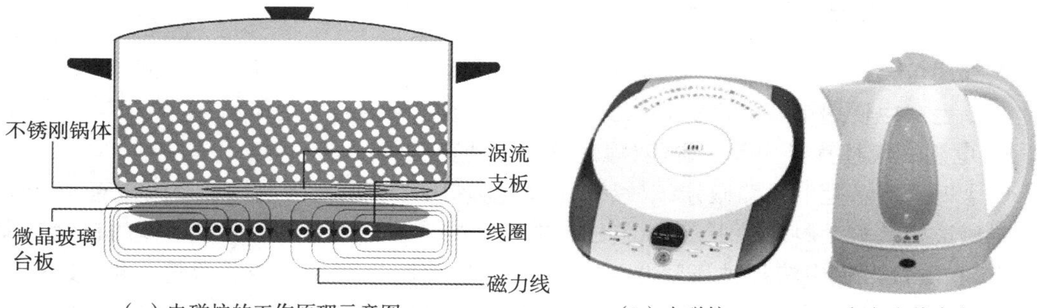

(a) 电磁炉的工作原理示意图　(b) 电磁炉　(c) 电热水壶

图 4-47　涡流式传感器的应用

3. 电涡流式通道安全检查门

人们在乘坐飞机、火车及地铁时，需要经过安检才能通过，其实安检门也是基于涡流效应工作的。如图 4-48 所示安检门的内部设置有发射线圈和接收线圈。当有金属物体通过时，交变磁场就会在该金属导体表面产生电涡流，会在接收线圈中感应出电压，计算机根据感应电压的大小、相位来判定金属物体的大小。在安检门的侧面还安装一台“软 x 光”扫描仪，它对人体无害，用软件处理的方法，可合成完整的光学图像。

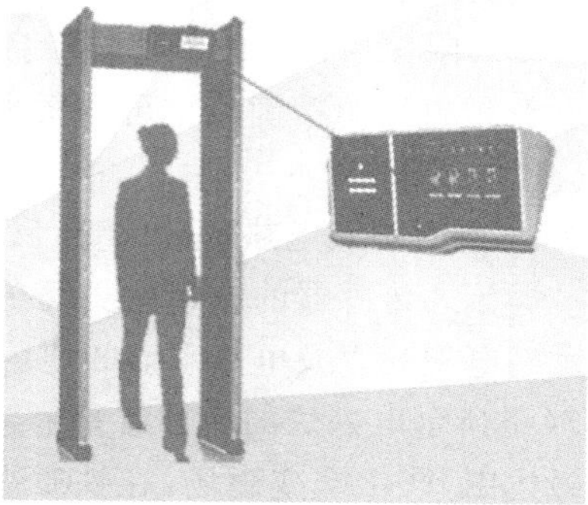

图 4-48　电涡流式通道安全检查门

4.5　磁电式传感器

磁电式传感器基于电磁感应原理，将被测物理量转换成为感应电动势，是一种机一电能量变换型传感器，又称电动式传感器或感应式传感器。它不需要外部供电电源，电路简单，性能稳定。

根据法拉第电磁感应定律，W 匝线圈在磁场中运动切割磁力线，或线圈所在磁场的磁通量 Φ 发生变化，线圈两端就会产生出感应电动势 e，其大小决定于穿过线圈的磁通量 Φ 的变化率，即

$$e=-W\frac{\mathrm{d}\Phi}{\mathrm{d}t} \tag{4-36}$$

负号表明感应电动势的方向与磁通变化的方向相反。线圈感应电势的大小在线圈匝数 W 一定的情况下与穿过该线圈的磁通变化率 $\frac{\mathrm{d}\Phi}{\mathrm{d}t}$ 成正比。磁通变化率与磁场强度、磁路磁阻、线圈的运动速度有关，故若改变其中一个因素，都会改变线圈的感应电动势。

使穿过线圈的磁通发生变化的方法通常有两种：一种是让线圈和磁力线做相对运动，即利用线圈切割磁力线而使线圈产生感应电势；另一种则是把线圈和磁钢都固定，靠衔铁运动来改变磁路中的磁阻，从而改变通过线圈的磁通。因此，磁电式传感器可分成两大类型：动圈式（动磁式）和可变磁阻式（可动衔铁式）。

4.5.1　动圈式（动磁式）磁电传感器

动圈式磁电传感器可按结构分为线速度型与角速度型。图 4-49(a) 所示是线速度型传感器。在永久磁铁产生的直流磁场内，放置一个可动线圈，当线圈在磁场中随被测体的运动而做直线运动时，线圈便由于切割磁力线而产生感应电势，其感应电势的大小为

$$e=WBlv\sin\alpha \tag{4-37}$$

式中：W 为线圈匝数；

B 为磁场的磁感应强度；

l 为线圈的长度；

v 为线圈与磁场相对运动速度；

α 为线圈运动方向与磁场方向的夹角。

在设计时，若使 $\alpha=90°$，则式(4-37) 可写为

$$e=WBlv \tag{4-38}$$

式(4-38) 表明，当磁场强度 B 和线圈的匝数 W 及有效长度 l 一定时，感应电势与线圈和磁场的相对运动速度成正比，因此，这种传感器又称为速度计。根据该原理可设计出各种相对线速度传感器。

当线圈进行旋转运动时，可形成角速度型传感器，其工作原理如图 4-49(b) 所示。线圈

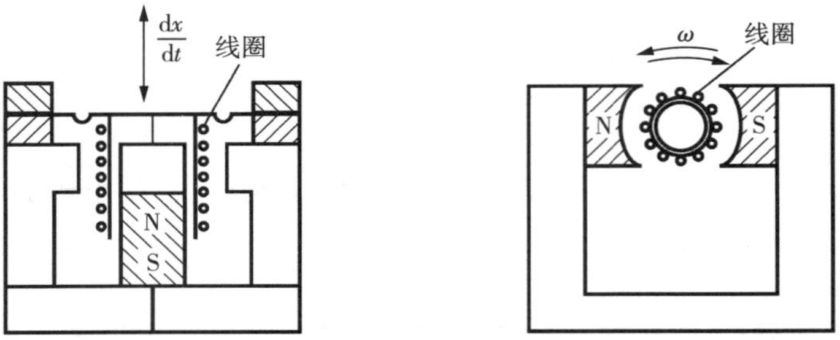

（a）线速度型传感器　（b）角速度型传感器

图 4-49　动圈式磁电传感器

在磁场中转动时产生的感应电势为

$$e = kWBA\omega \tag{4-39}$$

式中：ω 为线圈转动的角速度；

A 为单匝线圈的截面积；

k 为与结构有关的系数，$k < 1$。

式(4-39)表明，当传感器结构一定，W、B、A 均为常数时，感应电势 e 与线圈相对磁场的角速度 ω 成正比，这种传感器常用来测量转速，实际上相当于微型发电机，因此又常称其为测速电机。

由磁电感应式传感器工作原理可知，它只适用于动态测量，可直接测量振动物体的速度或旋转体的角速度。如果后续接积分电路或微分电路，还可以用来测量位移或加速度。

4.5.2　可变磁阻式(可动衔铁式)磁电传感器

可变磁阻式磁电传感器简称磁阻式磁电传感器。磁阻式磁电传感器由永久磁钢及缠绕其上的线圈组成。传感器在工作时线圈与磁钢都不动，由运动着的物体(导磁材料)改变磁路的磁阻，引起通过线圈的磁力线增强或减弱，使线圈产生变化的感应电势。

图 4-50 表示磁阻式磁电传感器应用于频数、转速、偏心量、振动的测量。

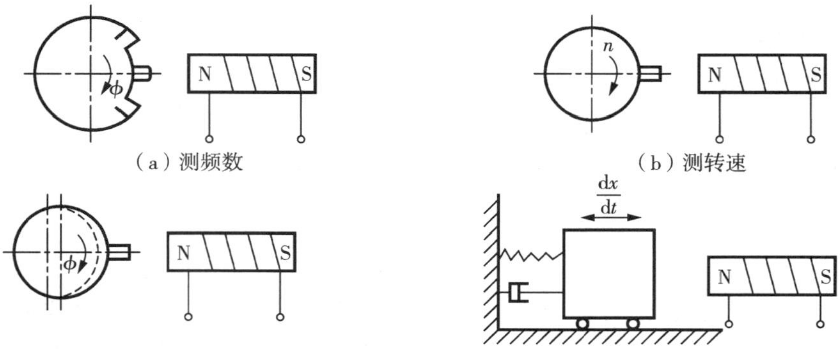

（a）测频数　（b）测转速

（c）偏心测量　（d）振动测量

图 4-50　磁阻式磁电传感器工作原理及应用

4.5.3　磁电式传感器的应用实例

1. 话筒中动圈式传声器的应用

如图 4-51(a) 所示的话筒的工作原理是利用电磁感应把声波转化成电信号，再进行放大输出。其内部主要结构是动圈式传声器，由壳体、磁铁、动圈、阻尼罩及振膜组成，如图 4-51(b) 所示。当动圈式传声器感受到声音信号时，当声波使膜片振动时，连接在膜片上的线圈(也称为音圈) 随着一起振动，线圈在壳体中作切割磁力线的直线运动，线圈中产生感应电流(即电信号)，感应电流的大小和方向都在变化着，变化的振幅和频率由声波决定，这个信号电流经扩音器放大后传给扬声器，从扬声器中就发出放大的声音。因此，话筒中动圈式传声器属于线速度型磁电传感器。

(a) 话筒实物

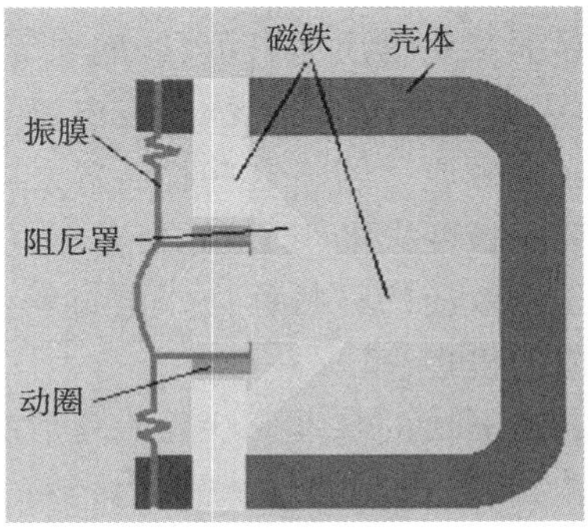

(b) 动圈式传声器的结构

图 4-51　话筒的工作原理

2. 变磁通式速度传感器

图 4-52 所示变磁通式磁电传感器是由旋转体、测量齿轮、线圈、软铁及永久磁铁组成，为开路磁阻式传感器，线圈磁铁静止不动，测量齿轮由导磁材料制成，安装在被测旋转体上，随之一起转动，每转过一个齿，传感器磁路的磁阻变化一次，线圈产生的感应电动势的变化率 f 等于测量齿轮上齿轮的齿数 z 和转速 n 的乘积。由输出信号可提取感应电动势的变化频率 f，则该旋转体的转速为 $n=60\dfrac{f}{z}$(r/min)。

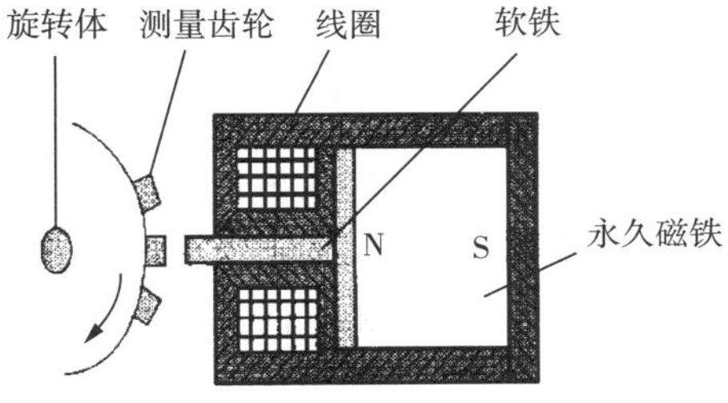

图 4-52　变磁通式速度传感器

4.6 压电传感器

压电式传感器的工作原理是基于某些物质的压电效应，实现压力到电量的转换。压电式传感器是一种典型的发电型传感器，以压电晶体为敏感元件的可逆型换能器，既可以将机械能转化为电能，又可以将电能转化为机械能。压电式传感器具有体积小、重量轻、结构简单、动态性能好等特点，可应用于力、压力、力矩、加速度、位移、温度、湿度等参量的测量，在机械、声学、医学、力学、工程爆破、宇航等方面都得到了广泛的应用。

4.6.1 压电效应

自然界的某些物质如石英、钛酸钡等，当受到外力作用时，不仅几何尺寸发生变化，而且内部极化，表面上有电荷出现，形成电场。当外力去掉时，又重新回复到原不带电状态，这种现象称为压电效应。若将这些物质置于电场中，其几何尺寸也发生变化，这种由于外电场作用导致物质机械变形的现象，称为逆压电效应或电致伸缩效应。

具有压电效应的材料称为压电材料，如石英、酒石酸钾钠等。下面以石英晶体为例，说明压电效应的机理。

天然石英晶体的基本形状为六角形晶柱。图 4－53(a) 所示即两端对称的棱锥。六棱柱是它的基本结构。纵轴线 z-z 称为光轴，通过六角棱线而垂直于光轴的轴线 x-x 称作电轴，垂直于棱面的轴线 y－y 称作机械轴，如图 4－53(b) 所示。

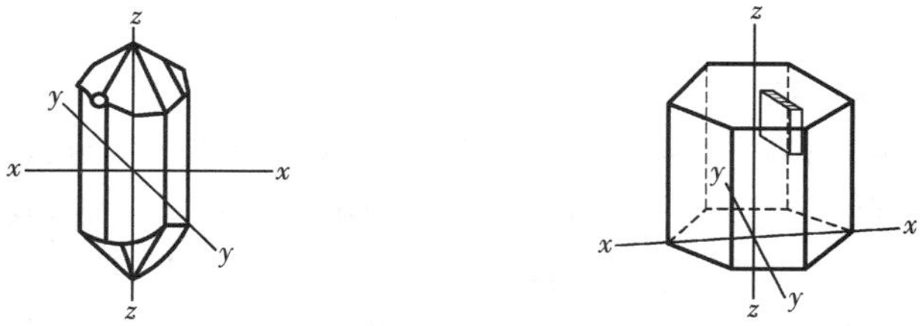

（a）两端对称的石英晶体　　（b）光轴、电轴和机械轴

图 4－53　石英晶体及其轴体示意图

如果从晶体中切下一个平行六面体，并使其晶面分别平行于 z-z，y-y，x-x 轴线，这个晶片在正常状态下不呈现电性。切片在受到沿不同方向的作用力时会产生不同的极化作用。当施加外力 F_x 时，晶片极化，并沿 x-x 方向形成电场，其电荷分布在垂直于 x-x 轴的平面上，如图 4－54(a) 所示，这种现象称为纵向压电效应。当沿 y 方向对晶片施加外力 F_y 时，则在晶片受力面的侧面产生电荷，如图 4－54(b) 所示。这种现象称为横向压电效应。沿 z 轴对晶片施加外力 F_z 时，则不论外力的大小和方向如何，晶片的表面都不会极化。若压电晶体受到多方向的作用力，晶体内部将产生一个复杂的应力场，会同时出现纵向效应和横向效应，压电体各表面都会积聚电荷。

实验证明，在极板上积聚的电荷量 q 与晶片所受的作用力 F 成正比，即

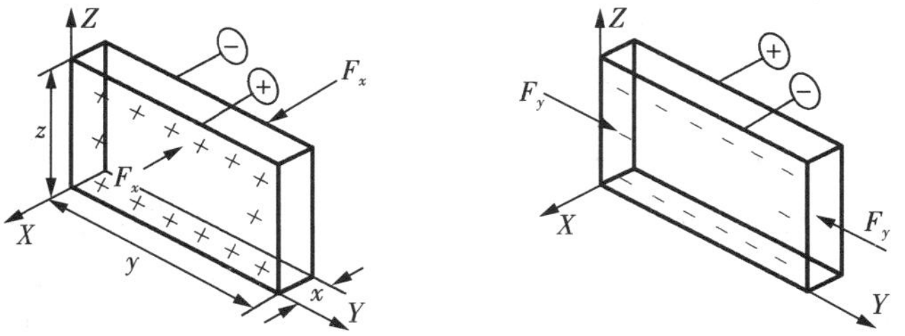

（a）纵向压电效应　　（b）横向压电效应

图 4－54　石英晶体受力后的极化现象

$$q = DF \tag{4-40}$$

式中：q 为电荷量（C，库仑）；

D 为压电常数，与材质及切片方向有关；

F 为作用力。

由式（4－40）可知，应用压电式传感器测得力值 F 的问题实质上就是如何测得电荷量 q 的问题。

4.6.2　压电材料

常用的压电材料大致可分为三类：压电单晶、压电陶瓷和有机压电薄膜。压电单晶为单晶体，常用的有 α－石英（SiO_2）、铌酸锂（$LiNbO_3$）、钽酸锂（$LiTaO_3$）等。压电陶瓷多为多晶体，常用的有钛酸钡（$BaTiO_3$）、锆钛酸铅（PZT）等。

石英是压电单晶中最具有代表性的，应用广泛。除天然石英外，还大量应用人造石英。石英的压电常数不高，但具有较好的机械强度和时间、温度稳定性。其他压电单晶的压电常数为石英的 2.5 ～ 3.5 倍，但价格较贵。水溶性压电晶体，如酒石酸钾钠（$NaKO_4H_4O_5 \cdot 4H_2O$）压电常数较高，但易受潮，机械强度低，电阻率低，性能不稳定。

现代声学技术和传感技术中最普遍应用的是压电陶瓷，其制作方便，成本低。压电陶瓷由许多铁电体的微晶组成，微晶再细分为电畴，因而压电陶瓷是许多畴形成的多畴晶体。当加上机械应力时，它的每一个电畴的自发极化会产生变化，但由于电畴的无规则排列，因而在总体上不现电性，没有压电效应。为了获得材料形变与电场呈线性关系的压电效应，在一定温度下对其进行极化处理，即利用强电场（1 ～ 4kV/mm）使其电畴规则排列，呈现压电性。极化电场去除后，电畴取向保持不变，在常温下可呈压电性。压电陶瓷的压电常数比单晶体高得多，一般比石英高数百倍。现在的压电元件大多数采用压电陶瓷。

钛酸钡是使用最早的压电陶瓷。其居里温度（材料温度达到该点电畴将被破坏，失去压电特性）低，约为 120℃。现在使用最多的是锆钛酸铅（PZT）系列压电陶瓷。PZT 是一材料系列，随配方和掺杂的变化可获得不同的材料性能。它具有较高的居里点（350℃）和很高的压电常数（70 ～ 590pC/N）。

高分子压电薄膜的压电特性并不很好，但它易于大批量生产，且具有面积大、柔软不易破碎等优点，可用于微压测量和机器人的触觉。其中以聚偏二氟乙烯（PVDF）最为著名。近年来压电半导体也开发成功。它具有压电和半导体两种特性，很容易发展成新型的集成传感器。

4.6.3　压电传感器及其等效电路

1. 压电式传感器的结构及等效电路

压电传感器的压电元件是在两个工作面上蒸镀有金属膜的压电晶片，金属膜构成两个电极，如图 4-55(a) 所示。当压电晶片受到力的作用时，便有电荷聚集在两极上，一面为正电荷，另一面为等量的负电荷。这种情况和电容器十分相似，所不同的是晶片表面上的电荷会随着时间的推移逐渐漏掉，因为压电晶片材料的绝缘电阻（也称漏电阻）虽然很大，但毕竟不是无穷大，从信号变换角度来看，压电元件相当于一个电荷发生器。从结构上看，它又是一个电容器。因此通常将压电元件等效为一个电荷源与电容相并联的电路如图 4-55(b) 所示。其中

$$e_a = \frac{q}{C_a} \tag{4-41}$$

式中：e_a 为压电晶片受力后所呈现的电压，也称为极板上的开路电压；

q 为压电晶片表面上的电荷；

C_a 为压电晶片的电容。

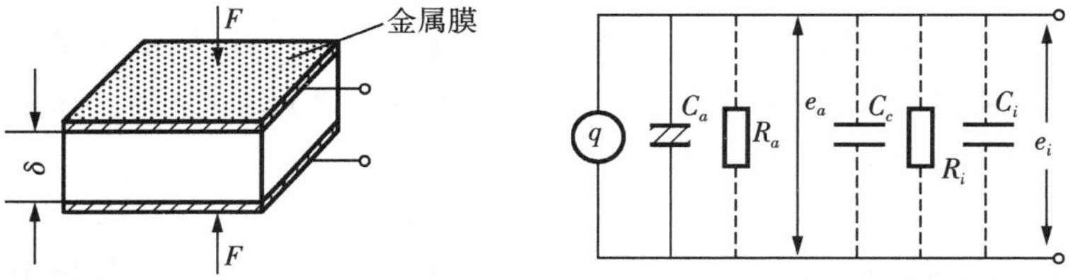

（a）压电晶片　　（b）等效电荷源

图 4-55　压电晶片及等效电路

实际的压电传感器中，往往用两片或两片以上的压电晶片进行并联或串联。压电晶片串联时如图 4-56(a) 所示，正电荷集中在上极板，负电荷集中在下极板，串联时传感器本身电容小，输出电压大，适于以电压为输出信号的场合。压电晶片并联时如图 4-56(b) 所示，两晶片负极集中在中间极板上，正电极在两侧的电极上，因而电容量大，输出电荷量大，时间常数大，宜于测量缓变信号并以电荷量作为输出。

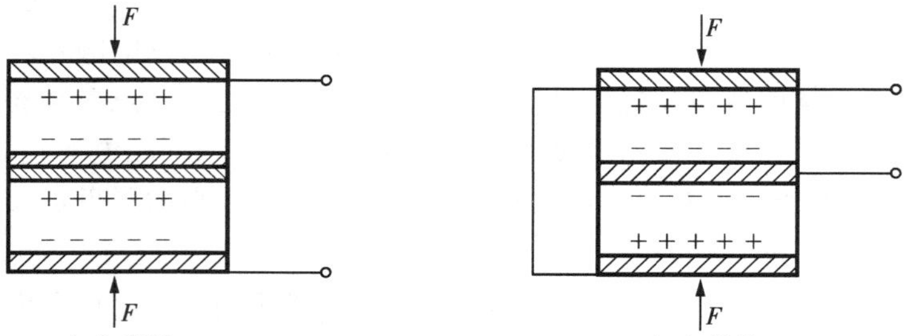

（a）串联　　（b）并联

图 4-56　压电晶片的串联和并联

压电传感器总是在有负载的情况下工作。设 C_i 为负载的等效电容，C_c 为压电传感器与负载间的连接电缆的分布电容，R_i 为负载的输入电阻，R_a 为传感器本身的漏电阻。则压电传感器接负载后等效电荷源电路中的等效电容为

$$C=C_a+C_c+C_i \tag{4-42}$$

等效电阻为

$$R_0=\frac{R_a \cdot R_i}{R_a+R_i} \tag{4-43}$$

压电元件在外力作用下产生的电荷 q，除了给等效电容 C 充电外，还将通过等效电阻 R_0 泄漏掉。在测量静态信号或缓变信号时，为使压电晶片上的电荷不消耗或泄漏，负载电阻 R_i 就必须非常大，否则将会由于电荷泄漏而产生测量误差，但 R_i 值不可能无限加大。因此用压电传感器测量静态信号或缓变信号是比较难以实现的。压电传感器用于动态信号的测量时，由于动态交变力的作用，压电晶片上的电荷可以不断补充，给测量电路一定的电流，使测量成为可能，因此压电传感器适用于动态信号的测量。

4.6.4　前置放大器

压电传感器的输出信号很弱小，必须进行放大后才能显示或记录。由前述分析知道，压电传感器要求后接的负载必须有高输入阻抗，因此压电式传感器后面的放大器必须具有以下两个主要功能：

(1) 阻抗转换。必须先将高输入阻抗转换为低阻抗输出，然后才能接入通用的放大、检波等电路及显示记录仪表。

(2) 放大传感器输出的微弱信号。压电传感器后面配接的以阻抗变换为第一功能的放大器称为前置放大器。

压电式传感器所配接的前置放大器有两种结构形式：一种是带电阻反馈的电压放大器，其输出电压与输入电压(传感器的输出电压) 成正比；另一种是带电容反馈的电荷放大器，其输出电压与输入电荷量成正比。

1. 电压放大器

图 4-57 所示是使用电压放大器时的传感器－电缆－放大器系统等效电路。放大器的输入电压(也即传感器的输出电压)e_i 为：

$$e_i=\frac{q}{C_a+C_c+C_i} \tag{4-44}$$

系统的输出电压为

$$e_y=Ke_i=\frac{qK}{C_a+C_c+C_i} \tag{4-45}$$

式中：K 为放大器的放大倍数。

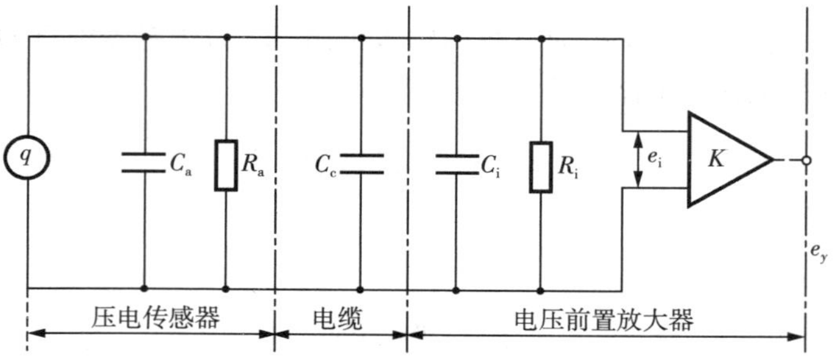

图 4-57 压电传感器—电缆—电压前置放大器等效电路

则该系统的电压灵敏度 S_e 为：

$$S_e=\frac{\mathrm{d}e_y}{\mathrm{d}q}=\frac{K}{C_a+C_c+C_i} \tag{4-46}$$

式(4-45)及式(4-46)表明测量系统的输出电压及灵敏度对电缆电容 C_c 敏感。当电缆长度变化时，C_c 就变化，使得放大器输出电压 e_y 变化，系统的电压灵敏度 S_e 也将发生变化，这就增加了测量的困难。

2. 电荷放大器

电荷放大器通常在反馈电容的两端并联一个大的反馈电阻 $R_f=10^8\sim10^{10}\,\Omega$，其功能是提供直流反馈，以提高电荷放大器工作稳定性和减小零漂。电荷放大器则克服了上述电压放大器的缺点。图 4-58 是传感器—电缆—电荷放大器系统的等效电路图。所以当略去传感器的漏电阻 R_a 和电荷放大器的输入电阻 R_i 影响时，有

$$\begin{aligned}q&\approx e_i(C_a+C_c+C_i)+(e_i-e_y)C_f\\&=e_iC+(e_i-e_y)C_f\end{aligned} \tag{4-47}$$

式中：e_i 为放大器输入端电压；

e_y 为放大器输出端电压 $e_y=-Ke_i$；

K 为电荷放大器开环放大倍数；

C_f 为电荷放大器反馈电容。

将 e_y 代入式(4-47)，可得到放大器输出端电压 e_y 与传感器电荷 q 的关系式：

$$e_y=\frac{-Kq}{(C+C_f)+KC_f} \tag{4-48}$$

当放大器的开环增益足够大时，则有 $KC_f\gg C+C_f$，式(4-48)简化为

$$e_y\approx-\frac{q}{C_f} \tag{4-49}$$

则该系统的电荷灵敏度 S_q 为：

$$S_q = \frac{\mathrm{d}e_y}{\mathrm{d}q} = -\frac{1}{C_f} \tag{4-50}$$

式(4－49)和式(4－50)表明，在一定条件下，电荷放大器的输出电压与传感器的电荷量成正比，而与电缆的分布电容无关，输出的电荷灵敏度 S_q 取决于反馈电容 C_f。所以，可以通过调节运算放大器反馈电容 C_f 的办法来改变电荷放大器的灵敏度大小。采用电荷放大器时，即使连接电缆长度达百米以上，其灵敏度也无明显变化，这是电荷放大器的主要优点。

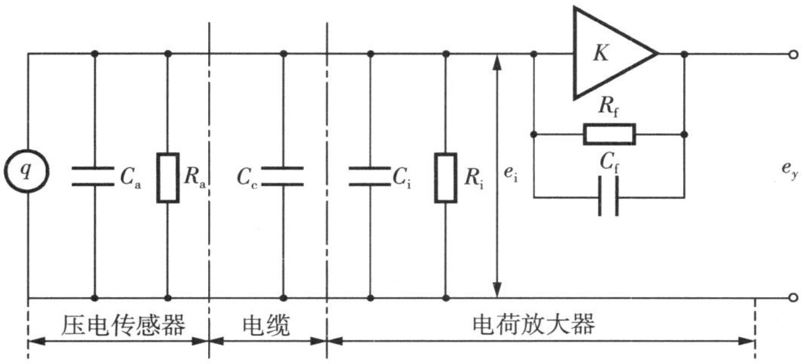

图 4－58　传感器－电缆－电荷放大器系统的等效电路

4.6.5　压电传感器的应用

压电式传感器属于发电类传感器，在无须外界供电的情况下，传感器受力后即有电压输出。压电式传感器与其他类型的传感器比较，其最大特点是固有频率高，而且频带很宽。压电式传感器主要用于测量动态参量，如应力、压力、振动的加速度，也用于声、超声和声发射等测量。

1. 压电式压力传感器

图 4－59(a)、图 4－59(b) 是压电式压力传感器及其特性曲线。当被测力 F(或压力 P) 通过外壳上的传力上盖作用在压电晶片上时，压电晶片受力，上下表面产生电荷，电荷量与作用力 F 成正比。电荷由导线引出接入测量电路(电荷放大器或电压放大器)。图 4－60 是压电式力传感器测量车床加工工件时的动态切削力的示意图。

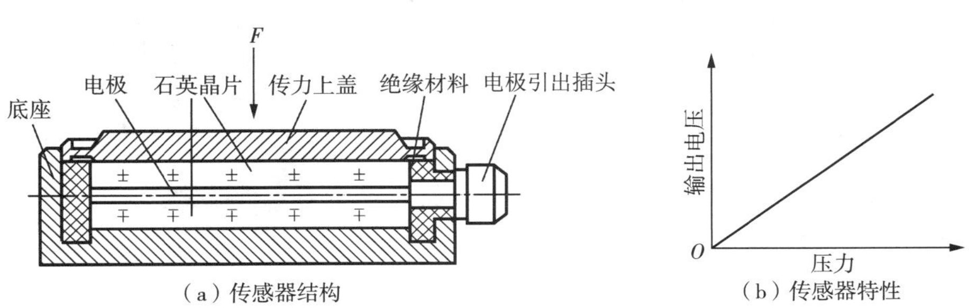

图 4－59　压电式压力传感器及其特性

（a）车床

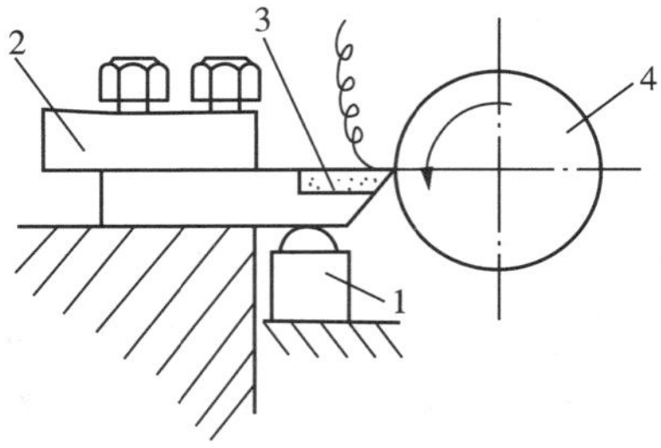

（b）动态切削力的测量

图 4－60　压电式动态力传感器

1－力传感器；2－夹具；3－车刀；4－工件

2. 压电式加速度传感器

图 4－61 所示是几种压电式加速度传感器的结构。压电式加速度传感器实质上是一个惯性力传感器。在压电元件上，放有质量块 M。当壳体随被测振动体一起振动时，作用在压电元件上的力为 $F=Ma$。当质量 M 一定时，压电晶体上产生的电荷与加速度 a 成正比。电荷由电极输出到传感器外，达到了加速度到电荷的转换。图 4－62 所示是各类压电式加速度传感器的外观。

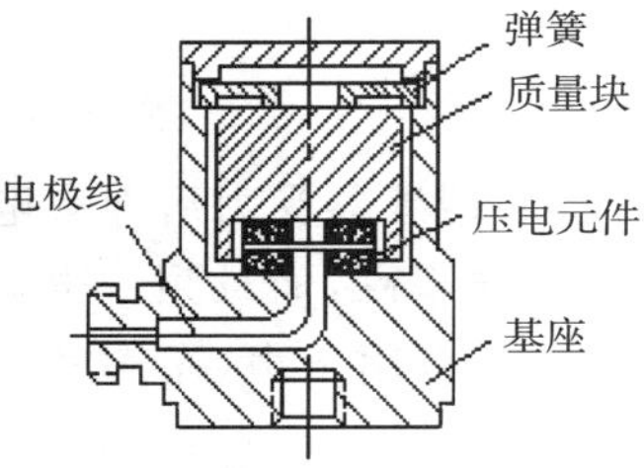

（a）中央安装压缩式

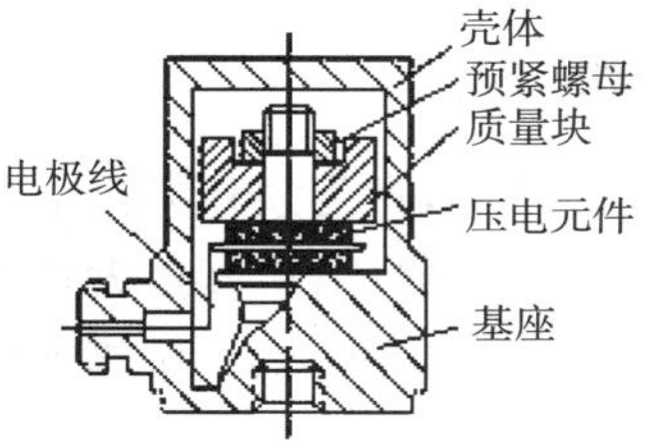

（b）隔离基座压缩式

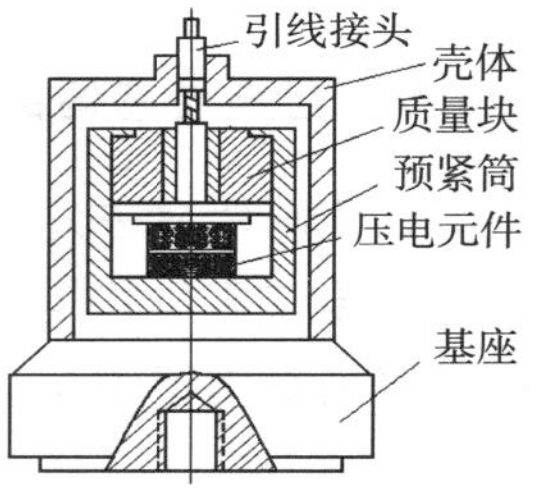

（c）隔离预载筒压缩式

图 4－61　压电式加速度传感器的结构

图 4－62　压电式加速度传感器

目前广泛使用集成压电式传感器，是一种高性能、低成本动态微压传感器，产品采用压电薄膜作为换能材料，动态压力信号通过薄膜变成电荷量，再经传感器内部放大电路转换成电压输出。该传感器具有灵敏度高，抗过载及冲击能力强，抗干扰性好，操作简便，体积小、重量轻、成本低等特点，广泛应用于医疗、工业控制、交通、安全防卫等领域。典型应用：脉搏计数探测；按键键盘以及触摸键盘；振动、冲击、碰撞报警；振动加速度测量；管道压力波动；其他机电转换、动态力检测；等等。图 4－63 所示为玻璃打碎报警装置，将高分子压电测振薄膜粘贴在玻璃上，可以感受到玻璃破碎时产生的振动，并将电压信号传送给集中报警系统。图 4－64 所示为医疗器械脉搏计中的压电传感器。

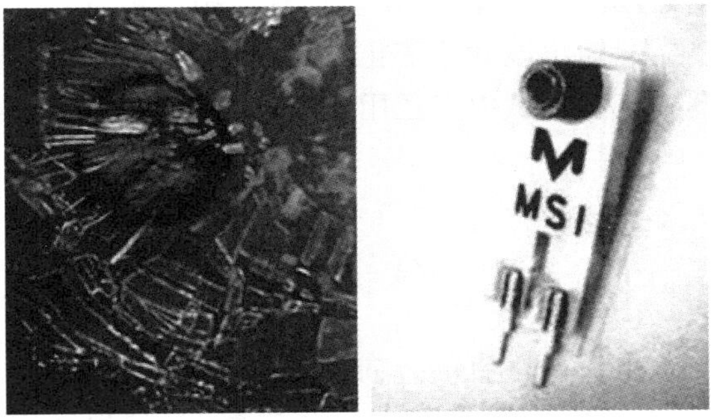

图 4－63　玻璃打碎报警装置

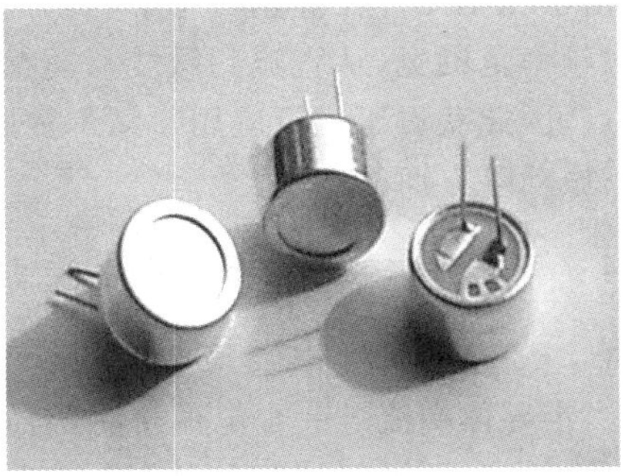

图 4－64　脉搏计

图 4－65 所示为压电传感器在交通监测领域中的应用。将高分子压电电缆埋在公路上，可以获取车型分类信息（包括轴数、轴距、轮距、单双轮胎）等。车速监测、收费站地磅、闯红灯拍照、停车区域监控、交通数据信息采集（道路监控）及机场滑行道等。

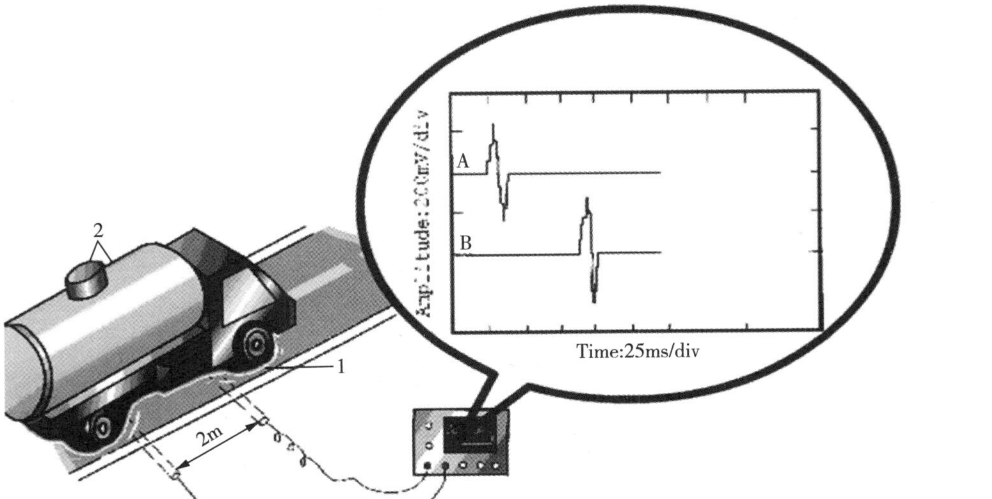

图 4－65　高分子压电电缆监测交通信息

4.7　霍尔传感器

霍尔传感器基于霍尔效应工作，将被测量转化为电动势输出的一种传感器，其传感元件是霍尔元件。1879 年美国物理学家霍尔首先在金属材料中发现了霍尔效应，但由于金属材料的霍尔效应太弱而没有得到应用。随着半导体技术的发展，开始用半导体材料制成霍尔元件，由于它的霍尔效应显著而得到应用和发展。

由于霍尔元件在静止状态下，具有感受磁场的独特能力，并且具有结构简单、体积小、噪声小、频率范围宽（从直流到微波）、动态范围大（输出电动势变化范围可达 1000∶1）、寿命长等特点，因此获得了广泛应用。霍尔传感器在工程测试中广泛用于电磁测量、位移、压力、加速度、振动等方面的测量。

4.7.1　霍尔效应及霍尔元件

1. 霍尔传感器的传感原理

当半导体中流过一个电流 I 时，若在与该电流 I 垂直的方向上外加一个磁场 B，则在与电流及磁场分别平行的两个面上会产生一个电压 U_H。U_H 称为霍尔电势，这种现象称为霍尔效应。产生霍尔效应的元件称为霍尔元件。

如图 4-66 所示，一块长为 l、宽为 b、厚为 d 的半导体薄片置于磁感应强度为 B 的磁场（磁场方向垂直于薄片）中。当有电流 I 流过时，在垂直于电流和磁场的方向上将产生电动势 U_H。假设薄片为 N 型半导体，在薄片左右两端通以控制电流 I，则半导体中的载流子（电子）沿着与电流 I 相反的方向运动。由于外磁场 B 的作用，使电子受到磁场力 F_L（洛伦兹力）而发生偏转，结果在半导体的后端面上电子积累带负电，而前端面缺少电子带正电，在前后端面间形成电场。该电场产生的电场力 F_E 阻止电子继续偏转。当 F_E 和 F_L 相等时，电子积累达到动态平衡。这时在半导体前、后两端面之间（即垂直于电流和磁场方向）建立电场，称为霍尔电场 E_H，相应的电势称为霍尔电势 U_H。

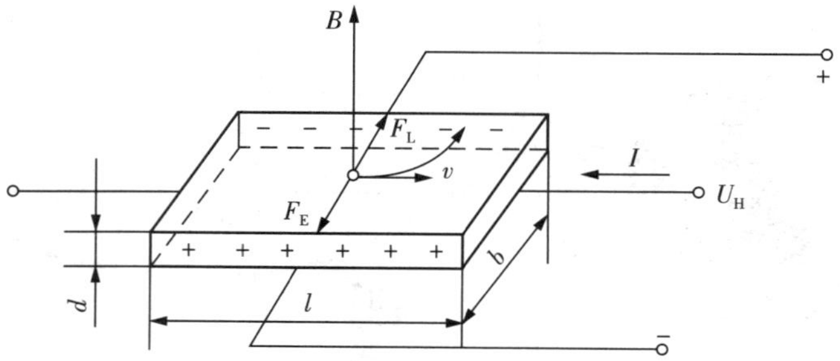

图 4-66　霍尔效应原理图

霍尔传感器中的霍尔元件一般是一块矩形半导体单晶薄片，外形及结构示意图如图 4-67(a) 和图 4-67(b) 所示，它由霍尔片、引线和壳体组成。霍尔片上引出四个引线，1、1′ 两根引线加激励电流 I，称为激励电极；2、2′ 引线为霍尔电势输出引线，称为霍尔电极。霍尔元件壳体由非导磁金属、陶瓷或环氧树脂封装而成。在电路中霍尔元件可用两种符号表示，如图 4－67(c) 所示。

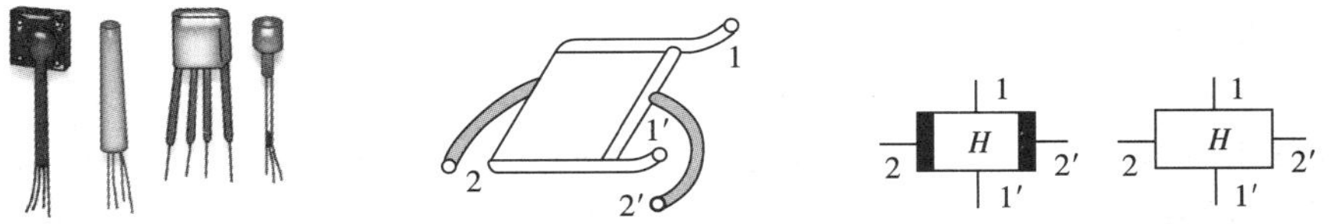

(a) 霍尔元件的外形　(b) 霍尔元件的结构示意图　(c) 霍尔元件的电路符号

图 4－67　霍尔元件

在霍尔元件薄片的相对两面焊上电极引出线，薄片的相对两面也是磁场感受面。若薄片的厚度为 h，则在有霍尔效应时产生的霍尔电势 U_H 为

$$U_H = \frac{IB}{ned}\sin\alpha \tag{4-61}$$

式中，U_H 为霍尔电势；I 为霍尔元件的控制电流；B 为磁场强度；d 为霍尔元件的厚度；α 为控制电流 I 与磁场方向的夹角；e 为电子电荷量；n 为霍尔元件中的电子浓度。

令 $R_H = \frac{1}{ne}$ 称为霍尔常数，且当 $\alpha = 90°$ 时，有

$$U_H = \frac{R_H}{d}IB \tag{4-62}$$

令 $K_H = \frac{R_H}{d}$ 称为霍尔元件的灵敏度，则有

$$U_H = K_H IB \tag{4-63}$$

由此可知，霍尔元件的灵敏度取决于霍尔元件材料的性质(R_H)和霍尔元件的尺寸(d)，要得到灵敏度高的霍尔元件，除了要减小元件的厚度 d，主要是要寻找霍尔系数大的材料。金属材料中自由电子浓度 n 很高，因此 R_H 很小，输出 U_H 极小，不宜作霍尔元件。霍尔式传感器中的霍尔元件都是由半导体材料制成的。如果是 P 型半导体，其载流子是空穴。一般电子迁移率大于空穴迁移率。因此霍尔元件多用 N 型半导体材料，霍尔元件越薄(即 d 越小)，k_H 就越大，所以一般霍尔元件都比较薄。薄膜霍尔元件的厚度只有 1μm 左右。常见的霍尔材料有锗(Ge)、硅(Si)、砷化铟(InAs)和锑化铟(InSb)等，其中砷化铟和锑化铟的霍尔系数大，灵敏度高。

4.7.2　霍尔式传感器的应用

霍尔式传感器可用于直接检测磁场或磁特性，或者以磁场作为信息的载体，检测非电、非磁的物理量如力、力矩、压力、应力、位置、位移、速度、加速度、角度、角速度、转速、转数、导磁材料中的裂纹以及工作状态发生变化的时间等，转变为电量来进行检测和控制。

1. 霍尔式位移传感器

霍尔式位移传感器工作时，保持霍尔元件的控制电流 I 恒定，使其在一个有均匀梯度的

磁场中移动，则霍尔电势与位移量成正比，可表示为

$$U_H = K_x \cdot x \tag{4-64}$$

式中：x 为沿磁场 X 方向的位移量；K_x 为位移传感器的灵敏系数。

磁场梯度越大，灵敏度越高；磁场梯度越均匀，输出电势线性度越好。这种传感器可测 ± 0.5mm 的小位移，其特点是惯性小，响应速度快，无触点测量。在此基础上，也可以测量与位移有关的机械量，如力、压力、振动、应变、加速度等。如图 4-68 所示为三种不同结构的霍尔式位移传感器。

图 4-68(a) 是磁场强度相同的两块永久磁铁，同极性相对地放置，霍尔元件处在两块磁铁的中间。由于磁铁中间的磁感应强度 $B=0$，因此霍尔元件输出的霍尔电势 U_H 也等于零，此时位移 $\Delta x=0$。若霍尔元件在两磁铁中产生相对位移，霍尔元件感受到的磁感应强度也随之改变，这时 U_H 不为零，其量值大小反映出霍尔元件与磁铁之间相对位置的变化量，这种结构的传感器，其动态范围可达 5mm，分辨率为 0.001mm。

图 4-68(b) 所示是一种结构简单的霍尔位移传感器，由一块永久磁铁组成磁路的传感器，在 $\Delta x=0$ 时，霍尔电压不等于零。

图 4-68(c) 是一个由两个结构相同的磁路组成的霍尔式位移传感器，为了获得较好的线性分布，在磁极端面装有极靴，霍尔元件调整好初始位置时，可以使霍尔电压 $U_H=0$。这种传感器灵敏度很高，但它所能检测的位移量较小，适合于微位移量及振动的测量。

在以上三种霍尔式位移传感器中，图 4-68(a) 所示的霍尔式位移传感器，磁场梯度变化最均匀，输入与输出的线性度最佳。

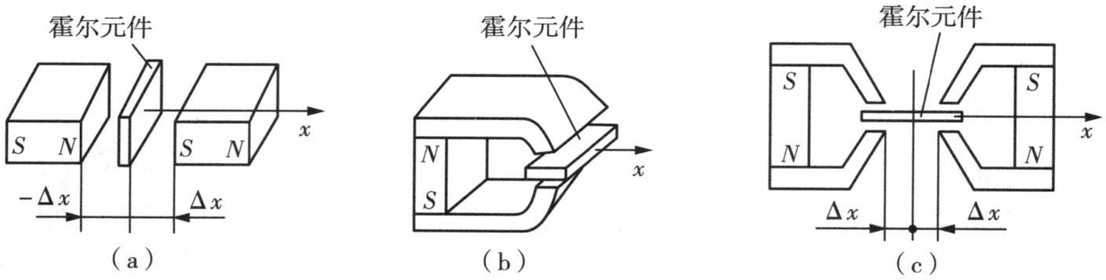

图 4-68　霍尔位移传感器的工作原理图

2. 霍尔式转速传感器

图 4-69 是几种不同结构的霍尔式转速传感器。磁性转盘的输入轴与被测转轴相连，当被测转轴转动时，磁性转盘随之转动，固定在磁性转盘附近的霍尔传感器便可在每一个小磁

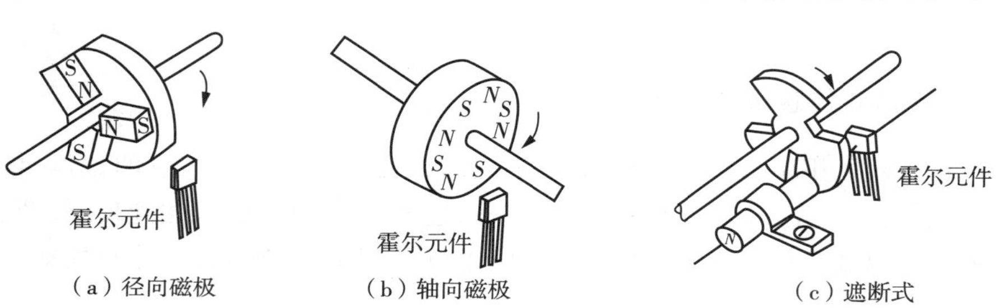

图 4-69　转速测量时磁极的设置

铁通过时产生一个相应的脉冲，检测出单位时间的脉冲数，便可知被测转速。磁性转盘上小磁铁数目的多少决定了传感器测量转速的分辨率。

霍尔转速传感器在车速测量、电子水表水量计量等应用中可作为检测元件。

3. 霍尔式压力传感器

任何非电量只要能转换成位移量的变化，均可利用霍尔式位移传感器的原理变换成霍尔电势。霍尔式压力传感器就是其中的一种。它首先由弹性元件将被测压力变换成位移，由于霍尔元件固定在弹性元件的自由端上，因此弹性元件产生位移时将带动霍尔元件，使它在线性变化的磁场中移动，从而输出霍尔电势。霍尔式压力传感器的结构原理如图 4－70 所示。弹性元件可以是波登管、膜盒或弹簧管，图中弹性元件为波登管，其一端固定，另一自由端安装在霍尔元件中。当输入压力增加时，波登管伸长，使霍尔元件在恒定梯度磁场中产生相应的位移，输出与压力成正比的霍尔电势。

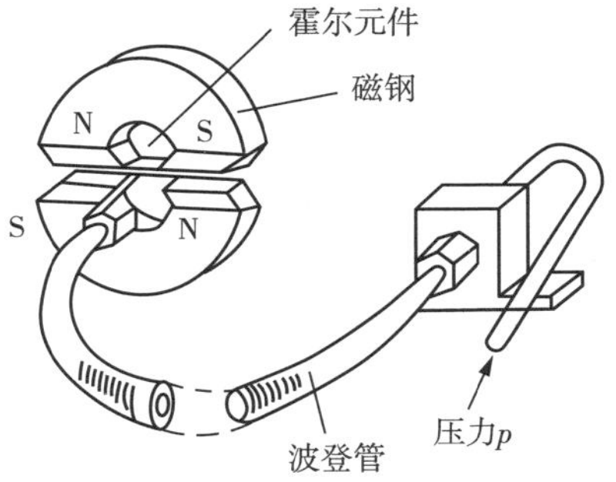

图 4－70　霍尔式压力传感器结构原理图

4.8　半导体传感器

半导体传感器主要是利用半导体材料对磁、光、热、气体、湿度等物理量的敏感性而工作的，它们属于物性型传感器的范畴。具有以下有优点：(1) 由于物性型传感器工作是基于物理变化的，因而无相对运动部件，故其结构简单、体积小、重量轻、易于实现微型化；(2) 灵敏度高，动态性能好，输出为电物理量；(3) 采用半导体为敏感材料容易实现传感器集成化和智能化；(4) 功耗低，安全可靠。同时，半导体传感器也存在一些缺点，如线性范围窄、输出特性易受温度影响以及性能参数离散性大等。但随着大规模集成电路技术的不断发展，半导体传感器技术的发展也日趋完善，是传感器技术发展的一个重要方向。

从所使用材料来看，凡是使用半导体为材料的传感器都属于半导体传感器，如霍尔元件、光敏二极管和光敏晶体管、光电池、光敏电阻、半导体应变片、磁敏传感器、热敏电阻、气敏传感器、湿敏传感器、色敏传感器和离子敏传感器等。其中有些内容在前面几节中已有论述。本节主要介绍气敏传感器、湿敏传感器和热敏电阻。

4.8.1　气敏传感器

气体传感器是 20 世纪 60 年代产生的一种新型传感器。气体传感器是利用材料的物理和化学性质受气体作用后发生变化的原理而工作的一种器件，是一种将检测到的气体成分和浓度转换为电信号的传感器。在现代社会的生产和生活中，会接触到各种各样的气体，需要进行检测和控制，比如化工生产中气体成分的检测与控制，煤层气浓度的检测与报警，环境污染情况的监测，煤气泄漏、火灾报警、燃烧情况的检测与控制、机器人的嗅觉等方面。

由于气体种类繁多，性质各不相同，不可能用一种传感器检测所有类别的气体，因此，能实现气 — 电转换的传感器种类很多，按构成气敏传感器材料可分为半导体和非半导体两大类。由于半导体气体传感器具有灵敏度高、响应快、使用寿命长和成本低等优点，目前实际使用较多的是半导体气敏传感器，这里着重介绍半导体气敏传感器。

1. 气敏传感器的工作原理

半导体气体传感器是利用半导体气敏元件同气体接触后，造成半导体性质（电导率）变化来检测特定气体的成分或者测量其浓度。

半导体气体传感器大体上可分为两类：电阻式和非电阻式。电阻式半导体气体传感器是利用气敏半导体材料，如氧化锡（SnO_2）、氧化锰（MnO_2）等金属氧化物制成敏感元件，当它们吸收了可燃气体的烟雾，如氢、一氧化碳、烷、醚、醇、苯以及天然气、沼气等时，利用半导体材料的这种特性，将气体的成分和浓度变换成电信号，进行监测和报警。由于它们具有对气体辨别的特殊功能，故称为“电鼻子”。

电阻式半导体气体传感器是应用较多的一种。它利用气敏半导体材料，如氧化锡（SnO_2）、氧化锰（MnO_2）等金属氧化物制成敏感元件，当它们吸附了可燃气体的烟雾，如氢、一氧化碳、烷、醚、醇、苯以及天然气、沼气等时，会发生还原反应，放出热量，使元件温度相应增高，传感器电阻随气体浓度而变化。这类气体传感器中都有电极和加热丝。前者用于输出电阻值，后者用来烧灼敏感材料表面的油垢和污物，以加速被测气体的吸、脱过程的进程。

图 4 - 71 所示为典型气敏元件的阻值-浓度关系。从图中可以看出，元件对不同气体的敏感程度不同，如对乙醚、乙醇、氢气等具有较高的灵敏度，而对甲烷的灵敏度较低。一般随气体的浓度增加，元件阻值明显增大，在一定范围内呈线性关系。

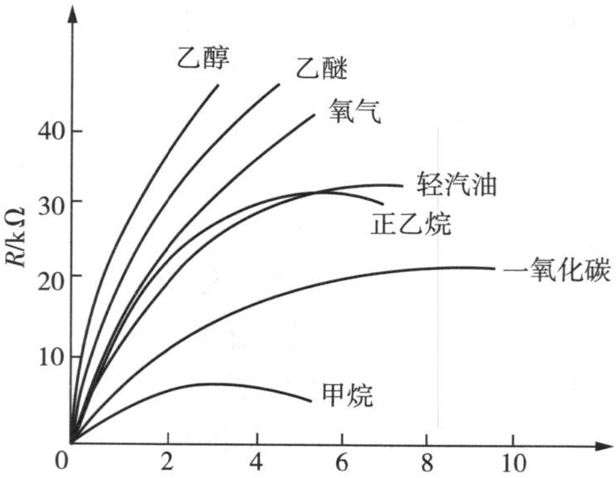

图 4 - 71　气敏元件的阻值-浓度关系

2. 半导体气敏传感器的应用

气敏传感器广泛应用于防灾报警，可制成液化石油气、天然气、城市煤气、煤矿瓦及有毒气体等方面的报警器，也可用于对大气污染进行监测及在医疗上用于对氧气、一氧化碳等气体的测量，生活中则可用于空调机、烹调装置、酒精浓度探测等方面。

图 4-72(a) 所示为便携式瓦斯超限报警器，该装置体积小，质量轻，电路简单，工作可靠。图 4-72(b) 所示为便携式酒精检测仪，现广泛应用于交警监测酒驾的工作中。图 4-72(c) 所示为家用烟雾报警器，一般安装在厨房，能及时对家庭火灾进行有效防范。

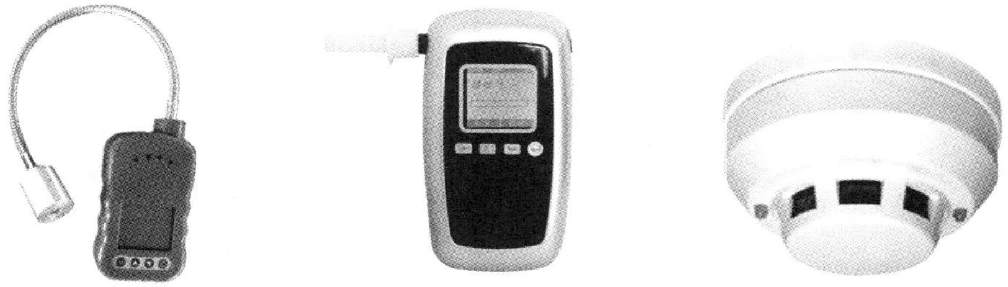

（a）便携式瓦斯超限报警器　（b）便携式酒精检测仪　（c）家用烟雾报警器

图 4-72　常用气体检测传感器

4.8.2　湿敏传感器

湿度是指大气中的水蒸气含量，通常采用绝对湿度和相对湿度两种表示方法。绝对湿度是指单位空间中所含水蒸气的绝对含量。相对湿度表示空气中的绝对湿度与同温度下的饱和状态的绝对湿度的比值，一般用符号 RH(%) 表示。相对湿度给出大气的潮湿程度，它是一个无量纲的量，在实际使用中多使用相对湿度这一概念。

在工农业生产和人们日常生活中，对湿度的测量和控制已非常普遍。如大规模集成电路车间要求相对湿度不低于 30%，否则会造成元器件损伤；存储粮食、茶叶等的仓库内湿度不宜过大，否则原材料会发霉；育苗厂房、食用菌大棚等对湿度也要严格控制。用于湿度测量的湿敏传感器有多种形式，半导体陶瓷湿敏传感器是其中常用的一种。

1. 半导体陶瓷湿敏传感器的工作原理

半导体陶瓷湿敏传感器是由两种以上金属氧化物混合烧结而成的多孔陶瓷，是根据感湿材料吸附水分后其电阻率发生变化的原理进行湿度检测的。制作半导体陶瓷湿敏传感器的材料有铬酸镁－二氧化钛($MgCr_2O_4-TiO_2$)、五氧化二钒－二氧化钛($V_2O_5-TiO_2$)、氧化锌－三氧化二铬($ZnO-Cr_2O_3$)、四氧化三铁(Fe_3O_4)等。其基本原理是：水分子在陶瓷晶粒间界面的吸附可离解出大量的导电离子，这些离子起着运输电荷的作用，导致材料电阻下降。大多数半导体陶瓷材料属于负感湿特性的半导体材料，其阻值会随着环境湿度的增加而降低。随着湿度的增加，此类半导体陶瓷的阻值可下降 3 ～ 4 个数量级。

图 4-73(a) 所示是 $MgCr_2O_4-TiO_2$ 陶瓷湿敏传感器的结构图。在其陶瓷片的两面涂覆多孔的金电极，并用掺金玻璃粉将引出线与金电极烧结固定。在陶瓷片的外面放置一个由镍铬丝绕制的加热清洗线圈，以便对其及时加热清洗，排除有污染的有害气体。整个器件

安装在一个高度致密、疏水性的陶瓷基片上。为消除底座上的两个测量电极之间由于吸湿和污染引起的漏电，在两电极周围设置了金短路环。图 4-73(b) 所示是 $MgCr_2O_4-TiO_2$ 陶瓷湿敏传感器的感湿特性。

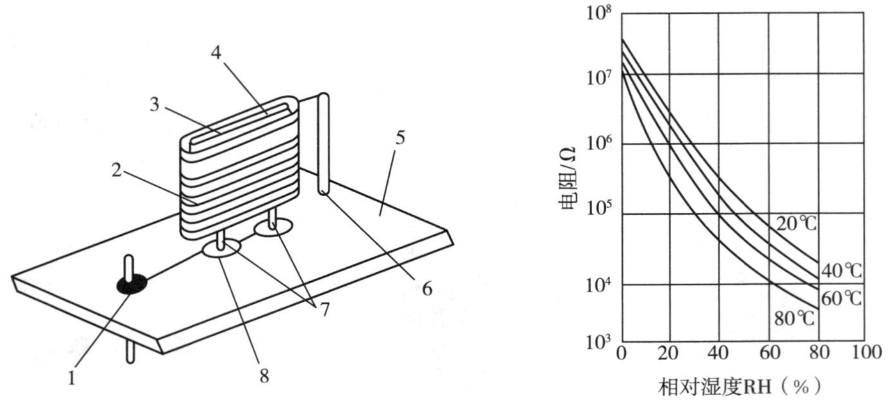

（a）结构图 （b）感湿特性

图 4-73 $MgCr_2O_4-TiO_2$ 陶瓷湿敏传感器

1—加热线圈引线(左)；2—镍铬丝加热清洗线圈；3—金电极；4—$MgCr_2O_4-TiO_2$ 感湿陶瓷
5—陶瓷基片；6—加热线圈引线(右)；7—测量电极；8—金短路环

2. 湿敏传感器的应用

在工农生产中，湿敏传感器常常用于特定工作生产环境的湿度控制，比如半导体生产车间、温室大棚、粮食仓库、实验室、煤矿井下工作环境等；在气象观测中用于空气湿度的检测；民用中，空调湿度控制、汽车后窗玻璃自动去湿装置等。图 4-74 所示是一些常用的不同类型的湿度传感器。在不同的场合，对湿敏传感器的要求也不同，使用中需要合理地选择湿敏传感器，以满足使用要求。

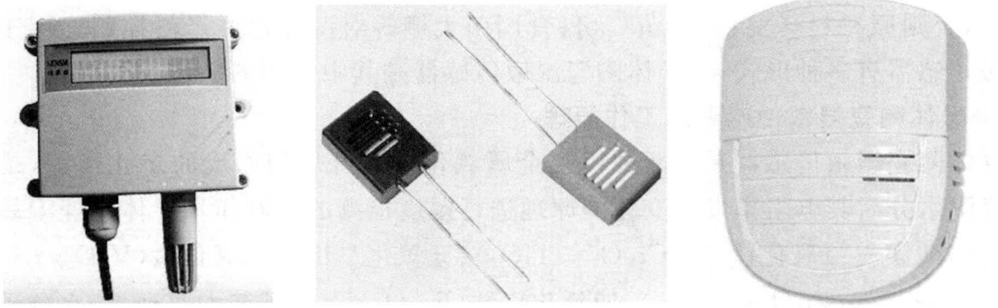

图 4-74 常用湿度传感器

4.8.3 热敏电阻

半导体热敏电阻是利用电阻值随温度变化的特性测量温度，它是由某些金属氧化物(如 NiO、$MriO_2$、CuO、TiO_2) 按不同的比例配方烧结制成的。热敏电阻的测温范围一般在 -50

～300℃(高温热敏电阻可测到 700℃,低温热敏电阻可测到－250℃),特性呈非线性,使用时一般需要线性补偿。

不同的热敏电阻材料具有不同的电阻—温度特性,按温度系数的正负,将其分为正温度系数热敏电阻、负温度系数热敏电阻和临界温度系数热敏电阻。各热敏电阻的温度特性曲线如图 4－75 所示。

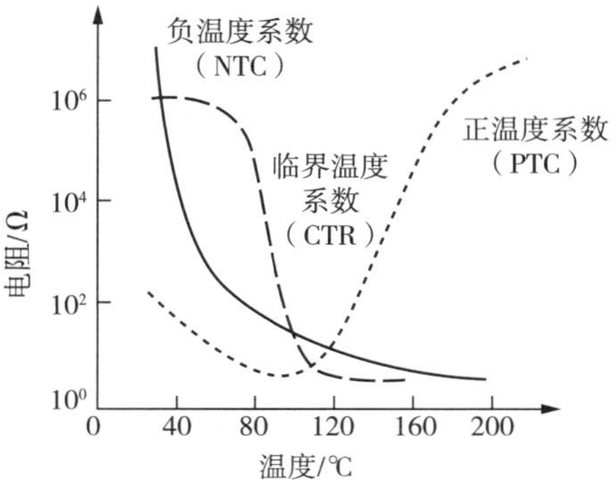

图 4－75　各热敏电阻的温度特性曲线

热敏电阻主要包括热敏探头、引线和壳体三部分。根据具体的使用要求,可将热敏电阻制成圆片形、圆柱形、珠形、杆形等各种各样的形状,如图 4－76 所示。

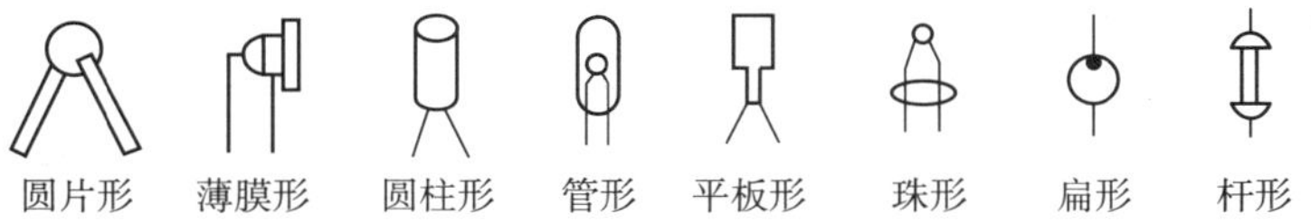

图 4－76　热敏电阻的结构形式

热敏电阻应用非常广泛,在家用电器、农业、医疗卫生、汽车等方面都有广泛的应用。

4.9　其他新型实用传感器

4.9.1　光电式传感器

光电式传感器是基于光电效应将光信号转换为电信号输出的一种传感器。光电式传感器具有非接触、高灵敏度、高精度、高分辨力、高可靠性、响应快和结构简单等特点。它既可以用于检测直接引起光量变化的非电量,如光强、光照度、辐射测温、气体成分分析等;也可用来检测能转换成光量变化的其他非电量,如物体尺寸、表面粗糙度、材料应变、位移、振动、速度、加速度,以及物体的形状、工作状态的识别等。其缺点是对测量的环境条件要求较高。

光电式传感器系统一般由光源、敏感组件和光电组件三部分组成。光源发射的光经过被测量的环境,通过传感组件感知光的某个物理量变化,再由光电组件接收检测。其输出的电量可以是模拟量，也可以是数字量。光电式传感器现阶段主要有光电传感器、光数字传感器和电荷耦合器件三大类。

1. 光电式传感器工作原理

光电式传感器的工作原理是基于某些物质的光电效应。光照射到某些物质上，引起物质的电性质发生变化，也就是光能量转换成电能，这类光导致物质电性质改变的现象统称为光电效应。光电式传感器的工作原理就是基于光电效应。通常把光电效应分为三类，即外光电效应、内光电效应和光生伏特效应。

(1) 外光电效应

外光电效应是指在光线作用下物体内的电子逸出物体表面向外发射的物理现象。从物理学得知，光具有波粒二象性，即光在传播时体现出波动性，与物质互相作用时体现出粒子性。光波段内电磁波是利用量子化“粒子”光子的形式进行描述，根据爱因斯坦光电理论，光电子所具有的初始动能可由下式表述，即

$$E_K = \frac{1}{2} m {v_0}^2 = h\upsilon - A_0 \tag{4-65}$$

式中：m 为电子质量，9.3×10^{-23} kg；

v_0 为电子逸出时的初速度，m/s；

h 为普朗克常数，6.26×10^{-34} J·S；

υ 为光的频率，Hz；

A_0 为表面溢出功，J。

由式(4-65)可知，电子逸出时所具有的初始动能 E_K 与光的频率有关，频率高则动能大。基于外光电效应的光电器件属于光电发射型器件，有光电管、光电倍增管等。光电管有真空光电管和充气光电管。

(2) 内光电效应

物体在光线作用下，内部载流子浓度增大，使电导率增大的现象称为内光电效应，又称光电导效应。基于该效应的光电元件有光敏电阻、光电晶体管等。

(3) 光生伏特效应

物体在光线作用下，产生一定方向电动势的现象称为半导体光生伏特效应。基于该效应的光电元件有光电池。

2. 光电元件

(1) 光敏电阻

光敏电阻是用半导体材料制成的纯电阻元件，当无光照射时，光敏电阻(暗电阻)值很大，电路中暗电流很小；当光敏电阻受到一定波长范围的光照射时，它的电阻(亮电阻)急剧减少，电路中光电流迅速增大。光敏电阻没有极性，使用时既可加直流电压，也可加交流电压。

图 4-77(a) 所示为金属封装的硫化镉光敏电阻的结构。在玻璃底板上均匀地涂上一层薄薄的半导体物质，称为光导层。半导体的两端装有金属电极，金属电极与引出线端相连接，光敏电阻通过引出线端接入电路。为了提高灵敏度，光敏电阻的电极一般采用梳状图案，如图 4-77(b) 所示。图 4-77(c) 所示为光敏电阻的接线图。

（a）光敏电阻结构　（b）光敏电阻电极　（c）光敏电阻接线图

图 4－77　光敏电阻与电路

光敏电阻的主要参数有暗电阻、暗电流、亮电阻、亮电流、光电流等。光敏电阻不受光照射时的阻值为暗电阻，此时流过的电流为暗电流；光敏电阻在受到光照射时的阻值为亮电阻，此时流过的电流为亮电流；亮电流与暗电流之差称为光电流。

（2）光电池

光电池是利用光生伏特效应把光直接转变成电能的器件。它是基于光生伏特效应制成的，是发电式有源元件。

图 4－78 所示为硅光电池的结构及电路图。在一块 N 型硅片上用扩散的办法掺入一些 P 型杂质（如硼）形成 PN 结。当光照到 PN 结区时，如果光子能量足够大，将在结区附近激发出电子－空穴对，在 N 区聚积负电荷，P 区聚积正电荷，这样 N 区和 P 区之间出现电位差。若将 PN 结两端用导线连起来，电路中有电流流过，电流的方向由 P 区流经外电路至 N 区。若将外电路断开，就可测出光生电动势。

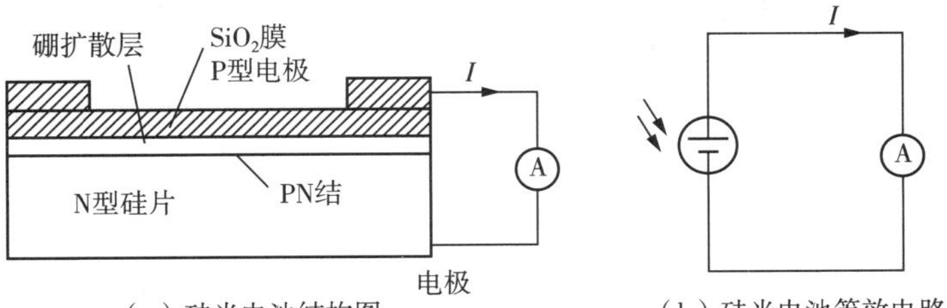

（a）硅光电池结构图　（b）硅光电池等效电路图

图 4－78　硅光电池的结构与等效电路

（3）光敏二极管和光敏三极管

光敏二极管和光敏三极管工作原理是基于内光电效应。光敏二极管的结构与一般二极管相似，其基本结构也是一个 PN 结。它装在透明玻璃外壳中，其 PN 结装在管的顶部，可以直接受到光照射。光敏二极管在电路中一般是处于反向工作状态，没有光照射时，反向电阻很大，反向电流很小。受光照射时，PN 结附近受光子轰击，吸收其能量而产生电子－空穴对，使通过 PN 结的反向电流大为增加，形成了光电流。光敏二极管的结构、符号及接线如图 4－79 所示。

光敏三极管有 PNP 型和 NPN 型两种。其结构与一般三极管相似，具有两个 PN 结。发射极一边做得很大，以扩大光的照射面积。大多数光敏三极管基极不接引线，当集电极加上相对于发射极为正的电压而不接基极时，集电结就是反向偏压，当光照射在集电结时，就会

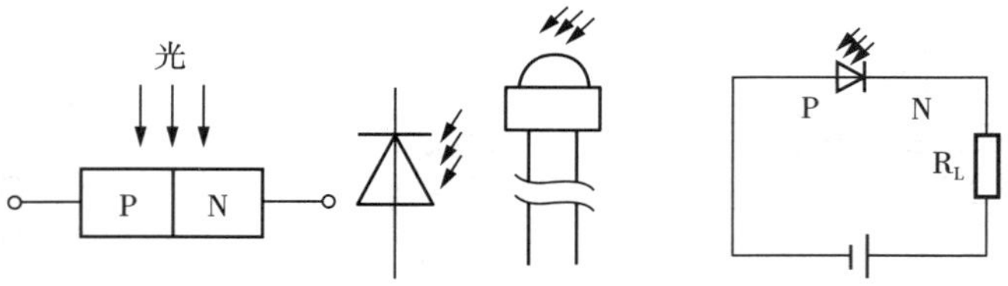

图 4-79　光敏二极管的结构、符号及接线

在结附近产生电子一空穴对，光生电子被拉到集电极，基区留下空穴，使基极与发射极间的电压升高，这样便会有大量的电子流向集电极，形成输出电流，并且是光电流的β倍。光敏三极管的结构、符号及接线如图 4-80 所示。

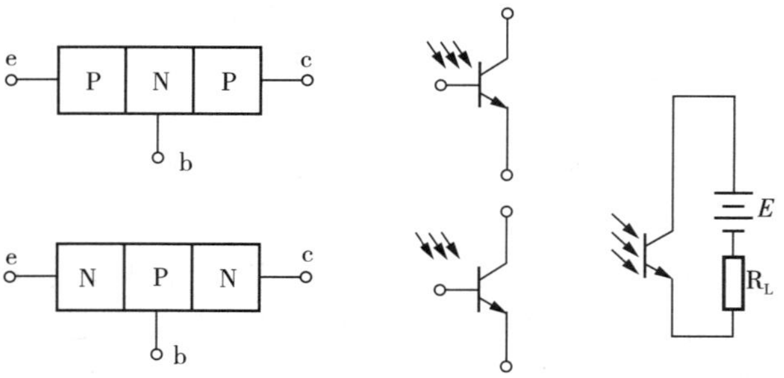

图 4-80　光敏三极管的结构、符号及接线

(4) 光电开关

光电开关是结型光电器件的一个典型应用，它是一种利用感光元件对变化的入射光加以接收，并进行光电转换，同时进行放大，最终获得输出"开""关"信号的器件。发光器件常采用发光二极管，接收器件常采用光电二极管、光电三极管等。光电开关一般有透射式和反射式两种。

图 4-81(a) 所示为透射式光电开关的结构，它的发光元件和接收元件的光轴是重合的。当不透明的物体位于或经过它们之间时，会阻断光路，使接收元件接收不到来自发光元件的光，这样就会输出"开"或"关"信号。

图 4-81(b) 所示为一种反射式的光电开关的结构，它的发光元件和接收元件的光轴在同一平面且以某一角度相交，交点一般即为待测物所在处。当有物体经过时，接收元件将接

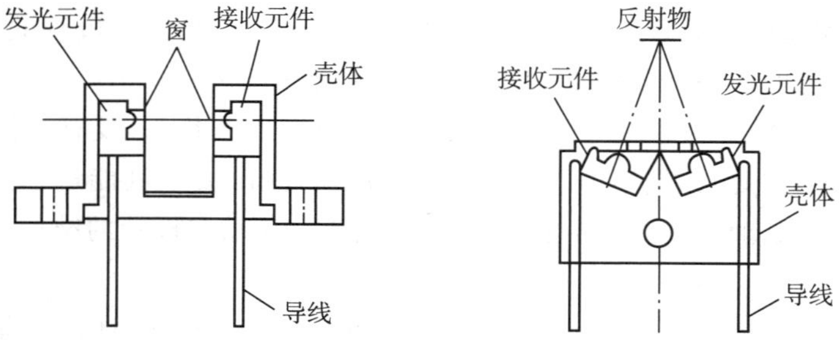

(a) 透射式光电开关　(b) 反射式光电开光

图 4-81　光电开关结构

收到从物体表面反射的光，没有物体时则接收不到，这样就会输出“开”或“关”信号。

光电开关的特点是小型、高速、非接触，而且与 TTL 和 CMOS 等电路容易结合。

3. 光电传感器的应用

光电传感器在工业上的应用可归纳为辐射式、吸收式、遮光式、反射式 4 种基本形式，其工作原理如图 4-82 所示。

图 4-82(a) 所示为辐射式光电传感器，光辐射本身是被测物，被测物发出的光通量射向光电元件。可用于光电比色高温计，它的光通量是被测温度的函数；图 4-82(b) 所示为吸收式光电传感器让恒光源的光通量穿过被测物，部分被吸收后到达光电元件上。吸收量决定于被测物介质中被测的参数。例如，测量液体、气体的透明度、浑浊度的光电比色计；图 4-82(c) 所示为遮光式光电传感器，从恒光源发射到光电元件的光通量遇到被测物，被遮住了一部分，由此改变了照射到光电元件上的光通量；图 4-82(d) 所示为反射式光电传感器，恒光源发出的光通量到被测物体上，再从被测物表面反射后投到光电元件上。被测物表面的反射条件决定于表面性质或状态，光电元件的输出信号是被测量的函数。例如，测量表面光洁度、粗糙度的传感器。

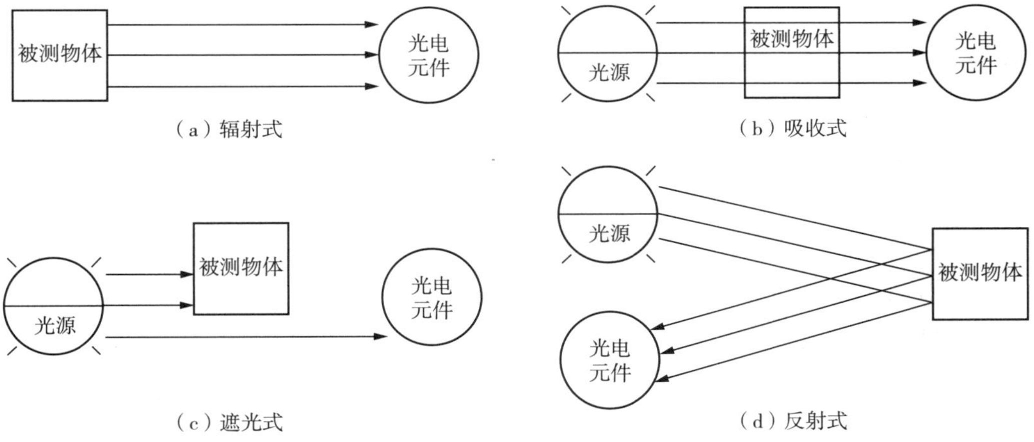

图 4-82　光电传感器工作原理

图 4-83 是由光电传感器测量零件表面状态的示意图。当光源发出的光射在转动的工件上，经工件表面反射后，由光电元件接收。工件表面的变化（粗糙、裂纹、凹坑等）引起反射光的强弱变化，光电元件接收到的光量就不同，这样，输出信号的强弱就可以反映工件表面的情况。

图 4-84 所示为光电式扭矩传感器。其工作原理为在转轴上安装两个光栅盘，两个光栅盘外侧放置有光源和光敏元件。无扭矩作用时，两光栅的明暗条纹相互错开，完全遮挡光路，因此放置于光栅一侧的光敏元件接收不到来自光栅盘另一侧光源的光信号，无电信号输出。当有扭矩作用于转轴上时，由于轴的扭转变形，安装光栅处的两截面产生相对转角，两片光栅的暗条纹逐渐重合，部分光线透过两光栅向照射到光敏元件上，从而输出电信号。扭矩越大，扭转角越大，照射到光敏元件上的光越多，因而输出电信号也越大。

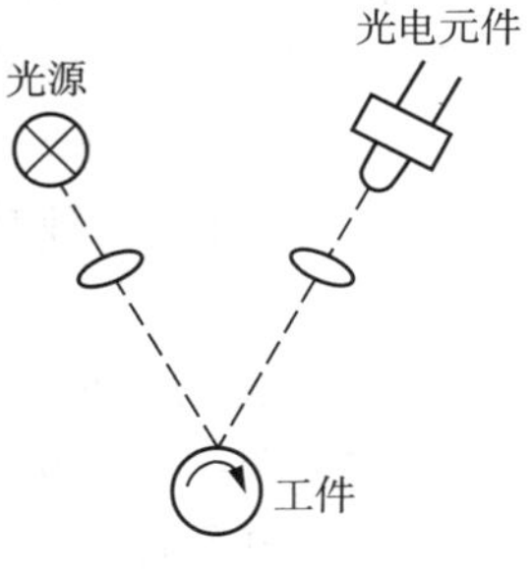

图 4-83　零件表面状态测量示意图

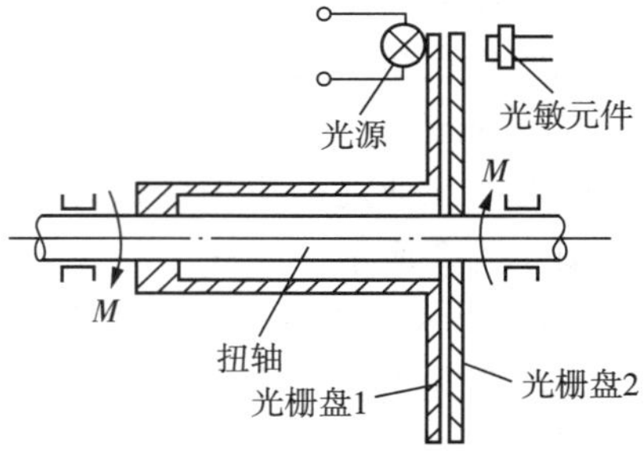

图 4-84　光电式扭矩传感器

图 4-85 是利用光电传感器测量转速的工作原理图。图 4-85(a) 所示为透射式测速，在待测转轴上固定一个带孔的调制圆盘，在调制圆盘的一边由发光元件产生恒定光，光透过盘上的小孔到达光敏元件上，并由电路转换成相应的电脉冲信号。若圆盘上开 n 个小孔，则旋转一周，光线透过小孔 n 次，输出 n 个脉冲信号，孔越多分辨率越高。

图 4-85(b) 所示为反射式测速，在被测旋转体上贴上等间隔的反光纸或有黑白相间条纹的纸，由发光元件产生恒定光照射其上，另由一光敏元件接收反射光。当被测物体转动时，光敏元件就会接收到明、暗变化的反射光，从而产生相应数量的电脉冲信号。

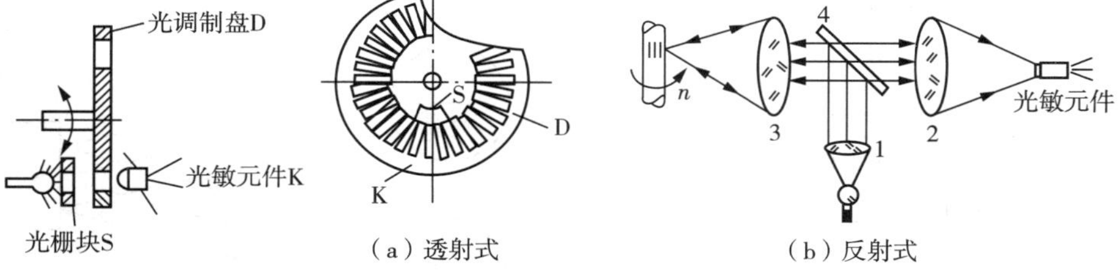

图 4-85　光电传感器转速测量工作原理图

1、2、3 — 透镜；4 — 半透膜

4.9.2　光纤式传感器

光纤传感器是 20 世纪 70 年代中期发展起来的一种新型传感器，和前面所介绍的传统传感器相比，有着重大差别。传统传感器以机 — 电转换为基础，以电信号为变换和传输载体，利用导线传输电信号。光纤传感器则是将被测量转换成可测的光信号，以光学量为转换基础，以光信号为变换和传输载体，利用光导纤维传输光信号。光导纤维用比头发还细的石英玻璃丝制成，每一根光导纤维由一个圆柱形内芯和包层组成，而且内芯的折射率略大于包层的折射率。

光纤传感器技术，已经成为极重要的传感器技术，其应用领域正在迅速扩展，对传统传感器应用领域起着补充、扩大和提高的作用。光纤传感器具有抗电磁干扰强(不怕电磁干扰)、灵敏度高(有的甚至高出几个数量级)、质量轻、体积小(光纤直径只有几十微米到几百微米)、柔软、耐高温、耐腐蚀等特点。它对军事、航天航空技术和生命科学等的发展起着十分重要的作用，应用前景十分广阔。

1. 光纤传感器分类及工作原理

光纤传感器主要分为两类：功能型光纤传感器及非功能型光纤传感器（也称为物性型和结构型）。

（1）功能型光纤传感器

功能型光纤传感器利用光纤对环境变化的敏感性，将输入物理量变换为调制的光信号。光纤不仅起传光的作用，而且还起敏感作用，其工作原理基于光纤的光调制效应，即光纤在外界环境因素，如温度、压力、电场、磁场等改变时，其传光特性（如发光强度、相位等）会发生变化，因此，如果能测出通过光纤的光相位、强度变化，就可以知道被测物理量的变化。应用光纤传感器的这种特性可以实现力、压力温度等物理参数的测量。

（2）非功能型光纤传感器

非功能型光纤传感器是由光检测元件、光纤传输回路及测量电路所组成的测量系统。其中光纤仅作为光的传播媒质，所以又称为传光型光纤传感器。

2. 应用实例

光纤位移传感器应用极为广泛，而且经过适当的变化，也适用于测量其他待测量，温度、压力、声压以及振动等。

（1）半导体吸光式光纤温度传感器

如图 4-86(a) 所示，在一根切断的光纤的两端面间夹一块半导体感温薄片，这种半导体感温薄片入射光的发光强度随温度而变化，当光纤一端输入恒定发光强度的光时，另一端接收元件所接收的发光强度将随被测温度的变化而变化。图 4-86(b) 是一种双光纤差动测温光纤传感器的结构图。该结构中增加了一条参考光纤作为基准通道。两条光纤对来自同一光源的发光强度进行传输，经测量光纤的发光强度随温度变化，通过在同一硅片上对称式的光探测器，获得两发光强度的整值。此法可消除一定程度的干扰，提高测量精度，在 −40 ～ 400℃ 范围内，测温精度可达 ±0.5℃。

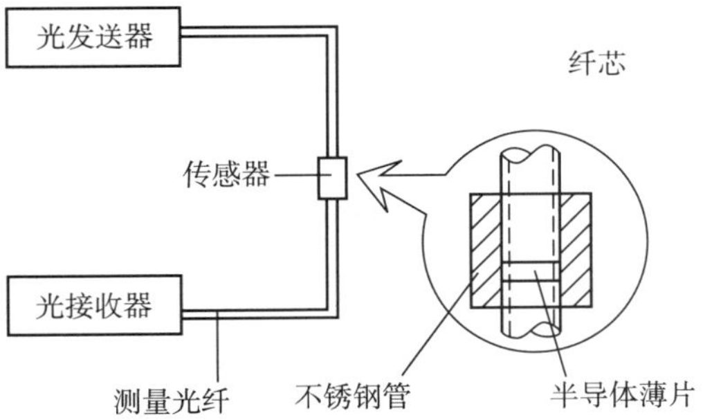

（a）导体感温薄片式光纤温度传感器

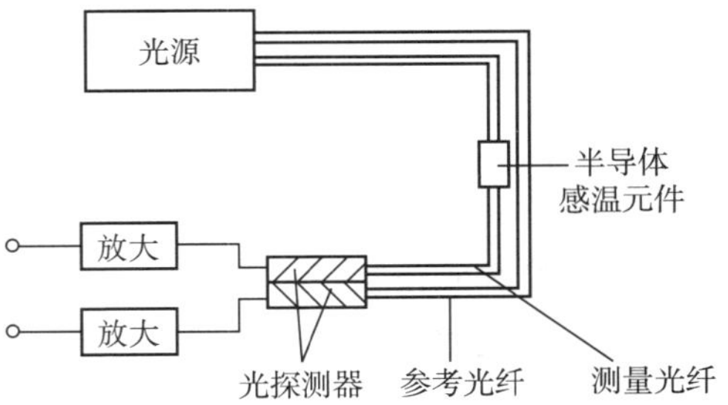

（b）双光纤差动测温光纤传感器

图 4-86　半导体吸光式光纤温度传感器的结构图

（2）光纤转速传感器

图 4-87 是一种转速测量传感器。凸块随被测转轴转动，在转到透镜组内时，将光路遮断形成光脉冲信号，再由光电转换元件将光脉冲信号转变为电脉冲信号，经计数器处理而获

得转速值。

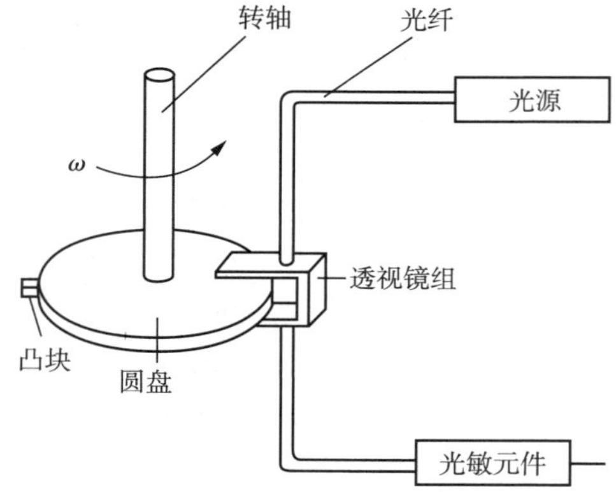

图 4-87　光纤转速测量传感器

(3) 光纤压力传感器

图 4-88 所示为施加均衡压力和施加点压力的两种光纤压力传感器形式。图 4-88(a) 所示为光纤在均衡压力作用下，由于光弹性效应而引起光纤折射率、形状和尺寸的变化，从而导致光纤传播光的相位变化和偏振面旋转；图 4-88(b) 所示为光纤在点压力作用下，引起光纤局部变形，使光纤由于折射率不连续变化导致传播光散乱而增加损耗，从而引起光振幅变化。

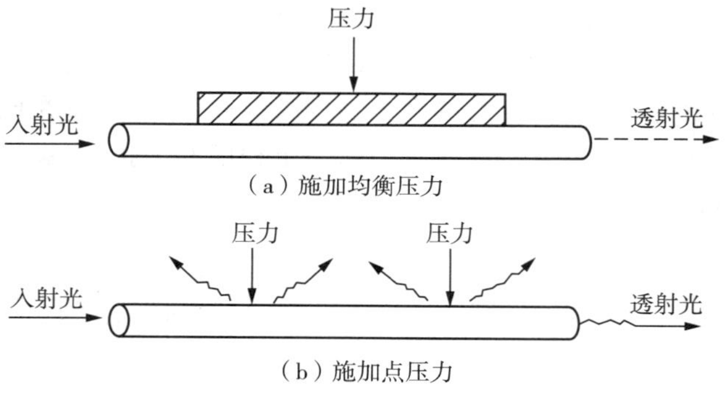

图 4-88　施加均衡压力和施加点压力的两种光纤压力传感器形式

(4) 光纤流速传感器

图 4-89 为光纤流速传感器，主要由多模光纤、光源、铜管、光敏二极管及测量电路所组成。多模光纤插入顺流而置的铜管中，由于流体流动而使光纤发生机械变形，从而使光纤中传播的各模式光的相位发生变化，光纤的发射光发光强度出现强弱变化。其振幅的变化与流速成正比，这就是光纤传感器测流速的工作原理。

4.9.3　超声波传感器

质点振动在弹性介质内的传播形成机械波。超声波和人耳所能听到的声波都是机械波。根据声波频率范围，声波可分为次声波、声波和超声波。其中，频率在 16～20kHz，能被

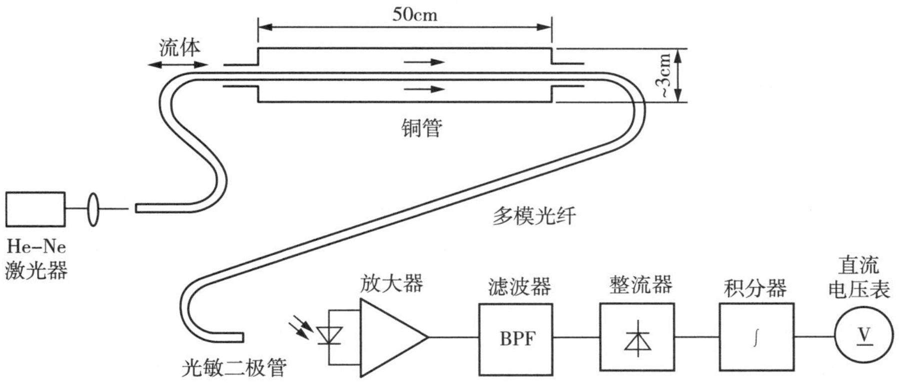

图 4－89　光纤传感器测流速的工作原理

入耳听到的机械波，称为声波；频率低于 16Hz 的机械波，称为次声波；频率高于 20kHz 的机械波，称为超声波；频率在 $3\times10^{8}\sim3\times10^{11}$ Hz 的机械波，称为微波，如图 4－90 所示。

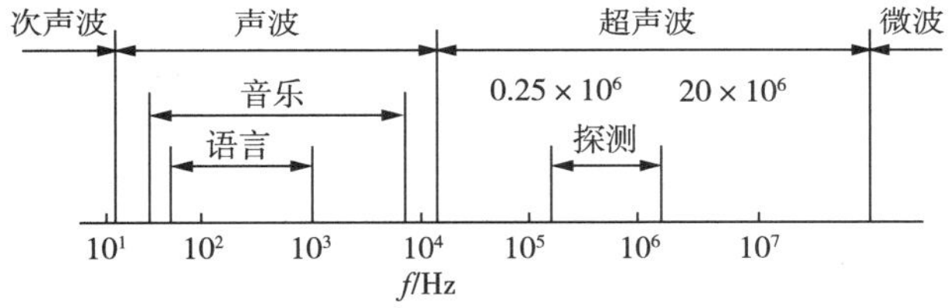

图 4－90　声波的频率界限图

1. 超声波传感器的结构原理

利用超声波在超声场中的物理特性和各种效应而研制的装置称为超声波换能器、探测器或传感器。超声波传感器按其工作原理可分为压电式、磁致伸缩式、电磁式等，其中以压电式最为常用，下面主要介绍这种传感器。

压电式超声波传感器常用的材料是压电晶体和压电陶瓷，这种传感器统称为压电式超声波传感器。它是利用压电材料的正压电效应和逆压电效应来工作的。逆压电效应将高频交变电信号转换成高频机械振动，从而产生超声波，作为发射传感器；正压电效应又将超声振动波转换成电信号，作为接收传感器。超声波传感器结构如图 4－91 所示。它主要由压电晶片、吸收块（阻尼块）、保护膜、引线等组成。压电晶片的两面镀有银层，作为导电极板。阻尼块的作用是降低晶片的机

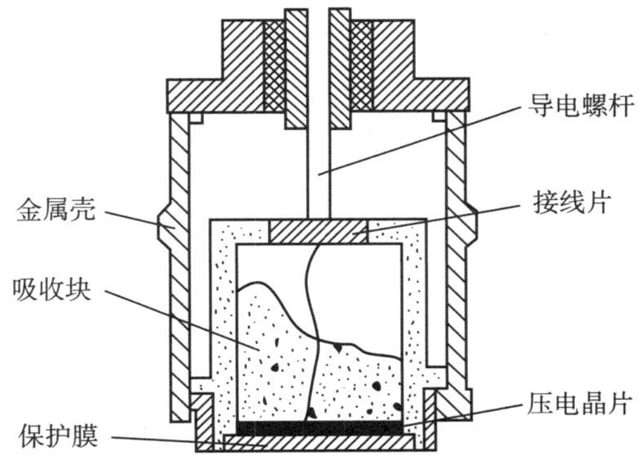

图 4－91　压电式超声波传感器的结构

械品质，吸收声能量。如果没有阻尼块，当激励的电脉冲信号停止时，晶片将会继续振荡，加长超声波的脉冲宽度，使分辨率变差。

2. 超声波传感器的应用

(1) 超声波物位传感器

超声波物位传感器是利用超声波在两种介质的分界面上的反射特性而制成的。如果从发射超声脉冲开始，到接收换能器接收到反射波为止的这个时间间隔为已知，就可以求出分界面的位置，利用这种方法可以对物位进行测量。根据发射和接收换能器的功能，传感器又可分为单换能器和双换能器。单换能器的传感器发射和接收超声波使用同一个换能器，而双换能器的传感器发射和接收各由一个换能器担任。

图 4-92 和图 4-93 分别给出了两种超声波物位传感器在液体中和空气中测量的原理示意图。

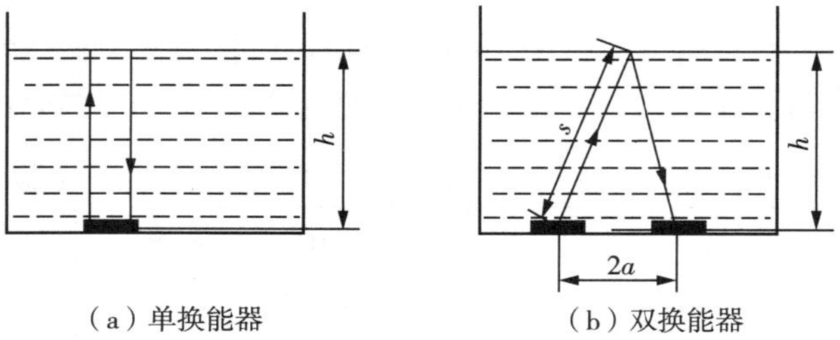

图 4-92　超声波物位传感器在液体中中的测量原理

对于单换能器来说，超声波从发射器到液面，又从液面反射到换能器的时间为：

$$t=\frac{2h}{c} \tag{4-66}$$

式中：h—— 换能器距波面的距离，m；

c—— 超声波在介质中传播的速度，m/s。

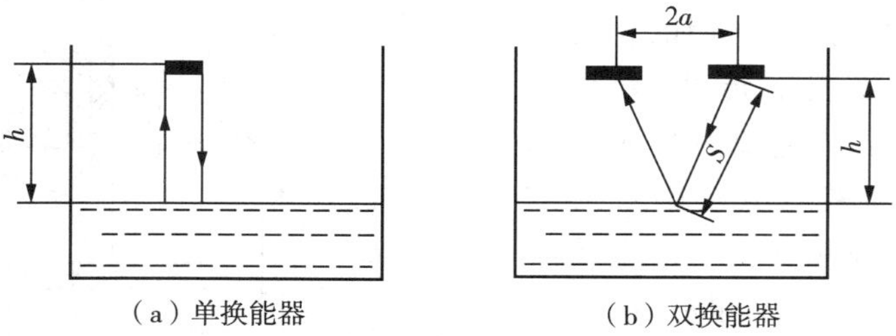

图 4-93　超声波物位传感器在空气中的测量原理

对于双换能器来说，超声波从发射到接收经过的路程为 $2S$，而 $S=\frac{ct}{2}$，因此液位高度为：

$$h=\sqrt{S^2-a^2} \tag{4-67}$$

式中：S—— 超声波从反射点到换能器的距离，m；

a—— 两换能器间距之半，m。

从式(4-67)中可以看出，只要测得超声波脉冲从发射到接收的时间间隔，便可以求得待测的物位。

超声物位传感器具有精度高和使用寿命长的特点，但若液体中有气泡或液面发生波动，便会产生较大的误差。

(2) 超声波流量传感器

超声波流量传感器的测定方法有多种，目前应用较广的主要是超声波传播时间差法。超声波在流体中传播时，在静止流体和流动流体中的传播速度是不同的，利用这一特点可求出流体的速度，再根据管道流体的截面积便可知流体的流量。

图 4-94 是一种超声波流量测量原理图。在流体中设置两个超声波传感器，它们既可以发射超声波又可以接收超声波，一个装在上游，一个装在下游，其距离为 L。如设顺流方向的传播时间为 t_1，逆流方向的传播时间为 t_2，流体静止时的超声波传播速度为 c，流体流动速度为 v，则

$$t_1 = \frac{L}{c+v} \tag{4-68}$$

$$t_2 = \frac{L}{c-v} \tag{4-69}$$

一般来说，流体的流速远小于超声波在流体中的传播速度，因此超声波的传播时间差为

$$\Delta t = t_2 - t_1 = \frac{2Lv}{c^2 - v^2} \tag{4-70}$$

由于 $c \gg v$，流体的流速可近似为

$$v = \frac{c^2}{2L}\Delta t \tag{4-71}$$

在实际应用中，常常将超声波传感器安装在管道的外部，从管道的外面透过管壁发射和接收超声波，这样不会给管路内流动的流体带来影响，而且安装使用方便，安装方法如图 4-95 所示。

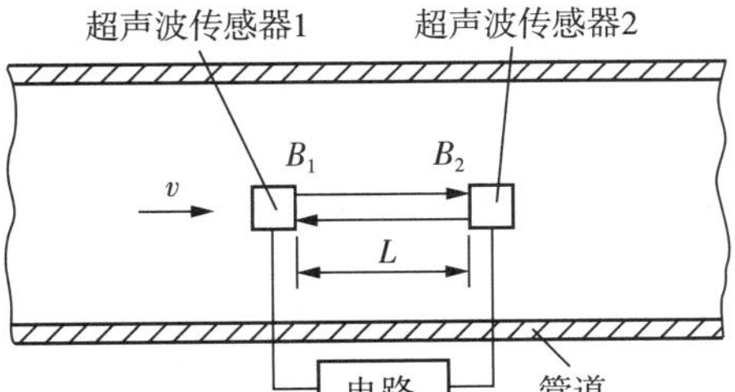

图 4-94　超声波测流量原理图

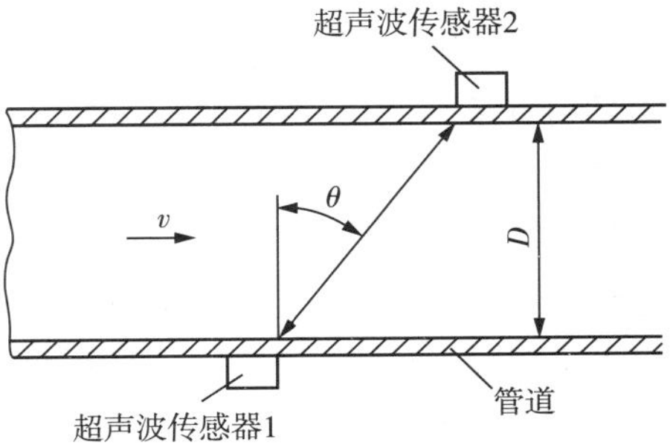

图 4-95　超声波传感器安装位置

超声波流量传感器具有不阻碍流体流动的特点，可测的流体种类很多，不论是非导电的

流体,还是浆状流体,只要能传输超声波的流体都可以进行测量。超声波流量计可用来对自来水、工业用水、农业用水等进行测量。还适用于下水道、农业灌渠、河流等流速的测量。

(3) 超声波探伤传感器

超声波探伤是目前应用十分广泛的无损探伤手段。它既可检测材料表面缺陷,又可检测内部几米深的缺陷,是X光探伤所达不到的深度。

将超声波探头与探伤仪连接,探头放于被测工件上,并在工件上来回移动进行检测。探头发出的超声波以一定速度向工件内部传播,如工件中没有缺陷,则超声波传到工件底部便产生反射,反射波到达表面后再次向下反射,周而复始,在探伤仪屏幕上出现始脉冲 T 和一系列底脉冲 B_1、B_2、B_3…,超声波纵波探伤示意图如图4-96(a)所示。B 波的高度与材料对超声波的衰减有关,可以用于判断试件的材质、内部晶体粗细等。如工件中有缺陷,一部分声脉冲在缺陷处产生反射,另一小部分继续传播到工件底面产生反射。在屏幕上除出现始脉冲 T 和底脉冲 B 外,还出现缺陷脉冲 F,如图4-96(b)所示。

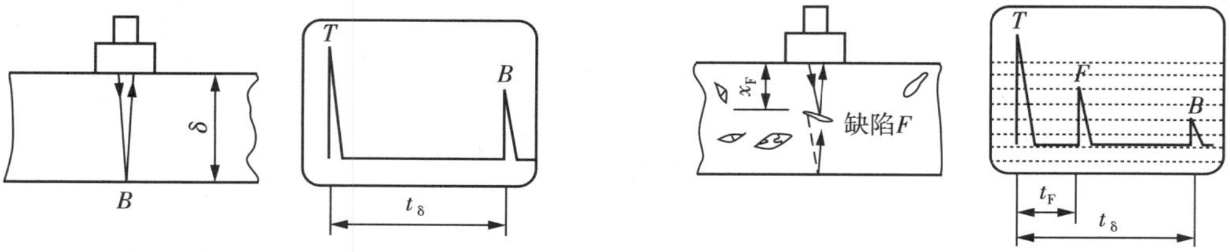

(a) 无缺陷时超声波的反射及显示波形　　(b) 有缺陷时超声波的反射及显示波形

图4-96　超声波探伤示意图

4.10　传感器的选用原则

如何根据测试目的和实际条件,正确合理地选用传感器,也是需要认真考虑的问题。下面就传感器的选用问题做一些简介。选择传感器主要考虑灵敏度、响应特性、线性范围、稳定性、精确度、测量方式等六个方面的问题。

1. 灵敏度

一般说来,传感器灵敏度越高越好,因为传感器的灵敏度越高,可以感知的变化量越小,即被测量稍有微小变化,传感器即有较大的输出。但灵敏度越高,与测量信号无关的外界噪声也容易混入,也会被放大。因此,在确定灵敏度时,要考虑以下几个问题:

(1) 当传感器的灵敏度很高时,那些与被测信号无关的外界噪声也会同时被检测到,并通过传感器输出,从而干扰被测信号。因此,为了既能使传感器检测到有用的微小信号,又能使噪声干扰小,要求传感器的信噪比越大越好。也就是说,要求传感器本身的噪声小,而且不易从外界引进干扰噪声。

(2) 与灵敏度紧密相关的是量程范围。当传感器的线性工作范围一定时,传感器的灵敏度越高,干扰噪声越大,则难以保证传感器的输入在线性区域内工作。不言而喻,过高的灵敏度会影响其适用的测量范围。

2. 线性范围

任何传感器都有一定的线性工作范围，在线性范围内输出与输入呈比例关系。线性范围越宽，则表明传感器的工作量程越大。

为了保证测量的精确度，传感器必须在线性区域内工作。例如，机械式传感器的弹性元件，其材料的弹性极限是决定测量量程的基本因素，超过其弹性极限时将产生非线性误差。然而任何传感器都不容易保证其工作在绝对线性区域内，在某些情况下，在许可限度内也可以在其近似线性区域应用。例如变极距型电容、电感传感器，均采用在初始间隙附近的近似线性区内工作，因此选用时必须考虑被测物理量的变化范围，令其非线性误差在允许范围以内。

3. 响应特性

传感器的响应特性必须在所测频率范围内尽量保持不失真。实际上传感器的响应总不可避免地有一定延迟，但总希望延迟的时间越短越好。一般物性型传感器（如利用光电效应、压电效应等的传感器）响应时间短，工作频率范围宽：而结构型传感器，如电感、电容、磁电等传感器，由于受到结构特性的影响以及机械系统惯性质量的限制，其固有频率低，工作频率范围窄。

在动态测量中，传感器的响应特性对测试结果有直接影响。选用时应充分考虑到被测物理量的变化特点，如稳态、瞬变、随机等。

4. 稳定性

传感器的稳定性是指经过长期使用以后，其输出特性不发生变化的性能。影响传感器稳定性的因素是时间与环境。

为了保证稳定性，在选用传感器之前应对使用环境进行调查，以选择合适的传感器类型。例如，对于电阻应变式传感器，湿度会影响其绝缘性，从而会影响其零漂，长期使用还会产生蠕变现象。又如，对于变极距型电容传感器，环境湿度改变或油剂侵人间隙时，电容器介质的性质会改变。光电传感器的感光表面有灰尘或水泡时，其感光性质会改变。磁电式传感器或霍尔效应元件等，在电场、磁场中工作时也会带来测量误差。滑线电阻式传感器表面的灰尘将会引入噪声。

在有些机械自动化系统或自动检测装置中，所用的传感器往往是在比较恶劣的环境下工作，灰尘、油剂、温度、振动等的干扰很严重，这时传感器的选用必须优先考虑稳定性因素。

5. 精确度

传感器的精确度表示传感器的输出与被测量的对应程度。传感器处于测试系统的输入端，因此，传感器能否真实地反映被测量，对整个测试系统具有直接影响。

然而，实际应用中传感器的精确度也并非越高越好，既要考虑测量目的，还需考虑经济性。传感器精确度越高，其价格就越昂贵，因此应从实际出发来选择传感器。

选择传感器时，首先应了解测试目的，判断是定性分析还是定量分析。如果是相对比较性的试验研究，只需获得相对比较值即可，那么应要求传感器的重复精度高，而不要求测试的绝对量值准确。如果是定量分析，那么必须获得精确量值，传感器必须有足够高的精确度。在某些情况下，要求传感器的精确度越高越好。例如，对现代超精密切削机床，测量其运动部件的定位精度，主轴的回转运动误差、振动及热形变等时，往往要求它们的测量精确度在 0.1 ～ 0.01μm 范围内，欲测得这样的精确量值，必须要有高精确度的传感器。

6. 测量方式

传感器在实际测试条件下的工作方式也是选用传感器时应考虑的重要因素。例如，接触与非接触测量、破坏与非破坏性测量、在线与非在线测量等，条件不同，对测量方式的要求亦不同。

在机械系统中，运动部件的被测参数（例如回转轴的转速、振动、转矩），往往需要采用非接触测量方式。因为对部件采用接触式测量不仅会造成对被测系统的影响，且有许多实际困难，如测量头的磨损、接触状态的变动、信号的采集等，都不易妥善解决，也容易造成测量误差。这种情况下采用电容式、涡流式、光电式等非接触式传感器会带来很大方便。若选用电阻应变计进行非接触式测量，则需配用遥测应变仪。

在某些条件下，可以运用试件进行模拟实验，这时可进行破坏性检验。如果被测对象本身就是产品或构件本身，宜采用非破坏性检验方法。例如，涡流探伤、超声波探伤、核辐射探伤以及声发射检测等。非破坏性检验可以直接获得经济效益，因此应尽可能选用非破坏性检测方法。

在线测试是与实际情况保持一致的测试方法。特别是对自动化过程的控制与检测系统，往往要求信号真实与可靠，而必须在现场条件下才能达到检测要求。实现在线检测是比较困难的，对传感器与测试系统都有一定的特殊要求。例如，在加工过程中，实现表面粗糙度的检测，以往的光切法、干涉法、触针式轮廓检测法等都无法运用，取而代之的是激光、光纤或图像检测法。

除了以上选用传感器时应充分考虑的一些因素外，还应尽可能兼顾结构简单、体积小、质量轻、价格便宜、易于维修、易于更换等因素。

习　题

一、填空题。

4-1　属于能量控制型的传感器有________、________等，属于能量转换型的传感器有________、________等。

4-2　金属电阻应变片的工作原理是基于金属丝受力后产生机械变形的________，而半导体应变片的工作原理是________。

4-3　已知试件受拉后的轴向应变为 1000με，则该试件的轴向相对伸长量为________%。

4-4　一圆柱弹性元件受拉后的轴向应变为 0.0018，表示成微应变则为________。

4-5　与金属箔式应变片相比，半导体应变片的最大优点是________。

4-6　已知某应变片在输入应变为 5000με 时电阻变化为 1%，则其灵敏系数等于________。

4-7　将电阻应变片贴在________上可以构成测力、位移、加速度等参数的传感器。

4-8　根据工作原理的不同，电容式传感器可分为________、________和________三种。其中________式传感器是非线性传感器(理论上),为了提高其灵敏度、线性度及减少外部条件变化对测量精度的影响,实际应用时常采用________工作方式。

4-9　压电式传感器的测量电路(即前置放大器)有两种形式:________放大器和________放大器,后接________放大器时,可不受连接电缆长度的限制。

4-10　涡流式传感器的变换原理是利用了金属导体在交变磁场中的________效应,可分为高频________式和低频________式两种。

4-11　压电式传感器是利用某些物质的________而工作的;沿石英晶体的________轴的方向施加作用力,晶体不产生压电效应。

4-12　半导体敏感式的传感器有________、________、________、________等。

二、简述题。

4-13　可以用来测量小位移的传感器有哪些?

4-14　可以用于探伤的传感器有哪些?

4-15　可以用作接近开关的传感器有哪些?

4-16　什么是涡流效应?如何利用电涡流传感器测量金属板厚度?

4-17　什么是压电效应?压电式传感器为何不能测量静态信号?

4-18　简述霍尔效应以及霍尔式传感器可能的应用场合。

4-19　光电式传感器包含哪几种类型?各有何特点?用光电式传感器可以测量哪些物理量?

4-20　在轧钢过程中,需监测薄板的厚度,可采用哪种传感器?说明其原理。

4-21　说明用光纤传感器测量压力和位移的工作原理,指出其不同点。

4-22　选用传感器的基本原则是什么?传感器的技术指标有哪些?

三、分析计算题。

4-23　用应变片构成测力传感器,试问:对图 4-97(a)(b) 中力 F 进行测试时,应分别将应变片接在电桥哪两个臂上?

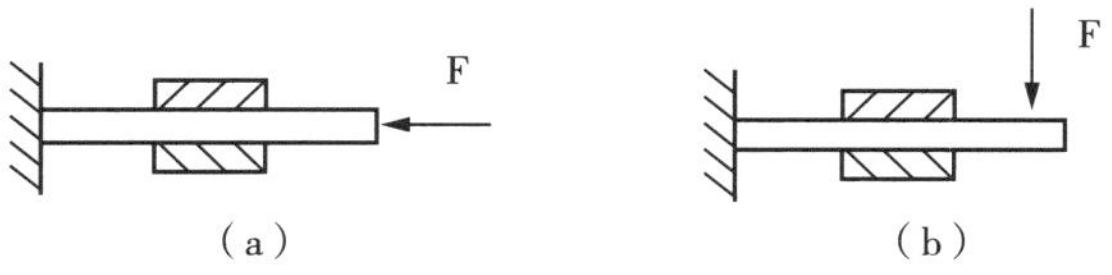

图 4-97　习题 4-23 图

4-24　说明图 4-98 中的两种传感器的工作原理,指明它们各属于什么传感器?

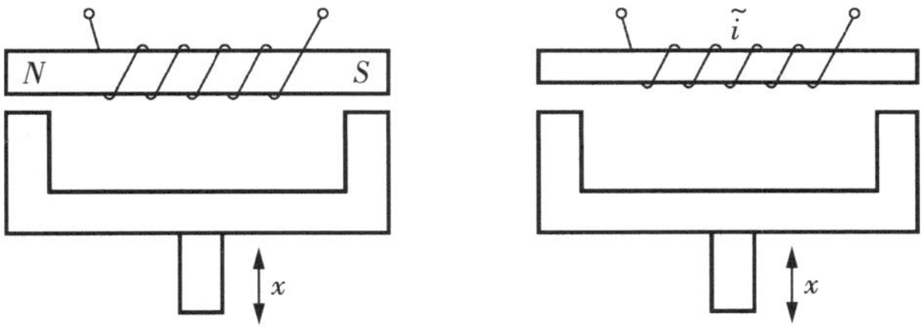

图 4-98　两种传感器工作原理示意图

4-25　某电容位移传感器由两块面积各为$1290mm^2$，宽度为40mm，相距0.2mm的矩形平板组成。假设介质为空气，则$\varepsilon=\varepsilon_a\varepsilon_0$；其中空气的介电常数$\varepsilon_a=1$，真空的介电常数$\varepsilon_0=8.85\times10^{-12}F/m$。求传感器的灵敏度，以$x$方向每变化0.025mm的电容变化量($\mu F$)表示。

4-26　某压电式加速度计的灵敏度为4pC/g(g为重力加速度)，连接电荷放大器，其灵敏度为125mV/pC，系统的满量程输出电压为±5V。试求可测试的加速度量程?

4-27　某压电式传感器将两片完全相同的石英晶片的不同极性端粘结在一起，每片的尺寸为$3\times2\times0.3cm^3$，当0.5MPa的压力沿X轴垂直作用时，求传感器输出的电荷量和总电容。

第5章 信号的调理与转换

被测量信号由传感器变换成各种电信号，大多数不能直接送给记录设备或分析仪器。这些信号通常不适合这些设备的基本要求。例如：传感器输出的电信号很微弱，大多数不能直接输送到显示、记录或分析仪器中去，需要进一步放大，有的还要进行阻抗变换；有些传感器输出的是电信号中混杂有干扰噪声，需要去掉噪声，提高信噪比；某些场合，为便于信号的远距离传输，需要对传感器测量信号进行调制解调处理；如果仅对测量部分频段有兴趣，要从输出信号中分离出所需的成分等。

信号的分析处理可分为模拟信号处理和数字信号处理两大类。输入、输出都是模拟信号的处理系统称为模拟信号处理系统；输入、输出都是数字信号的称为数字信号处理系统。

模拟信号处理是指对模拟信号采用模拟处理的方法。信号处理过程中使用的数学算法通常使用模拟电路实现，其中的数值都以连续的物理量来表示，例如电子设备中的电压，电流，或电荷量。模拟信号经过传感环节后被转换为电参数（电阻、电容、电感）或电量（电荷、电压或电流）的变化。模拟信号处理的内容包括了调制、滤波、放大、微积分、乘方、开方、除法运算等。例如，利用信号滤波实现剔除噪声与频率分析；利用信号调制实现放大与远距离传输；利用各种运算电路获取对信号的特征参数等。

数字信号处理是利用计算机或其他专用设备，以数字形式对信号进行采集、变换、滤波、估值、增强、压缩、识别等处理，以得到符合人们所需要的信息形式。传感器输出的信号一般为模拟信号，在以微型计算机为核心的数据采集及控制系统中，必须将传感器输出的模拟信号转换成数字信号，为此要使用模－数转换器（简称 A/D 转换器）。相反，经计算机处理后的信号常需反馈给模拟执行机构如执行电机等，因此还需要数－模转换器（简称 D/A 转换器）将数字量转换成相应的模拟信号。

需要指出的是，本章讲述的信号处理的基本内容与第 2 章的信号分析有本质的区别：信号分析不改变信号本身的状态和特征，在信号的传输历程中，它是并联于该历程上的运输，由旁路输出运算结果；信号处理会改变信号本身的状态和特征，它是串联于信号传输历程上的运算，运算后的输出改变了信号的状态。

本章主要讨论一些常用的信号调理和转换环节，如常用的电桥电路、信号的放大电路、调制器与解调器、滤波器、信号的 A/D 和 D/A 转换等，讲述其基本原理及应用方法。

5.1 信号的放大

传感器输出的微弱电压、电流或电荷信号，其幅值或功率不足以进行后续的转换处理，或驱动指示器、记录器以及各种控制机构，因此需要对其进行放大处理。由于传感器所处的环境条件、受干扰的情况及其测试系统要求的不同，所采用放大电路的形式和性能指标也不一样。例如：对于数字测试系统，要求放大电路增益能程控；对于生物电信号以及强电、强电磁干扰环境下信号的放大，需要采用隔离放大技术，以保证人身及设备的安全。

因在电路理论等课程中有关于放大器的详细理论知识，这里仅简单介绍基本放大器的一些知识。

运算放大器是一种采用直接耦合的高增益、高输入阻抗、低漂移的差动放大器，其中反相与同相放大电路是集成运算放大器两种最基本的应用电路。许多集成运放的功能电路都是在反相和同相放大器两种放大电路的基础上组合和演变而来的。

5.1.1 反相放大器

基本的反相比例放大器电路如图 5-1(a) 所示，其特点是输入信号和反馈信号均加在运放的反相输入端。根据理想运放的特性，其同相输入端电压与反相输入端电压近似相等，流入运放输入端的电流近似为零，可以得到反相放大器的输入、输出电压 u_i、u_0 关系为：

$$u_0 = -\frac{R_f}{R_1}u_i = A_{vf} \cdot u_i \tag{5-1}$$

反相比例放大器的输出、输入信号反相，通过确定 R_f、R_1 的阻值来确定电压放大倍数(电压增益)A_{vf}，A_{vf} 可大于 1，也可小于 1。由于此时反相输入端电压趋于零(虚地)，故对信号源而言，反相放大器的输入电阻近似为 R_1；而作为深度的电压负反馈，其输出电阻趋于零。在与传感器配合使用时，需注意阻抗匹配的问题。

5.1.2 同相放大器

基本的同相比例放大器电路如图 5-1(b) 所示，其特点是输入信号加在同相输入端，而反馈信号加在反相输入端。同样，由理想运放特性，可以分析出同相放大器的输入、输出电压 u_i、u_0 关系为：

$$u_0 = (1 + \frac{R_f}{R_1})u_i = A_{vf}u_i \tag{5-2}$$

同相比例放大器的输出、输入信号同相，通过确定 R_f、R_1 的阻值来确定电压放大倍数(电压增益)$A_{vf} \geqslant 1$。由于输入运放同相端的电流近似为零，故同相放大器的输入电阻为无限大，而输出电阻仍趋于零。值得注意的是，由于运放同相端与反相端电压近似相等，即引入了共模电压，因此需要高共模抑制比的运放才能保证精度。同时在使用中需注意其输入电压幅度不能超过其共模电压的输入范围。

同相放大器的特点是对低频信号，其增益近似为 1，同时具有极高的输入阻抗和低输出阻抗，因此常在测试系统中用作阻抗变换器。

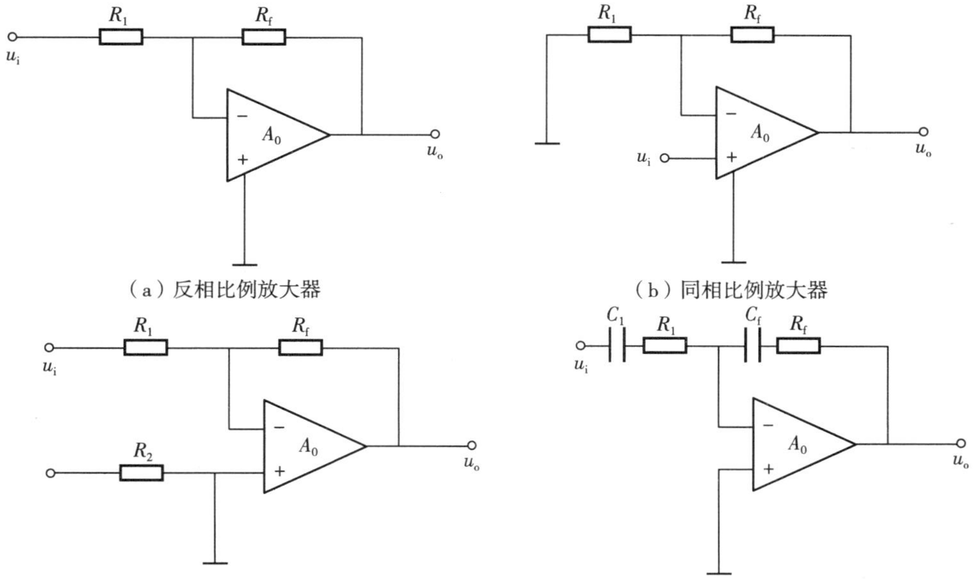

（a）反相比例放大器　（b）同相比例放大器　（c）差动放大器　（d）交流放大器

图 5-1　基本放大器

5.1.3　差动放大器

差动放大器如图 5-1(c) 所示，当 $R_1=R_2$ 时，差动放大器的输出与输入信号的关系为：

$$u_0=\frac{R_f}{R_1}(u_{i2}-u_{i1})=A_{uf}(u_{i2}-u_{i1}) \tag{5-3}$$

差动放大器的输出与输入两端的电压差成正比，即可用来放大差动信号，该电路的缺点是输入阻抗不大。

5.1.4　交流放大器

交流放大器如图 5-1(d) 所示，其输出与输入信号的关系为：

$$u_0=-\frac{Z_f}{Z_1}u_i=A_{vf}u_i \tag{5-4}$$

式中，$Z_1=R_1+\frac{1}{jwC_1}$；$Z_f=R_f+\frac{1}{jwC_f}$

交流放大器可用于低频交流信号的放大，由于阻抗 Z_1 和 Z_f 都与频率 ω 有关，所以放大器的放大倍数也与频率有关。

图 5-2(a) 所示为用同相比例放大器放大单臂电桥信号，图 5-3(b) 所示为用差动放大器放大单臂电桥信号。

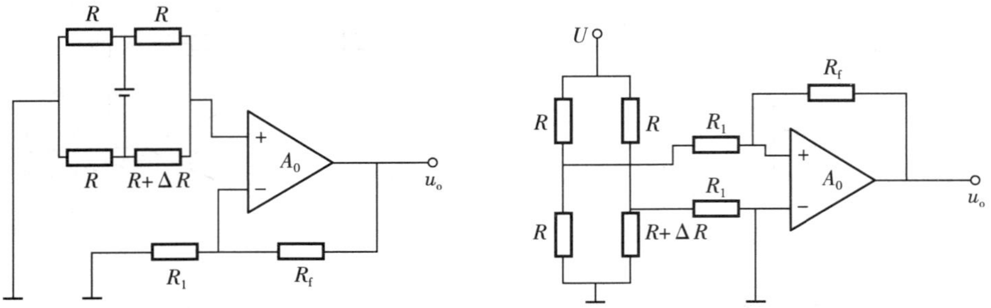

(a) 用同相比例放大器放大单臂电桥信号　　(b) 用差动放大器放大单臂电桥信号

图 5-2　基本放大器的应用

5.2 电　桥

电桥是将电阻 R(应变片)、电感 L、电容 C 等电参数变为电压 ΔU 或电流 ΔI 信号后输出的一种测量电路。其输出既可用于指示仪,也可以送入放大器进行放大。常见的许多传感器都是把某种物理量的变化转换成电阻、电容或电感的变化,因此电桥电路具有很强的实用价值。电桥由于具有测量电路简单可靠、较高的灵敏度、测量范围宽、容易实现温度补偿等优点,因此在测量装置中被广泛应用。

根据供桥电源性质,电桥可分为直流电桥和交流电桥;按照桥臂接入的阻抗性质,电桥可分为电阻电桥、电容电桥和电感电桥;按照输出测量方式,电桥又可分为平衡输出电桥(零位法测量)和不平衡输出电桥(偏位法测量)。在静态测试中用零位法测量,在动态测试中大多使用偏位法测量。

5.2.1　直流电桥

采用直流电源的电桥称为直流电桥。图 5-3 所示是一个直流惠斯登电桥(即单臂电桥),它的四个桥臂由电阻 R_1、R_2、R_3 和 R_4 组成。a、c 两端接直流电源 U_i,称供桥端;b、d 两端接输出电压 U_o,称输出端。

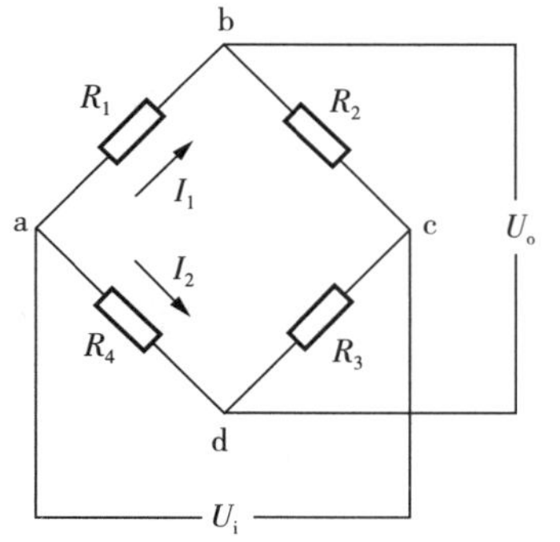

图 5-3　直流电桥

当电桥输出端接入仪表或放大器时，电桥输出端可视为开路状态，电流输出为零。此时桥路电流为

$$I_1 = \frac{U_i}{R_1 + R_2};I_2 = \frac{U_i}{R_3 + R_4}$$

因此，a、b 之间电位差为

$$U_{ab} = I_1 R_1 = \frac{R_1}{R_1 + R_2} U_i$$

a、d 之间电位差为

$$U_{ad} = I_2 R_4 = \frac{R_4}{R_3 + R_4} U_i$$

电桥输出电压为

$$U_o = U_{ab} - U_{ad} = \left(\frac{R_1}{R_1 + R_2} - \frac{R_4}{R_3 + R_4}\right) U_i = \frac{R_1 R_3 - R_2 R_4}{(R_1 + R_2)(R_3 + R_4)} U_i \tag{5-5}$$

由此可以看出，若电桥平衡，即使输出 $U_o = 0$，则应满足

$$R_1 \cdot R_3 = R_2 \cdot R_4 \tag{5-6}$$

由上述分析可知，在测量装置没有输入的情况下，电桥不应有输出。若电桥的四个电阻中任何一个或数个阻值发生变化时，将打破平衡条件，使电桥的输出电压 U_o 发生变化，电桥的输出电压只与被测量引起的电阻变化量有关。

在机械测试中，根据电桥中可变桥臂电阻的个数(即被测量的数量)不同，电桥连接方式可分为半桥单臂电桥连接、半桥双臂电桥连接和全桥四臂连接，如图 5-4 所示。

1. 半桥单臂(一片)

工作中有一个桥臂阻值随被测量而变化，如图 5-4(a) 所示，ΔR_1 为电阻 R_1 随被测物理量变化而产生的电阻增量。此时输出电压为

$$U_o = \left(\frac{R_1 + \Delta R_1}{R_1 + \Delta R_1 + R_2} - \frac{R_4}{R_3 + R_4}\right) U_i$$

为了简化设计，令 $R_1 = R_2 = R_3 = R_4 = R_0$，则

$$U_o = \left(\frac{R_1 + \Delta R_1}{R_1 + \Delta R_1 + R_2} - \frac{R_4}{R_3 + R_4}\right) U_i = \left(\frac{R_0 + \Delta R_1}{2R_0 + \Delta R_1} - \frac{R_0}{2R_0}\right) U_i$$

$$= \frac{\Delta R_1}{4R_0 + 2\Delta R_1} U_i$$

因为 $\Delta R_1 \ll R_0$，所以

$$U_o \approx \frac{\Delta R_1}{4R_0} U_i \tag{5-7}$$

由此可知，电桥的输出 U_o 与输入电压 U_i 成正比。在 $\Delta R_1 \ll R_0$ 条件下，电桥的输出也与

$\Delta R_1/R_0$ 成正比。

电桥的灵敏度定义为

$$S=\frac{\mathrm{d}U_o}{\mathrm{d}(\Delta R_0/R_0)} \tag{5-8}$$

则半桥单臂的灵敏度为

$$S\approx\frac{1}{4}U_i \tag{5-9}$$

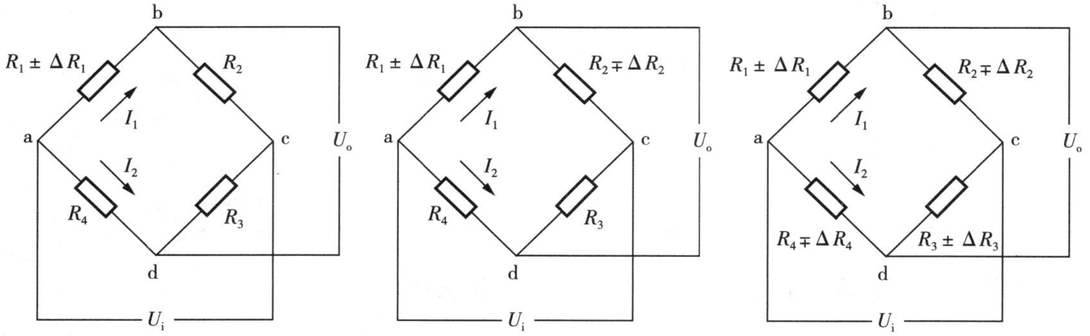

（a）半桥单臂　　（b）半桥双臂　　（c）全桥

图 5-4　直流电桥的连接方式

2. 半桥双臂（两片）

工作中有两个桥臂（一般为相邻桥臂）的阻值随被测物理量而变化，且阻值变化大小相等而极性相反，即 $R_1\pm\Delta R_1$，$R_2\mp\Delta R_2$，如图 5-4(b) 所示，该电桥的输出电压（以 $R_1+\Delta R_1$，$R_2-\Delta R_2$ 为例）为：

$$U_o=\left(\frac{R_1+\Delta R_1}{R_1+\Delta R_1+R_2-\Delta R_2}-\frac{R_4}{R_3+R_4}\right)U_i$$

$$=\left[\frac{(R_0+\Delta R_1)(R_3+R_4)-(R_1+\Delta R_1+R_2-\Delta R_2)R_4}{(R_1+\Delta R_1+R_2-\Delta R_2)(R_3+R_4)}\right]U_i$$

由于 $R_1=R_2=R_3=R_4=R_0$，$\Delta R=\Delta R_1=\Delta R_2$，所以

$$U_o=\frac{\Delta R}{2R_0}U_i=\left(\frac{(R_0+\Delta R)2R_0-R_0 2R_0}{2R_0 2R_0}\right)U_i=\frac{2R_0^2+\Delta R2R_0-2R_0^2}{4R_0^2}U_i$$

$$=\frac{\Delta R2R_0}{4R_0^2}U_i=\frac{\Delta R}{2R_0}U_i \tag{5-10}$$

根据电桥灵敏度的定义，半桥双臂连接的灵敏度为

$$S=\frac{1}{2}U_i \tag{5-11}$$

3. 全桥四臂（四片）

工作中四个桥臂阻值都随被测物理量而变化，相邻的两臂阻值变化大小相等，极性相

反，相对的两臂阻值变化大小相等极性相同，即 $R_1 \pm \Delta R_1$、$R_2 \pm \Delta R_2$、$R_3 \pm \Delta R_3$、$R_4 \pm \Delta R_4$，如图 5-4(c) 所示，输出电压(以 $R_1 + \Delta R_1$、$R_2 - \Delta R_2$、$R_3 + \Delta R_3$、$R_4 - \Delta R_4$ 为例) 为

$$U_o = \left(\frac{R_1 + \Delta R_1}{R_1 + \Delta R_1 + R_2 - \Delta R_2} - \frac{R_4 - \Delta R_4}{R_3 + \Delta R_3 + R_4 - \Delta R_4}\right) U_i$$

当 $R_1 = R_2 = R_3 = R_4 = R_0$，$\Delta R = \Delta R_1 = \Delta R_2 = \Delta R_3 = \Delta R_4$ 时，

$$U_o = \frac{\Delta R}{R_0} U_i \tag{5-12}$$

根据电桥灵敏度的定义，全桥连接的灵敏度为

$$S = U_i \tag{5-13}$$

由此可知，采用不同的桥式接法，输出的电压灵敏度不同，其中全桥的接法在输入量相同的情况下可以获得最大的输出。因此，在实际工作中，当传感器的结构条件允许时，应尽可能采用全桥接法，以便获得高的灵敏度。

图 5-5 所示为使用不同电桥测量物体质量的应用实例。其中，可以使用一片、两片或四片电阻应变片作为电桥的一个、两个或四个桥臂，形成半桥单臂、半桥双臂或全桥。电阻应变片电阻值的变化经过电桥就转化为电压的变化，根据输出电压和系统的总灵敏度就可推知物体的质量。

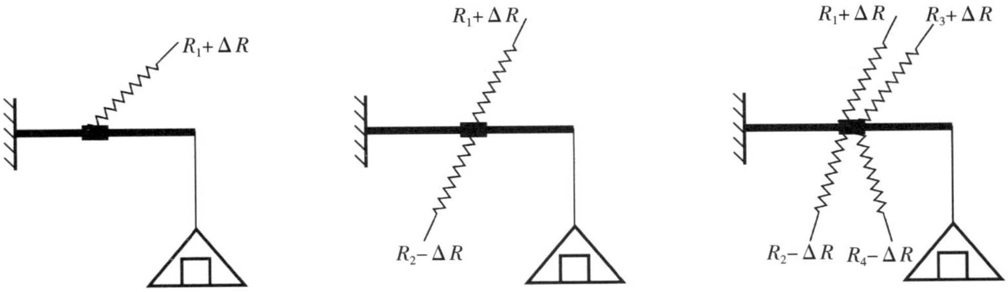

图 5-5　不同数目电阻应变片形成不同电桥测量物体的质量

5.1.2　交流电桥

交流电桥的供桥电源采用交流电压，电桥的四个臂可为电容、电感或电阻。当四个桥臂为电容 C 或电感 L 时，必须采用交流电桥。因此，电桥的四个臂中除了电阻外还有电抗。如果阻抗、电流及电压都用复数表示，那么关于直流电桥的平衡关系式同样适用于交流电桥中。

把电容、电感或电阻写成矢量形式时，交流电桥平衡的条件为

$$\vec{Z}_1 \vec{Z}_3 = \vec{Z}_2 \vec{Z}_4 \tag{5-14}$$

写成复指数的形式，

$$\vec{Z}_1 = Z_1 e^{j\varphi_1} \quad \vec{Z}_2 = Z_2 e^{j\varphi_2}$$

$$\vec{Z}_3 = Z_3 e^{j\varphi_3} \quad \vec{Z}_4 = Z_4 e^{j\varphi_4}$$

代入式(5－14)，则有

$$Z_1 \cdot Z_3 \cdot e^{j(\varphi_1+\varphi_3)} = Z_2 \cdot Z_4 \cdot e^{j(\varphi_2+\varphi_4)} \tag{5-15}$$

式中：Z_1、Z_2、Z_3、Z_4 为各阻抗的模，而 φ_1、φ_2、φ_3、φ_4 为各阻抗的阻抗角，是各桥臂上电压与电流的相位差。纯电阻时，$\varphi=0$，即电压与电流同相位；电感阻抗时，$\varphi>0$，即电压的相位超前电流；电容阻抗时，$\varphi<0$，即电压的相位滞后电流。

式(5－15)成立的条件为等式两边阻抗的模相等、阻抗角相等，即

$$\begin{cases} Z_1 \cdot Z_3 = Z_2 \cdot Z_4 \\ \varphi_1+\varphi_3=\varphi_2+\varphi_4 \end{cases} \tag{5-16}$$

因直流电桥以电阻电桥为例进行了讲解，在此仅分析电容电桥和电阻电桥的平衡条件。

1. 电容电桥

如图 5－6(a) 所示，两相邻桥臂为纯电阻 R_2、R_3，另相邻两臂为电容 C_1、C_4，此时，R_1、R_4 视为电容介质损耗的等效电阻。桥臂 1 和 4 的等效阻抗为 $R_1+\frac{1}{j\omega C_1}$，$R_4+\frac{1}{j\omega C_4}$，根据平衡条件：

$$\left(R_1+\frac{1}{j\omega C_1}\right)R_3=\left(R_4+\frac{1}{j\omega C_4}\right)R_2 \tag{5-17}$$

则

$$R_1R_3+\frac{R_3}{j\omega C_1}=R_2R_4+\frac{R_2}{j\omega C_4}$$

令实部和虚部相等，则得到电桥平衡方程组：

$$\begin{cases} R_1 \cdot R_3 = R_2 \cdot R_4 \\ \dfrac{R_3}{C_1}=\dfrac{R_2}{C_4} \end{cases} \tag{5-18}$$

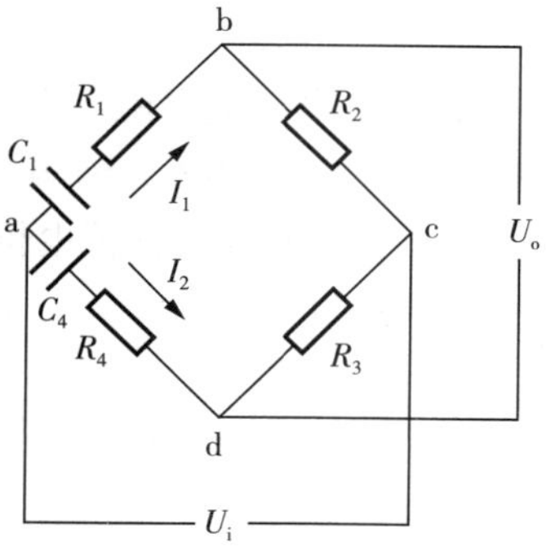

(a) 电容电桥

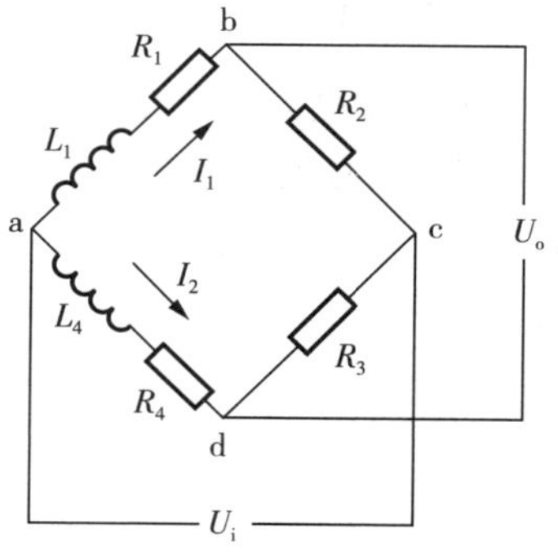

(b) 电感电桥

图 5－6　交流电桥

由此可见，电容电桥的平衡条件中亦包含电阻电桥的平衡条件，除了电阻满足要求外，电容也必须满足一定的要求。

2. 电感电桥

在图 5-6(b) 所示的电感电桥中，两相邻桥臂为电感 L_1、L_4 与电阻 R_2、R_3，根据交流电桥的平衡要求，则

$$(R_1 + j\omega L_1)R_3 = (R_4 + j\omega L_4)R_2$$

那么，电感电桥平衡条件为

$$\begin{cases} R_1 R_3 = R_2 R_4 \\ L_1 R_3 = L_4 R_2 \end{cases} \tag{5-19}$$

由此可见，电感电桥的平衡条件中亦包含电阻电桥的平衡条件，除了电阻满足要求外，电感也必须满足一定的要求。

由交流电桥的平衡条件式(5-16) ～ 式(5-19)，以及电容、电感电桥的平衡条件可以看出，这些平衡条件是只针对供桥电源只有一个频率 ω 的情况下推出的。当供桥电源有多个频率成分时，得不到平衡条件，即电桥是不平衡的。因此，交流电桥要求供桥电源具有良好的电压波动性和频率稳定性。

一般采用 5 ～ 10kHz 高频振荡作为供桥电源，以便消掉外界工频干扰。除了通常讨论的电阻、电容、电感等通用电桥外，测量中还使用带有感应耦合臂的电桥等其他形式的电桥。

5.3　调制与解调

一些静态或缓变的被测量经过传感器得到的信号多为缓变信号，采用直流放大器直接放大处理这样的信号会遇到两个难题 —— 放大器的零漂和外界低频干扰。为解决这些问题，经常先是将直流或缓变信号变成较高频率的交变信号，然后采用交流放大器进行放大，最后再从高频交变信号中将直流或缓变信号提取出来。这些过程一般称作调制和解调。

调制是指在时域上用一个低频信号（缓变信号）对人为提供的高频信号的某特征参量（幅值、频率或相位）进行控制，使该特征参量随着该缓变信号的变化而变化。这样，原来的缓变信号就被这个受控制的高频振荡信号所携带，而后可以进行该高频信号的放大和传输，从而得到最好的放大和传输效果。

解调是从已调制波中不失真地恢复原有的测量信号（低频调制信号）的过程。调制与解调是对信号作变换的两个相反过程。

一般将控制高频振荡信号的缓变信号（低频信号）称为调制信号；载送缓变信号的高频振荡信号称为载波；经过调制后的高频振荡信号称为已调制波。当被控制参量分别为高频振荡信号的幅值、频率和相位时，则相应地分别称为：幅值调制（AM），即调幅；频率调制（FM），即调频；相位调制（PM），即调相。其调制后的波形分别称为调幅波、调频波和调相波。调幅波、调频波和调相波都是已调制波。由于被测信号的频率相对高频载波而言属于

低频缓变信号。因此,被测信号在调制中就是调制信号。图 5-7 所示分别为载波信号、调制信号、调幅波及调频波。

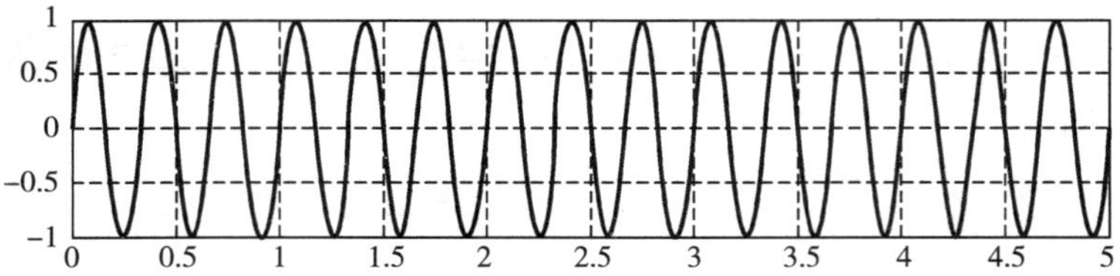

(a) 载波信号

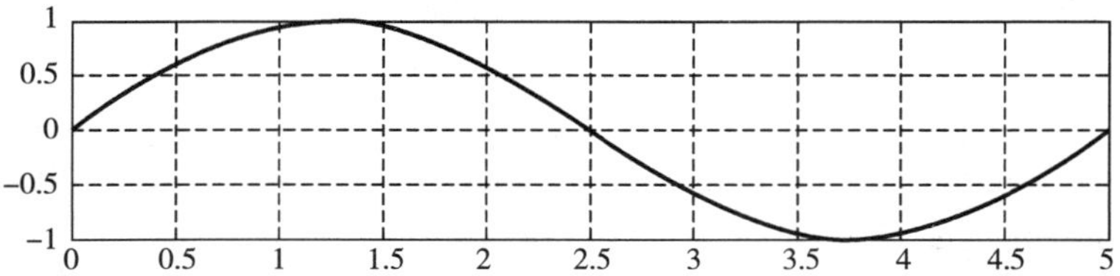

(b) 调制信号

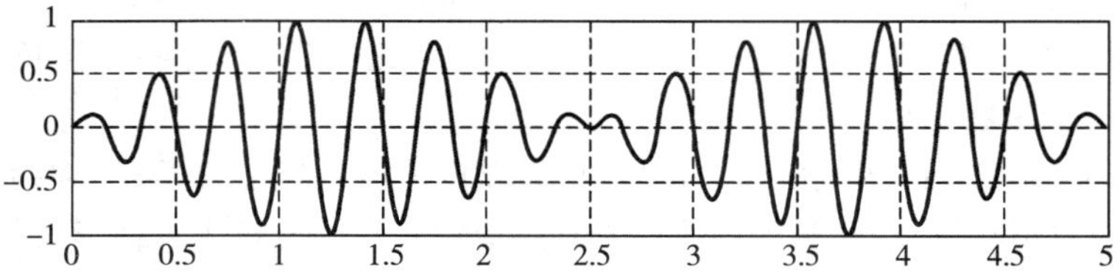

(c) 调幅波

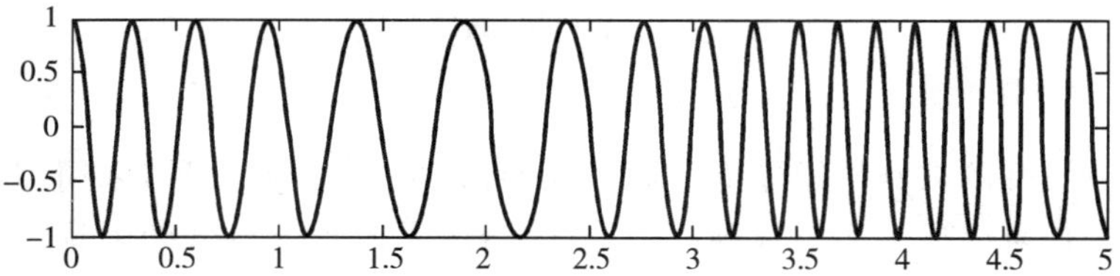

(d) 调频波

图 5-7 载波信号、调制信号、调幅波及调频波

从时域上讲,调制过程是使载波的某一参量随调制波幅值的变化而变化的过程;从频域上讲调,调制过程是一个频移的过程。调频(FM)和调相(PM)在本质上都是具有角度调制的特点,所以在具体处理上具有共同的特点。测试技术中常用的是幅值调制和频率调制,本节主要介绍测量装置中常用的调幅、调频及其解调的基本方法和原理。

5.3.1 调幅与其解调

1. 调幅的原理

调幅即幅值调制,使载波的幅值随着调制波幅值的变化而变化。调幅在数学意义上,其实是将一个高频简谐信号(载波信号)的幅值与被测试的缓变信号(调制信号)相乘,即用模拟乘法器进行幅值调制。调幅时,载波、调制信号及已调制波的关系如图 5-7 所示。

设调制信号为被测信号 $x(t)$，其最高频率成分为 f_m，载波信号为 $\cos 2\pi f_0 t$，其中要求 $f_0 \gg f_m$，则可得调幅波：

$$x_m(t) = x(t) \cdot \cos 2\pi f_0 t \tag{5-20}$$

如果已知傅里叶变换对 $x(t) \Leftrightarrow X(f)$，根据傅里叶变换的频域卷积特性：两个时域函数乘积的傅里叶变换等于两者傅里叶变换的卷积，即

$$x(t) \cdot y(t) \Leftrightarrow X(f) * Y(f)$$

而余弦函数的频域图形是一对脉冲谱线，即

$$\cos 2\pi f_0 t \Leftrightarrow \frac{1}{2}\delta(f - f_0) + \frac{1}{2}\delta(f + f_0)$$

根据傅里叶变换的频域卷积特性和 δ 函数的卷积特性，可得

$$\begin{aligned} x(t) \cdot \cos 2\pi f_0 t &\Leftrightarrow \frac{1}{2}[X(f) * \delta(f - f_0) + X(f) * \delta(f + f_0)] \\ &= \frac{1}{2}[X(f - f_0) + X(f + f_0)] \end{aligned} \tag{5-21}$$

由单位脉冲函数的性质可知，一个函数与单位脉冲函数卷积的结果就是将其频谱图形由坐标原点平移至该脉冲函数频率处。所以，如果以高频余弦信号作载波，把信号 $x(t)$ 与载波信号相乘，其结果就相当于把原信号 $x(t)$ 的频谱图形由原点平移至载波频率 f_0 处，其幅值减半，如图 5 - 8 所示。

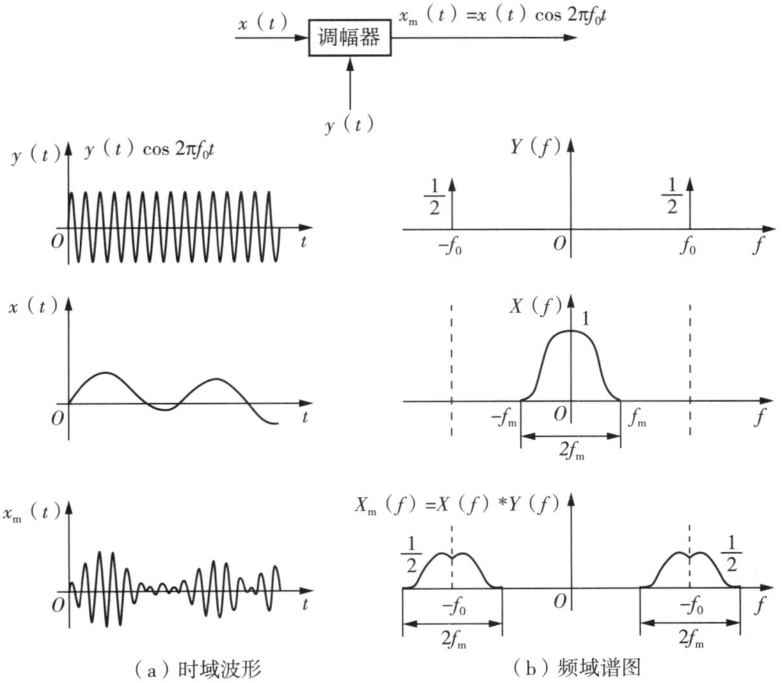

（a）时域波形　　（b）频域谱图

图 5 - 8　调幅过程示意

从调制过程看，载波频率 f_0 必须高于原信号中的最高频率 f_m 才能使已调制波仍能保持原信号的频谱图形，不致重叠。为了减少放大电路可能引起的失真，信号的频宽（$2f_m$）相对中心频率（载波频率 f_0）越小越好。调幅以后，原信号 $x(t)$ 中所包含的全部信息均转移到以 f_0 为中心、宽度为 $2f_m$ 的频带范围之内，即将原信号从低频区推移至高频区。所以，调幅过程相当于频谱“搬移”过程。在实际应用中，载波频率常常是调制信号上限频率的十倍至数十倍。

综上所述，幅值调制的过程在时域上是调制信号与载波信号相乘的运算；在频域上是调制信号频谱与载波信号频谱卷积的运算，是一个频移的过程。这就是幅值调制得到广泛应用的最重要的理论依据。幅值调制的频移功能在工程技术上具有重要的使用价值。例如，广播电台把声频信号移频至各自分配的高频、超高频频段上，既便于放大和传递，也可避免各电台之间的干扰。

在工程测试中，电桥常常作为一种乘法电路，用来对电阻式、电容式和电感式传感器的输出信号进行转换。下面研究图 5－9 所示的利用电桥进行幅值调制的实现过程。

由 5.2 节中对半桥单臂、半桥双臂和全桥四臂三种电桥的输出电压公式推导，不同接法的电桥可表示为

$$U_o = K\frac{\Delta R}{R_0}U_i \tag{5-22}$$

式（5－22）中：K 为接法系数。当电桥输入 $\Delta R/R_0 = R(t)$ 为被测的缓变信号，交流电源 $U_i = E_0\cos 2\pi f_0 t$ 时，式（5－22）可表示为

$$U_o = KR(t)E_0\cos 2\pi f_0 t \tag{5-23}$$

由式（5-23）可得，电桥的输出电压 U_o 随 $R(t)$ 变化而变化，即 U_o 的幅值受 $R(t)$ 的控制，其频率为输入电压信号 U_i 的频率 f_0。

$U_i = E_0\cos 2\pi f_0 t$ 实际上是载波信号，电桥的输入 $\Delta R/R_0 = R(t)$ 是调制信号，$R(t)$ 对载波信号进行了幅值调制，U_o 是调幅波。因此，电桥就是一个调幅器。从时域上讲，调幅器是一个乘法器。被测缓变信号 $R(t)$ 经电桥调幅后，信号的频谱产生了频移，移到载波的频率 f_0 处，如图 5－8(b) 所示。

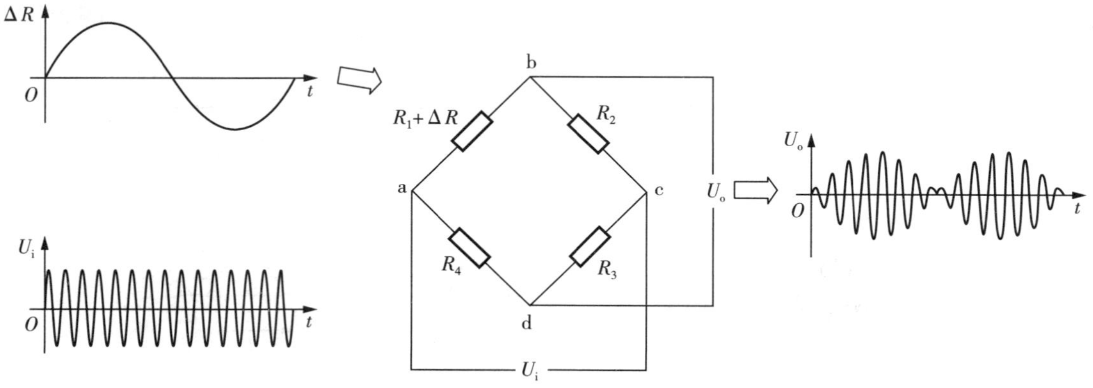

图 5－9　电桥调幅的输入 / 输出关系

2. 调幅波的解调

为了从调幅波中将原测量信号恢复出来，就必须对调幅波进行解调。常用的解调方法有同步解调、整流检波解调和相敏检波解调。

(1) 同步解调

同步解调是将已调制波与原载波信号再作一次乘法运算，“同步”是指解调时所乘的信号与调制时的载波信号具有相同的频率和相位。将已调制波与载波相乘，即

$$x(t)\cdot\cos 2\pi f_0 t\cdot\cos 2\pi f_0 t=\frac{1}{2}x(t)+\frac{1}{2}x(t)\cos 4\pi f_0 t \tag{5-24}$$

其傅里叶变换为

$$\begin{aligned}F[x(t)\cos 2\pi f_0 t\cos 2\pi f_0 t]&=F\left[\frac{1}{2}x(t)+\frac{1}{2}x(t)\cos 2\pi f_0 t\right]\\&=\frac{1}{2}X(\mathrm{f})+\frac{1}{4}X(f-2f_0)+\frac{1}{4}X(f+2f_0)\end{aligned} \tag{5-25}$$

同步解调的信号的频域图形将再一次进行“搬移”，如图 5-10 所示，即将以坐标原点为中心的已调制波频谱搬移到以载波中心 $2f_0$ 处。由于载波频谱与原来调制时的载波频谱相同，第二次搬移后的频谱有一部分搬移到原点处，所以同步解调后的频谱包含两部分，即与原调制信号相同的频谱和附加的高频频谱。与原调制信号相同的频谱是恢复原信号波形所需要的，附加的高频频谱则是不需要的。当用低通滤波器滤去大于 f_m 的成分时，则可以复现原信号的频谱，也就是说在时域恢复了原波形。图 5-10 中高于低通滤波器截止频率 f_c 的频率成分将被滤去。

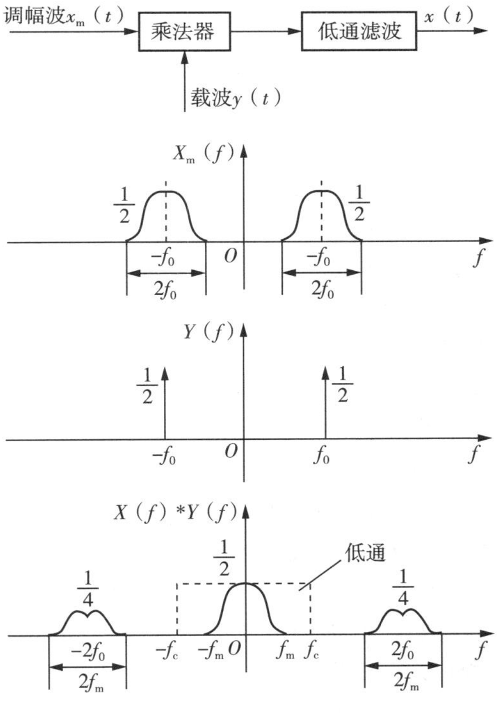

图 5-10　同步解调示意图

但须注意，同步解调后的信号相比较原信号，具有相同的频谱，但其幅值减小了一半，通过后续放大可对此进行补偿。同步解调方法简单，但要求有性能良好的线性乘法器件，否则将引起信号失真。

(2) 整流检波解调

一般整流检波就是利用二极管单向导电性能从调幅波中分离电压信号。对无极性变化的调制信号，采用一般整流检波方法，其解调结果能恢复原信号；但对有极性变化的调制信号，采用一般整流检波方法，解调结果却不能反映原信号极性，产生失真。

因此，对于有极性变化的调制信号，可以采用直流偏置的方法，即先叠加一足够的直流

分量,使信号都具有正电压,然后再与高频载波相乘得到已调制波,在解调时,只需对已调制波作整流和检波,最后去掉所加直流分量 A,就可以恢复原调制信号,这种解调方式称为整流检波解调,如图 5-11(a) 所示。

此方法虽然可以恢复原信号,但在调制解调过程中有一加、减直流分量 A 的过程,由于实际工作中要使每一直流本身很稳定,且使两个直流完全对称是较难实现的,这样原信号波形与经调制解调后恢复的波形虽然幅值上可以成比例,但在分界正、负极性的零点上可能有漂移,从而使得分辨原波形正、负极性上可能有误,如图 5-11(b) 所示。而相敏检波解调技术就解决了这一问题。

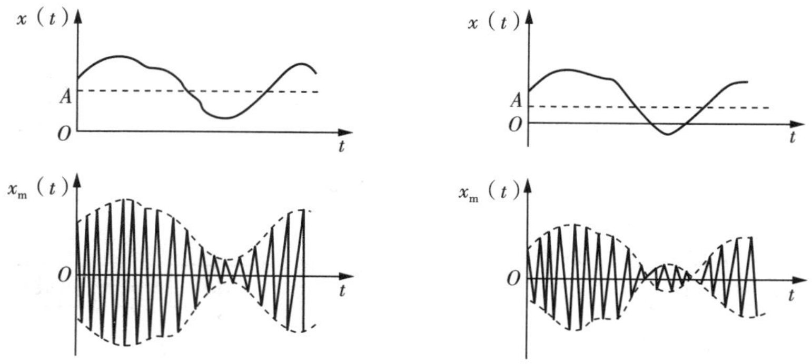

(a) 偏置电压足够大　　(b) 偏置电压不够大

图 5-11　调制信号加偏置的调幅波

(3) 相敏检波解调

相敏检波解调采用的装置是相敏检波器,由一些能敏感信号极性的电路,通常由二极管、晶体管或场效应晶体管组成。常见的二极管相敏检波器的结构和它的输出、输入的关系如图 5-12 所示。

相敏检波器由四个特性相同的二极管 $D_1 \sim D_4$ 沿同一方向串联成一个桥式电路,各桥臂上通过附加电阻将电桥预调平衡。四个端点分别接在变压器 T_1 和 T_2 的次级线圈上,变压器 T_1 的输入信号为调幅波 $x_m(t)$,T_2 的输入信号为载波 $y(t)$,$u_L(t)$ 为输出。要求 T_2 的次级输出远大于 T_1 的次级输出。

相敏检波器利用载波做参考信号来鉴别调制信号的极性。当调幅波与载波同相时,相敏检波器的输出电压为正;当调幅波与载波反相时,其输出电压为负。输出电压的大小仅与信号电压成比例,而与载波电压无关,既能反映出调制信号的幅值,又能反映出调制信号的极性(相位)的解调器。当调幅波过零线时,它的相位相对于载波的相位变化了 180°,如图 5-12(b) 中的 $x_m(t)$ 波形。相敏检波器就是利用这一特点进行调幅波与载波之间的相位比较,所得到的信号不仅反映了所测量信号的幅值,也反映了测量信号的极性。

如图 5-12 所示,相敏检波是利用二极管的单向导通作用将电路输出极性换向。简单地说,这种电路相当于在 $0 \sim t_1$ 段把 $x_m(t)$ 的负部翻上去,而在 $t_1 \sim t_2$ 段把 $x_m(t)$ 的正部翻下来。若将 $u_L(t)$ 经低通滤波器滤波,则所得到的信号就是 $x_m(t)$ 经过"翻转"后的包络。

相敏滤波器输出波形的包络线即是所需要的信号,因此,必须把它和载波分离。被测信号的最高频率远小于载波频率,所以通常在相敏检波器的输出端再接一个适当频带的低通

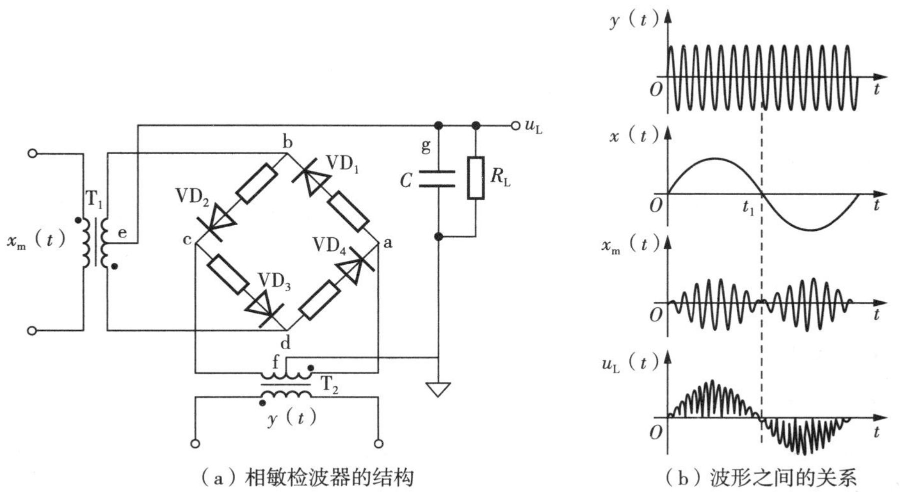

图 5-12　二极管相敏检波电路及其输出、输入的关系

滤波器，即可得到与原信号波形一致但已经放大了的信号，达到解调的目的。

由以上分析可知，通过相敏检波可得到一个幅值与极性均随调制信号的幅值与极性变化的信号，从而使被测信号得到重现。换言之，对于具有极性或方向性的被测量，经调制以后要想正确地恢复原有的信号波形，必须采用相敏检波的方法。

3. 幅值调制与解调的应用(应变片)

幅值调制与解调在工程技术上用途很多，动态电阻应变仪可作为电桥调幅与相敏检波的典型实例，如图 5-13 所示。

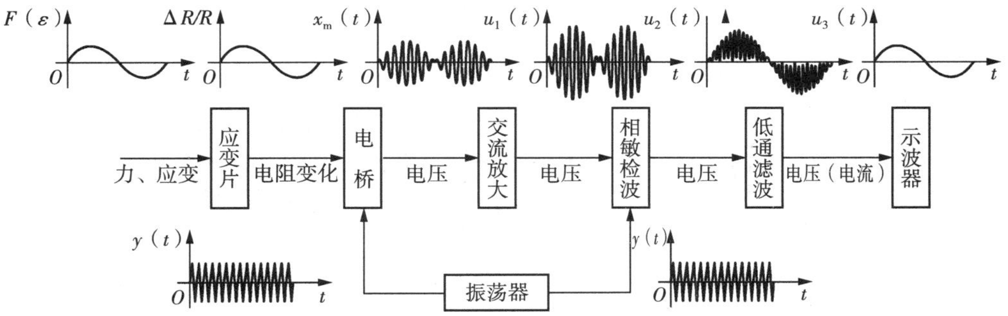

图 5-13　动态电阻应变仪原理框图

交流电桥由振荡器供给高频等幅正弦激励电压源作为载波 $y(t)$，贴在试件上的应变片受力 $F(\varepsilon)$ 等作用，其电阻变化 $\Delta R/R$ 反映试件上的应变 ε 的变化。由于电阻 R 为交流电桥的一桥臂，则电桥有电压输出 $x(t)$。原信号的 $x(t)$ 即电阻变化 $\Delta R/R$，其与高频载波 $y(t)$ 作幅值调制后的调幅波 $x_m(t)$，经放大器后幅值将放大为 $u_1(t)$。$u_1(t)$ 送入相敏检波器后被解调为原信号波形包络线的高频信号波形 $u_2(t)$，$u_2(t)$ 进入低通滤波器后，高频分量被滤掉，则恢复为原来被放大的信号 $u_3(t)$。最后记录器将 $u_3(t)$ 的波形记录下来，$u_3(t)$ 反映了试件应变变化情况，其应变大小及正负都能准确地显示出来。

经上述分析，该测试系统中各环节的作用可总结为：

(1) 应变片：信号的获取，将力或应变信号转换为电压信号；

(2) 电桥：将应变片输出的电压信号进行幅值调制，得到调幅波；

(3) 交流放大器：将调幅波进行幅值放大；

(4) 相敏检波器：将放大的调幅波进行幅值解调；

(5) 振荡器：为电桥中幅值调制以及相敏检波器幅值解调提供高频载波信号；

(6) 低通滤波器：滤掉幅值解调后的信号中的高频成分，得到原低频信号；

(7) 示波器：显示记录经过调理后的信号。

5.3.2 调频及其解调

调频即频率调制，是用调制信号（缓变的被测信号）去控制载波信号的频率，使其随调制信号的变化而变化。经过调频的被测信号储存在频率中，不易衰落，也不易混乱和失真，使得信号的抗干扰能力得到很大的提高；同时，调频信号还便于远距离传输和采用数字技术。由于调频信号的这些优点使得调频和解调技术在测试技术中得到了广泛应用。

1. 调频的原理

调频就是利用调制信号的幅值控制一个振荡器产生的信号频率。振荡器输出的是等幅波，其振荡频率变化值和调制信号幅值成比例关系。调制信号幅值为零时，调频波的频率（载波频率）就等于中心频率；调制信号幅值为正值时，调频波的频率升高，负值时则频率降低。所以调频波是随时间变化的疏密不等的等幅波，如图 5 - 14 所示。

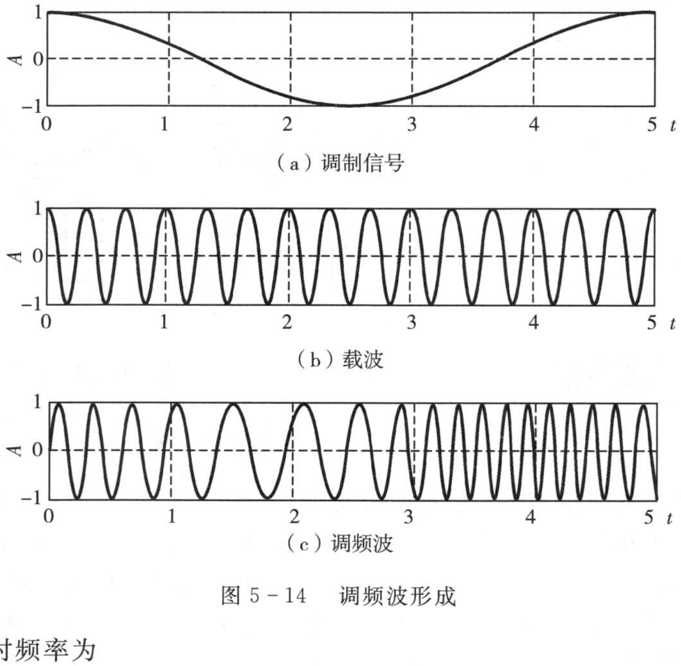

（a）调制信号

（b）载波

（c）调频波

图 5 - 14　调频波形成

调频波的瞬时频率为

$$f(t) = f_0 \pm \Delta f$$

式中：f_0 为载波频率；

Δf 为频率偏移，与调制信号的幅值成正比。

设调制信号 $x(t)$ 是幅值为 X_0、频率为 f_m 的余弦波，其初始相位为零，则有

$$x(t)=X_0\cos 2\pi f_m t$$

载波信号为

$$y(t)=Y_0\cos(2\pi f_0 t+\varphi_0)$$

调频时载波的幅值 Y_0 和初相位 φ_0 不变，瞬时频率 $f(t)$ 围绕着 f_0 随调制信号幅值作规律变化，因此

$$f(t)=f_0+K_f X_0\cos 2\pi f_m t=f_0+\Delta f_f\cos 2\pi f_m t \tag{5-26}$$

式(5-26)中：Δf_f 是由调制信号幅值 X_0 决定的频率偏移，$\Delta f_f=K_f X_0$；K_f 为比例常数，其大小由具体的调频电路决定。

由式(5-26)可知，频率偏移与调制信号的幅值成正比，而与调制信号的频率无关，这是调频波的基本特征之一。

2. 调频电路

实现信号的调频方法很多，这里主要介绍仪器中最常用的方法 — 谐振电路调频。

谐振电路是把电容、电感等电参量的变化转换为电压变化的电路。如图 5-15 所示的谐振电路通过耦合高频振荡器获得电路电源。谐振电路的阻抗值取决于电容、电感的相对值和电源的频率值。当谐振电路如图 5-16 所示时，其谐振频率为

$$f_n=\frac{1}{2\pi\sqrt{LC}}$$

式中：f_n 为谐振电路的固有频率(Hz)；

L、C 为谐振电路的电感(H)和电容(F)。

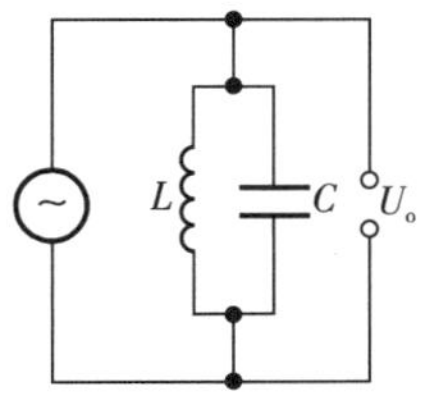

图 5-15　谐振电路

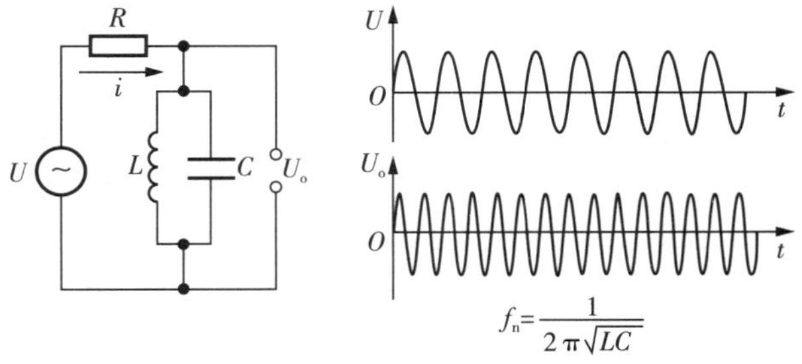

图 5-16　电抗变化转换为电压的转化

在测量系统中，以电感或电容作为传感器感受被测量的变化，传感器的输出作为调制信号的输入，振荡器原有的振荡信号作为载波。当有调制信号输入时，振荡器输出的信号就是被调制后的调频波。在图 5-17 所示的电路中，设 C_1 为电容传感器，初始电容量为 C_0，则电路的谐振频率为

$$f_0 = \frac{1}{2\pi\sqrt{L(C_0 + C)}} \tag{5-27}$$

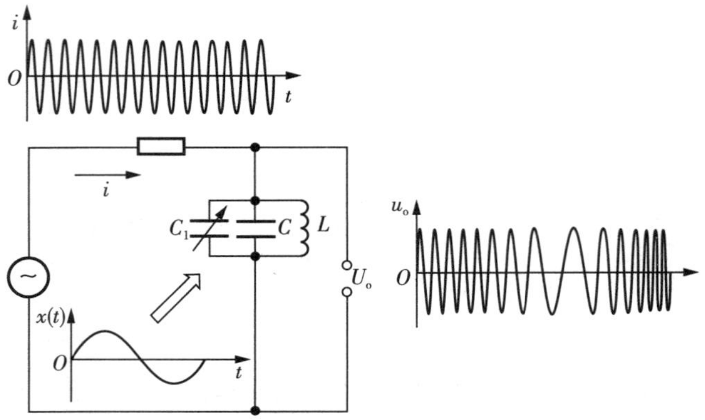

图 5-17　振荡电路用做调频器

若电容 C_0 的变化量为 $\Delta C = K_x C_0 x(t)$，K_x 为比例系数，$x(t)$ 为被测信号，结合式(5-27)，则谐振频率变为

$$f = \frac{1}{2\pi\sqrt{L(C_0 + C + \Delta C)}} = f_0 \frac{1}{\sqrt{1 + \frac{\Delta C}{C + C_0}}} \tag{5-28}$$

将式(5-28)按泰勒级数展开并忽略其高阶项，则

$$f \approx f_0\left(1 - \frac{\Delta C}{2(C + C_0)}\right) = f_0 - \Delta f \tag{5-29}$$

式中：$\Delta f = f_0 \dfrac{\Delta C}{2(C + C_0)} = f_0 \dfrac{K_x C_0 x(t)}{2(C + C_0)} = f_0 K_f x(t)$，$K_f = \dfrac{K_x C_0}{2(C + C_0)}$。

从式(5-29)可知，LC 振荡回路的振荡频率 f 与谐振参数的变化呈线性关系，即振荡频率 f 受控于被测信号 $x(t)$。

3. 频率解调电路

谐振电路调频波的解调一般使用鉴频器，通常由线性变换电路与幅值检波电路组成，如图 5-18(a) 所示。鉴频原理是将频率的变化相应地复原为原来电压幅值的变化。调频波通过正弦波频率的变化来反映被测信号的幅值变化，因此，调频波的解调首先把调频波变换成调频调幅波，然后进行幅值检波。

在图 5-18(a) 所示电路，调频波 e_f 经过变压器耦合后，加于 L_1、C_1 组成的谐振电路上，而在 L_2、C_2 并联振荡回路两端获得如图 5-18(b) 所示的电压-频率特性曲线。当等幅调频波 e_f 的频率等于回路的谐振频率 f_n 时，线圈 L_1、L_2 中的耦合电流最大，次级输出电压 e_a 也最大。e_f 的频率偏离 f_n，e_a 也随之下降。通常利用特性曲线的次谐振区近似直线的一段实现频率-电压变换。将 e_a 经过二极管进行半波整流，再经过 RC 组成的滤波器滤波，滤波器的输出电压 e_o 与调制信号成正比，复现了被测量信号 $x(t)$，则解调完毕。

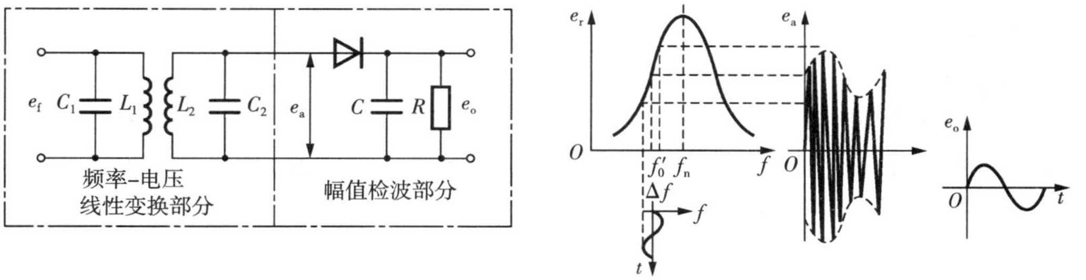

(a) 鉴频器电路　　(b) 波形图

图 5-18　调频波的解调原理示意

由于调频信号所携带的信息包含在频率变化之中，并非在振幅之中，而干扰波的干扰作用则主要表现在振幅上，故频率调制的抗干扰能力较强。不过，调频波通常要求很宽的频带，甚至为调幅所要求带宽的 20 倍，因此调频系统较之调幅系统更为复杂。

5.4　滤　波　器

信号滤波是各种测控系统中必不可少的技术环节，广泛应用于信号处理及电子线路的抗干扰技术中。测控系统从传感器获取的信号，往往包含着噪声和一些与被测量无关的信号，而且原始测量信号中也可能会混入各种不同形式的噪声或干扰，从而影响测量的精度。这些噪声或干扰一般具有较强的随机性，很难从时域中直接分离，而利用滤波器可以从频域内实现对噪声或干扰的抑制，提取所需的测量信号。

滤波是指让被测信号中的有效成分通过而将其中不需要的成分抑制或衰减掉的过程。滤波器是具有频率选择作用的电路或运算处理系统，当信号与噪声分布在不同频带中时，可以从频率域实现信号与噪声的分离。

5.4.1　滤波器的分类

信号进入滤波器后，部分特定的频率成分可以通过，而其他频率成分极大地衰减。对于一个滤波器，信号能通过它的频率范围称为该滤波器的频率通带，简称通带。被抑制或极大地衰减的频率范围称为频率阻带，简称阻带。通带与阻带的交界点，称为截止频率。

根据滤波器的选频方式，一般可将其分为低通滤波器、高通滤波器、带通滤波器和带阻滤波器四种类型，如图 5-19 所示。

1. 低通滤波器

在 $0 \sim f_2$ 频率，幅频特性平直，如图 5-19(a) 所示。它可以使信号中低于 f_2 的频率成分几乎不受衰减地通过，而高于 f_2 的频率成分都被衰减掉，所以称为低通滤波器，f_2 称为低通滤波器的上截止频率。

2. 高通滤波器

与低通滤波器相反，当频率大于 f_1 时，其幅频特性平直，如图 5-19(b) 所示。它使信号

中高于 f_1 的频率成分几乎不受衰减地通过，而低于 f_1 的频率成分则被衰减掉，所以称为高通滤波器，f_1 称为高通滤波器的下截止频率。

3. 带通滤波器

它的通频带在 $f_1 \sim f_2$。它使信号中高于 f_1，而低于 f_2 的频率成分可以几乎不受衰减地通过，如图 5-19(c) 所示。而其他的频率成分则被极大地衰减，所以称为带通滤波器。f_1、f_2 分别称为此带通滤波器的下、上截止频率。

4. 带阻滤波器

与带通滤波器相反，阻带在频率 $f_1 \sim f_2$，它使信号中高于 f_2 而低于 f_1 的频率成分被极大地衰减，其余频率成分几乎不受衰减地通过，如图 5-19(d) 所示。

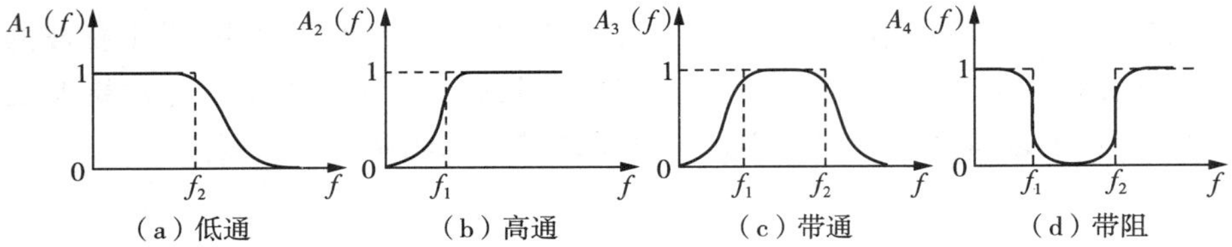

图 5-19 四种滤波器的幅频特性

这四种滤波器的特性之间存在着一定的联系：高通滤波器的幅频特性可以看做为低通滤波器做负反馈而得到的，即 $A_2(\mathrm{f})=1-A_1(\mathrm{f})$；带通滤波器的幅频特性可以看作为带阻滤波器做负反馈而获得的，即 $A_3(\mathrm{f})=1-A_4(\mathrm{f})$；带阻滤波器是低通和高通滤波器的组合。

5.4.2 理想滤波器

理想滤波器是一个理想化的模型，是根据滤波网络的某些特性理想化而定义的，是一种物理不可实现的系统。但对它的研究，有助于理解滤波器的传输特性，并且由此导出的一些理论可作为实际滤波器传输特性分析的基础。

理想滤波器是指能使通带内信号的幅值和相位都不失真，阻带内的频率成分都衰减为零的滤波器，其通带和阻带之间有明显的分界线。也就是说，理想滤波器在通带内的幅频特性为常数，相频特性的斜率为常值，而在通带外的幅频特性为零。

根据线性系统的不失真测试条件，理想测试系统的频率响应函数为

$$H(\mathrm{f})=A_0\mathrm{e}^{-j2\pi f t_0}$$

式中：A_0，t_0 均为常数。

若滤波器的频率响应函数满足

$$H(\mathrm{f})=\begin{cases}A_0\mathrm{e}^{-j2\pi f t_0} & |f|<f_c \\ 0 & 其他\end{cases} \tag{5-30}$$

式 5-30 中：f_c 为滤波器的截止频率，则该滤波器称为理想低通滤波器，其幅频和相频特性分别为

$$\begin{cases} A(\mathrm{f}) = A_0 \\ \varphi(\mathrm{f}) = -2\pi f t_0 \end{cases} \quad |f| < f_c \tag{5-31}$$

如图 5-20 所示，幅频特性对称于纵坐标，相频特性中直线过原点且斜率为 $-2\pi t_0$。即，一个理想滤波器在其通带内幅频特性为常数，相频特性为通过原点的直线，在通带外幅频特性值应为零。这样，理想滤波器能使通带内输入信号的频率成分不失真地传输，而在通带外的频率成分全部衰减掉。

（a）幅频特性　（b）相频特性

图 5-20　理想滤波器的幅频和相频特性

若将单位脉冲输入理想低通滤波器，则它的响应为一个 sinc 函数，如图 5-21 所示。如无相角滞后，即 $t_o=0$，则在单位脉冲信号输入的情况下，滤波器的单位脉冲响应函数为

$$h(t) = 2A_0 f_c \frac{\sin[2\pi f_c(t-t_0)]}{2\pi f_c(t-t_0)} = 2A_0 f_c \operatorname{sinc}[2\pi f_c(t-t_0)] \tag{5-32}$$

若没有相角滞后，即 $t_0=0$，式(5-32) 变为

$$h(t) = 2A_0 f_c \frac{\sin(2\pi f_c t)}{2\pi f_c t} \tag{5-33}$$

从图 5-21 中可看出，理想低通滤波器的脉冲响应函数的波形在整个时间轴上延伸，且其输出在输入单位脉冲信号 $\delta(t)$ 到来之前，亦即 $t<0$ 时便已经出现，对于实际的物理系统来说，在信号被输入之前是不可能有任何输出的，出现上述结果是由于采取了实际中不可能实现的理想化传输特性的缘故。因此理想低通滤波器，推而广之包括理想高通、带通、带阻波器在物理上都是不可实现的。

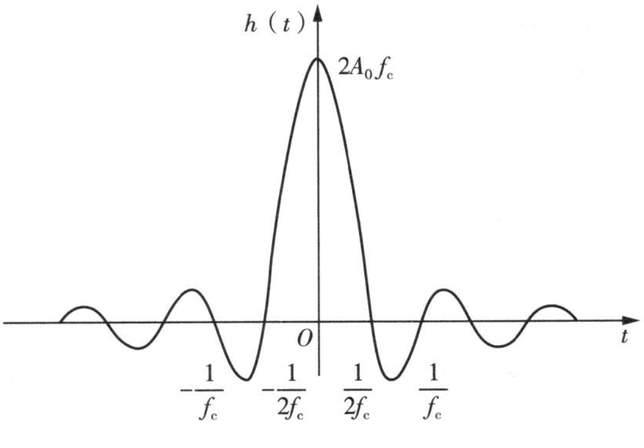

图 5-21　脉冲响应函数

5.4.3　实际 RC 滤波器

1. 实际滤波器的基本参数

实际带通滤波器的幅频特性如图 5-22 所示。实际滤波器的通带和阻带之间没有明显

的界限，而是存在一个过渡带。在过渡带内的频率成分不会被完全抑制，只会受到不同程度的衰减。当然，希望过渡带越窄越好，也就是希望对通带外的频率成分衰减得越快、越多越好。因此，在设计实际滤波器时，总是通过各种方法使其尽量逼近理想滤波器。与理想滤波器相比，需要用更多的参数来描述实际滤波器的特性，主要参数有截止频率、带宽、中心频率、纹波幅度、品质因数和倍频程选择性等。

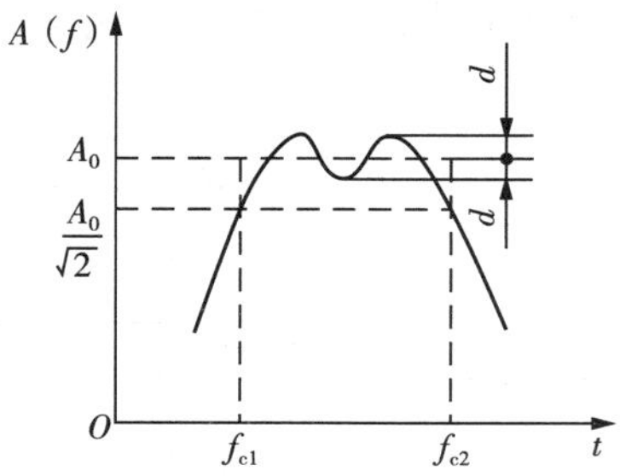

图 5－22　理想和实际带通滤波器的幅频特性

(1) 截止频率

幅频特性值为 $A_0/\sqrt{2}$ 时所对应的频率称为滤波器的截止频率。如图 5－22 所示，以 $A_0/\sqrt{2}$ 作平行于横坐标的直线与幅频特性曲线相交两点的横坐标值为 f_{c1}、f_{c2}，分别称为滤波器的下截止频率和上截止频率。若以 A_0 为参考值，则 $A_0/\sqrt{2}$ 相对于 A_0 衰减 -3dB。($20\lg\dfrac{A_0/\sqrt{2}}{A_0}=-3\text{dB}$)

(2) 带宽

滤波器上、下两截止频率之间的频率范围称为滤波器的带宽，单位为 Hz。带宽决定着滤波器分离信号中相邻频率成分的能力——频率分辨力。根据带宽的类型，滤波器一般做成恒带宽滤波器和恒带宽比滤波器。

对恒带宽滤波器，其带宽 B 为

$$B=f_{c2}-f_{c1} \tag{5-34}$$

对恒带宽比滤波器，其截止频率满足

$$f_{c2}=2^n f_{c1} \tag{5-35}$$

式中：n 为倍频程数。当 $n=1$ 时，称为倍频程滤波器；当 $n=1/3$ 时，称为 1/3 倍频程滤波器。这类滤波器的带宽 B 为

$$B=f_{c2}-f_{c1}=2^n f_{c1}-f_{c1}=f_{c1}(2^n-1) \tag{5-36}$$

因为 $A_0/\sqrt{2}$ 相对于 A_0 衰减 -3dB，故称实际带宽为“负三分贝带宽”，以 $B_{-3\text{dB}}$ 表示。

(3) 中心频率

对于恒带宽滤波器，其中心频率定义为

$$f_0=\frac{f_{c1}+f_{c2}}{2} \tag{5-37}$$

对于恒带宽比滤波器，其中心频率定义为

$$f_0=\sqrt{f_{c1}\cdot f_{c2}} \tag{5-38}$$

(4) 品质因数 Q

中心频率 f_0 和带宽 B 之比称为滤波器的品质因数，即

$$Q=\frac{f_0}{B} \tag{5-39}$$

(5) 波纹幅度 d

实际的滤波器在通带内可能出现波纹变化，其波动幅度 d 与幅频特性的稳定值 A_0 相比，越小越好，一般应远小于 -3dB，即 $d \ll A_0/\sqrt{2}$。

(6) 倍频程选择

在两截止频率外侧，实际滤波器有一个过渡带，这个过渡带的幅频曲线倾斜程度表明了幅频特性衰减的快慢，它决定着滤波器对带宽外频率成分衰减的能力。通常用倍频程选择性来表征。倍频程选择性，是指在上截止频率 f_{c2} 与 $2f_{c2}$ 之间，或者在下截止频率 f_{c1} 与 $f_{c1}/2$ 之间幅频特性的衰减值，即频率变化一个倍频程时的衰减量，以 dB 表示。显然，衰减越快，滤波器的选择性越好。

(7) 滤波器因数(或矩形系数)

滤波器选择性的另一种表示方法是用滤波器幅频特性的 -60dB 带宽与 -3dB 带宽的比值 $\lambda=\dfrac{B_{-60\text{dB}}}{B_{-3\text{dB}}}$ 来表示。理想滤波器 $\lambda=1$，通常使用的滤波器 $\lambda=1\sim 5$。

2. *RC* 滤波器的基本特性

RC 滤波器具有电路简单、抗干扰性能强，有较强的低频性能，电阻、电容元件标准、易于选择的特点。因此，在测试系统中，常常选用 *RC* 滤波器。

(1) 一阶 *RC* 低通滤波器

RC 低通滤波器的典型电路如图 5-23(a) 所示。设滤波器的输入信号电压为 u_x，输出信号电压为 u_y，电路的微分方程式为

$$RC\frac{\mathrm{d}u_y}{\mathrm{d}t}+u_y=u_x \tag{5-40}$$

令 $\tau=RC$，称为时间常数，对式(5-37) 进行傅里叶变换，得到其频响函数：

$$H(\mathrm{j}\omega)=\frac{1}{j\tau\omega+1} \tag{5-41}$$

其幅频、相频特性分别为

$$A(\omega)=\frac{1}{\sqrt{1+(\omega\tau)^2}} \tag{5-42}$$

$$\varphi(\omega)=-\arctan\omega\tau \tag{5-43}$$

这是一个典型的一阶系统，其幅频、相频特性如图 5-23(b)、(c) 所示。

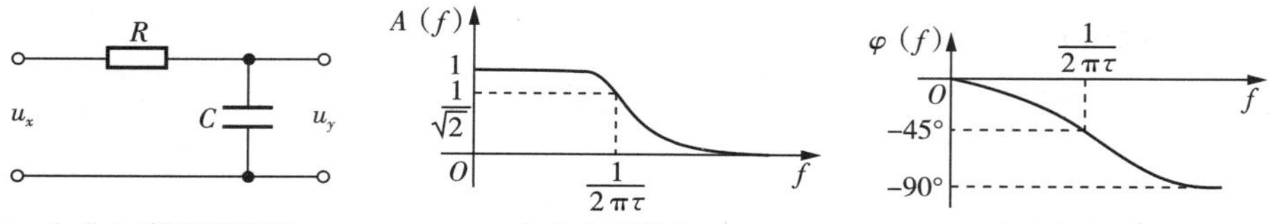

（a）RC低通滤波器　（b）幅频特性　（c）相频特性

图 5-23　RC 低通滤波器及其幅频、相频特性

由 RC 低通滤波器及其幅频、相频特性曲线图 5-23 可知：

① 当 $f \ll \frac{1}{2\pi RC}$ 时，$A(f)\approx 1$，信号几乎不受衰减地通过，并且 $\varphi(f)\sim f$ 相频特性也近似于一条通过原点的直线。这时 RC 低通滤波器可视为是一个不失真传输系统。

② 当 $f=\frac{1}{2\pi RC}$ 时，$A(f)=\frac{1}{\sqrt{2}}$，即幅频特性值为 -3dB 点，滤波器的上截止频率为

$$f_{c2}=\frac{1}{2\pi RC} \tag{5-44}$$

RC 值决定着滤波器的上截止频率。因此，适当改变 RC 参数就可以改变滤波器的截止频率。

③ 当 $f \gg \frac{1}{2\pi RC}$ 时，输出 u_y 与输入 u_x 的积分成正比，即

$$u_y=\frac{1}{RC}\int u_x \mathrm{d}t \tag{5-45}$$

此时 RC 低通滤波器起着积分器的作用，输出相位滞后于输入相位 90°。

(2)RC 高通滤波器

RC 高通滤波器如图 5-24(a) 所示。设输入信号电压为 u_x，输出信号电压为 u_y，则微分方程为

$$u_y+\frac{1}{RC}\int u_y \mathrm{d}t=u_x \tag{5-46}$$

同样，令 $RC=\tau$ 代入，然后作傅里叶变换，得到频响函数：

$$H(\mathrm{j}\omega)=\frac{\mathrm{j}\omega\tau}{1+\mathrm{j}\omega\tau} \tag{5-47}$$

其幅频、相频特性分别为

$$A(\omega)=\frac{\omega\tau}{\sqrt{1+(\omega\tau)^2}} \tag{5-48}$$

$$\varphi(\omega)=-\arctan\frac{1}{\omega\tau} \tag{5-49}$$

这是另一类的一阶系统，其幅频、相频特性如图 5－24(b)(c) 所示。

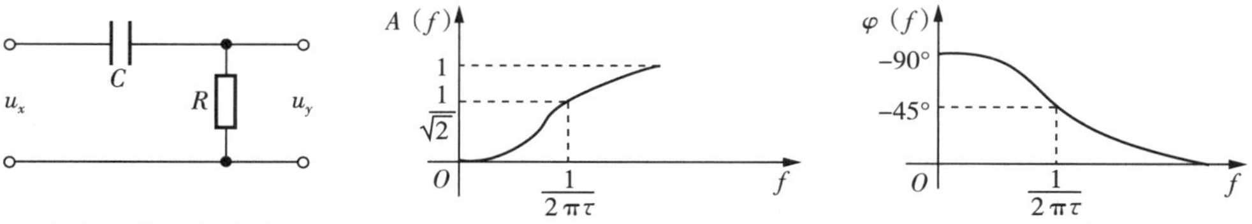

（a）RC高通滤波器　（b）幅频特性　（c）相频特性

图 5－24　RC 高通滤波器及其幅频、相频特性

由 RC 高通滤波器及其幅频、相频特性曲线图 5－24 可知：

① 当 $f\gg\frac{1}{2\pi RC}$ 时，$A(\mathrm{f})\approx 1$，$\varphi(\mathrm{f})\approx 0$，即当 f 相当大时，幅频特性接近于 1，相频特性趋于零，这时 RC 高通滤波器可视为不失真传输系统。

② 当 $f=\frac{1}{2\pi RC}$ 时，$A(\mathrm{f})=\frac{1}{\sqrt{2}}$，即滤波器的下截止频率为

$$f_{c1}=\frac{1}{2\pi RC} \tag{5-50}$$

③ 当 $f\ll\frac{1}{2\pi RC}$ 时，输出 u_y 与输入 u_x 的微分成正比，即

$$u_y=\frac{1}{RC}\frac{\mathrm{d}u_x}{\mathrm{d}t} \tag{5-51}$$

此时 RC 高通滤波器起着微分器的作用，输出相位超前于输入相位 90°。

(3)RC 带通滤波器

RC 带通滤波器的幅频特性可以看成低通和高通两个滤波器串联而成，如图 5－25 所示。串联所得的带通滤波器以原高通滤波器的截止频率为上截止频率，即 $f_{c1}=\frac{1}{2\pi\tau_1}$；相应地其下截止频率为原低通滤波器的下截止频率，即 $f_{c2}=\frac{1}{2\pi\tau_2}$。分别调节高、低通环节的时间常数($\tau_1$，$\tau_2$)，就可得到不同的上、下截止频率和带宽的带通滤波器。

带通滤波器的频率响应函数为

$$H(\mathrm{j}\omega)=H_1(\mathrm{j}\omega)\cdot H_2(\mathrm{j}\omega) \tag{5-52}$$

其幅频、相频特性分别为

$$A(j\omega)=A_1(j\omega)\cdot A_2(j\omega) \tag{5-53}$$

$$\varphi(j\omega)=\varphi_1(j\omega)+\varphi_2(j\omega)$$

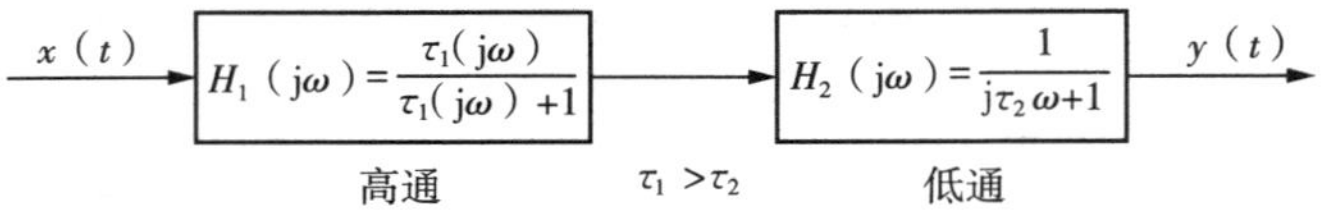

图 5-25 带通滤波器

5.4.4 恒带宽比滤波器和恒带宽滤波器

为了对信号频谱分析，或者需要摘取信号中某些特性频率成分，可将信号通过放大倍数相同而中心频率不同的多个带通滤波器，各个滤波器的输出主要反映信号中在该通带频率范围内的量值。带通滤波器实现频谱分析有两种方式：第一种是采用一组各自中心频率可调的带通滤波器，通过改变滤波器的参数使其中心频率随所需要的测量信号频段变化；另一种是使用各自中心频率固定，但按一定规律相隔的滤波器组，如图 5-26 所示。

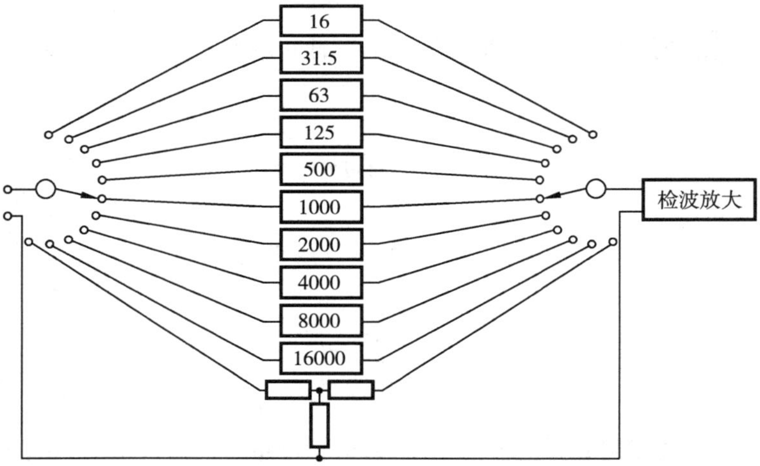

图 5-26 倍频程频谱分析装置

1. 恒带宽比滤波器

恒带宽比滤波器也称恒定百分比带通滤波器，是指相对带宽为常数的滤波器组。由式(5-39)可知，品质因数 Q 为中心频率 f_0 和带宽 B 之比，若采用具有相同 Q 值的调谐式滤波器做成邻接式滤波器，则滤波器组是恒带宽比的滤波器构成的。显然，中心频率 f_0 越大，其带宽 B 也越大，频率分辨力越低。

从恒带宽比滤波器的截止频率 f_{c1}、f_{c2} 和中心频率 f_0 的关系式(5-37)和式(5-38)可推得：

$$f_{c2}=2^{\frac{n}{2}}f_0,\ f_{c1}=2^{-\frac{n}{2}}f_0$$

因此

$$f_{c2}-f_{c1}=B=f_0/Q$$

$$\frac{1}{Q}=\frac{B}{f_n}=2^{\frac{n}{2}}-2^{-\frac{n}{2}} \tag{5-54}$$

对于不同的倍频程，其滤波器的品质因数如表 5-1 所示。

表 5-1　不同倍频程滤波器的品质因数

倍频程 n	1	1/3	1/5	1/10
品质因数 Q	1.41	4.32	7.21	14.42

对一组邻接的滤波器组，利用式(5-37)和式(5-38)可以推得后一个滤波器的中心频率 f_{02} 与前一个滤波器的中心频率 f_{01} 之间也有下列关系：

$$f_{02}=2^n f_{01} \tag{5-55}$$

因此，根据式(5-54)和式(5-55)，只要选定 n 值就可设计覆盖给定频率范围的邻接式滤波器组。对于 $n=1$ 的倍频程滤波器，不同中心频率对应的带宽如表 5-2 所示。

表 5-2　倍频程滤波器

中心频率 /Hz	16	31.5	63	125	250	…
带宽 /Hz	11.31	22.27	44.55	88.39	176.78	…

对于 $n=1/3$ 的倍频程滤波器组，不同中心频率对应的带宽如表 5-3 所示。

表 5-3　1/3 倍频程滤波器

中心频率 /Hz	12.5	16	20	25	31.5	40	50	63	…
带宽 /Hz	2.9	3.7	4.6	5.8	7.3	9.3	11.6	14.6	…

2. 恒带宽滤波器

恒带宽比滤波器(Q 为常数)的通带在低频段内很窄，而在高频段内则较宽。因此，滤波器组的频率分辨率在低频段内较好，而在高频段内则较差。

为使滤波器在所有频段都具有同样良好的频率分辨力，可采用恒带宽的滤波器。恒带宽滤波器是指滤波器的绝对带宽为常数，即：

$$B=f_{c2}-f_{c1}$$

图 5-27 给出了恒带宽与恒带宽比带通滤波器的对比图，为了便于说明问题，图中为理想滤波器的特性图。

为了提高滤波器的分辨能力，带宽应窄一些，但为了覆盖整个频率范围，所需的滤波器数量就很大。因此，恒带宽滤波器不宜做成中心频率和带宽固定的并联滤波器组，而是利用一个定带宽、定中心频率的滤波器加上可变参考频率的差频变换来适应各种不同中心频率

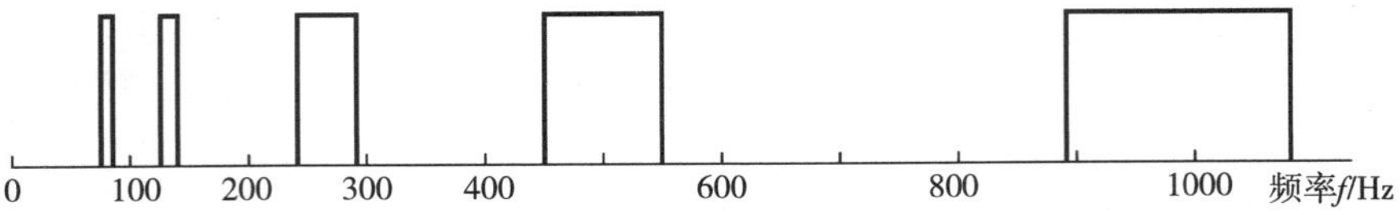

(a) 恒带宽比滤波器

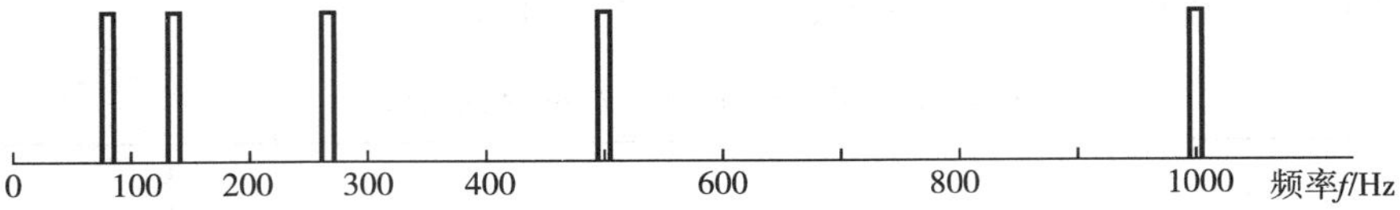

(b) 恒带宽滤波器

图 5－27　理想的恒带宽比恒带宽滤波器的特性对照

的定带宽滤波需要。

常用的恒带宽滤波器有相关滤波器和变频跟踪滤波两种，这两种滤波器的中心频率都能自动跟踪参考信号的频率。

5.4.5　滤波器的应用

1. 机床主轴轴心轨迹的滤波处理

采用涡流传感器(电容传感器亦可)对机床主轴的轴心进行偏心测试，模拟出主轴转动的轴心轨迹，如图 5－28 所示。在测试过程中，因有外界噪声信号干扰，传感器获取的信号不能真实反映传感器与主轴表面的间隙距离的变化规律，因此模拟得到的轴心轨迹较杂乱无章，需要将外界噪声信号的干扰影响尽量降低。可将传感器获取信号进行滤波处理，滤除信号中的高频噪声后，再进行轴心轨迹的模拟，便能清晰观察出轴心的运动规律。

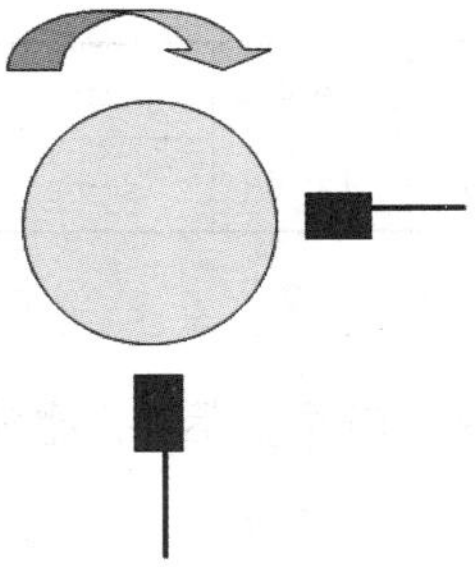
(a) 轴心轨迹测试示意图

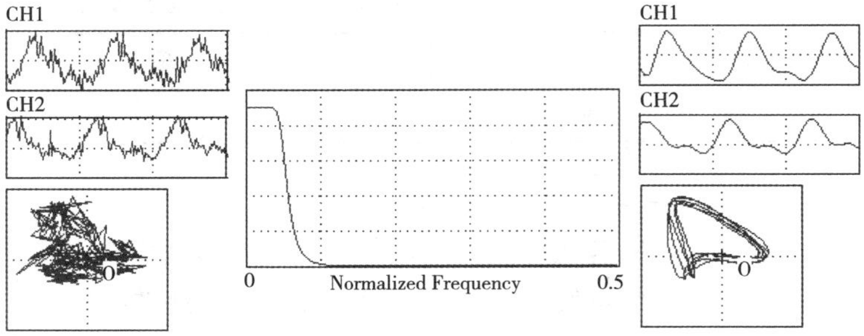

(b) 传感器输出信号及滤波处理的波形图

图 5－28　机床主轴轴心轨迹的测试

2. 钢管无损探伤实验中的滤波处理

采用无损探伤仪(如涡流传感器)对钢管进行损伤检测，输出信号的时域波形图如图 5－29(b) 所示，因信号受到零漂和低频晃动的影响，干扰了门限报警的准确性，通过高通滤波器，滤除信号中的零漂和低频晃动，便于门限报警以确定钢管上存在损伤或裂纹的位置。如图 5－29(c) 所示为滤波处理后的信号时域波形图，图中幅值有明显变化的波纹代表此时检测到钢管有损伤。

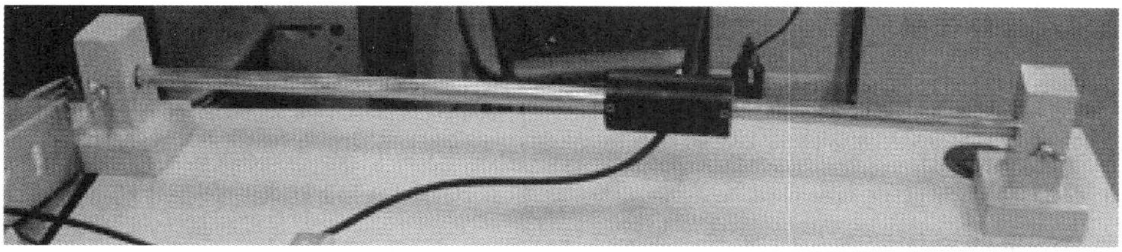

（a）钢管无损探伤实验平台

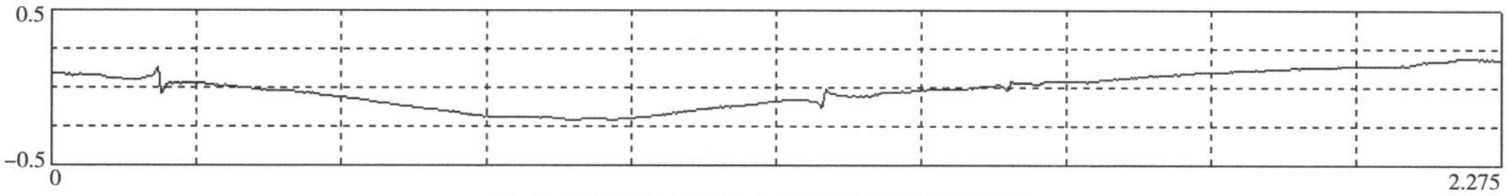

（b）无损探伤仪输出信号的时域波形图

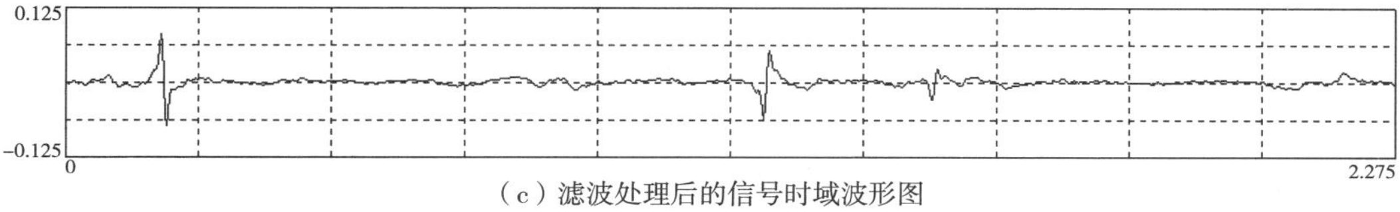

（c）滤波处理后的信号时域波形图

图 5-29　钢管无损探伤实验

5.5　信号的数字化处理

测试中许多信号是模拟信号，如力、位移等，它们都是时间的连续变量。经过传感器变换后，代表被测量的电压或电流信号的幅值在连续时间内取连续值，为模拟信号。模拟信号可以直接记录、显示或存储。但把模拟信号转换成数字信号，对信号记录、显示、存储、传输以及分析处理等都是非常有益的。数字信号处理具有一系列优点，如传输时有较高的抗干扰性、易于存储和处理方便等，它可以利用数学计算、计算机显示代替复杂的电路和机械结构。随着计算机技术在测试领域的应用，诸如波形存储、数据采集、数字滤波和信号处理以及自动测试系统与计算机控制等，既需要进行模拟 — 数字转换，也需要把数字信号转换成模拟信号以推动控制系统执行元件或者作模拟记录或显示。

数字信号处理主要研究用数字序列来表示测试信号，并用数学公式和运算来对这些数字序列进行处理，主要包括数字波形分析、幅值分析、频谱分析和数字滤波。测试信号数字化处理的基本流程为利用传感器检测被测物理量，再将转换后的电信号放大，经过模拟数字转换后，将其传递给计算机显示或分析，同时计算机通过数字模拟转换将其电信号控制被测对象，完成系统的功能。

若信号幅值和独立变量均离散，并且用二进制数来表示信号的幅值，则该信号为数字信号。数字信号可用数字序列来表示，如 001　011　110　111　…。在工程测试中，数字信号一般来自模拟信号。把模拟信号转换为与其相对应的数字信号的过程称之为模 / 数（A/D）转换过程，反之则称之为数 / 模（D/A）转换过程，它们是数字信号处理的必要程序。本节简单介绍模/数(A/D)和数/模(D/A)转换的基本原理以及采样定理。

5.5.1 A/D 转换原理

在 A/D 转换的过程中,输入的模拟信号在时间上是连续的,而输出的数字量是离散的,所以模一数转换是在一系列选定的瞬时(即时间坐标轴上的某些规定点)对输入的模拟信号采样,对采样值进行量化,再编码成相应的数字量。因此,A/D 转换过程包括了采样、量化、编码,其工作原理可如图 5-30 所示。

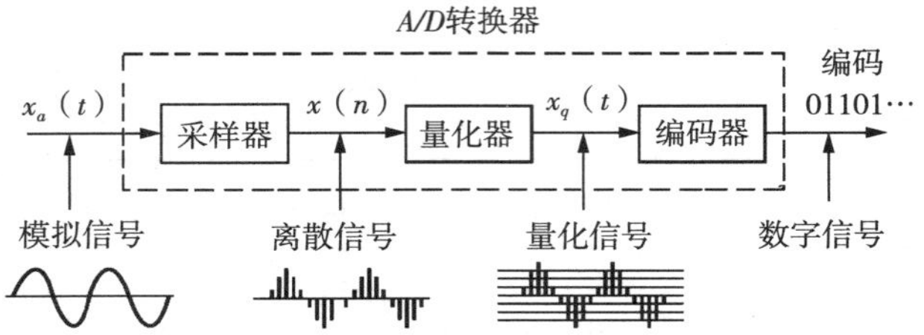

图 5-30　A/D 变换过程

1. 采样

将模拟信号变为离散时间信号,在各离散时刻上得到连续信号的样值,因此,若 $x_a(t)$ 为采样器的输入,利用采样脉冲序列,则输出为 $x_a(nT_s) \equiv x(n)$,Ts 为采样时间间隔,常称为采样间隔或采样周期。

采样是将连续时间信号变成离散时间信号的过程。经过采样,时间连续、数值连续的信号就变成了时间离散、数值连续的信号。采样电路相当于一个模拟开关,模拟开关周期性地工作,理论上,每个周期内,模拟开关的闭合时间趋于 0,便可以得到周期单位脉冲序列。在模拟开关闭合的时刻(采样时刻)就“采”到模拟信号的一个“值”,一段时间内所有采样的“值”的合,就是模拟信号采样的结果。

2. 量化

连续模拟信号经采样后在时间轴上已离散,但其幅值仍为连续的模拟电压值。量化是将连续数值信号变为离散数值信号的过程。理论上,经过量化,就可以将时间离散、数值连续的采样信号变成时间离散、数值离散的数字信号。

将模拟信号采样后的 $x(n)$ 的电压幅值变成为离散的二进制数码,其二进制数码只能表达有限个相应的离散电平(称之为量化电平)。把采样信号 $x(n)$ 经过舍入或者截尾的方法变为只有有限个有效数字的数,这一过程称为量化。通常,量化有截尾和舍入两种方法。所谓截尾,是将二进制数的多余位舍掉。所谓舍入,是将二进制数的多余位舍去或舍去后且在最低有效位上加 1,这与十进制的四舍五入法相似。

若取信号 $x(t)$ 可能出现的最大值 A,令其分为 D 个间隔,则每个间隔的长度为 $R = A/D$,R 称为量化增量或量化步长。当采样信号 $x(n)$ 落在某一小间隔内,经过舍入或者截尾的方法而变为有限值时,则产生量化误差,如图 5-31 所示。

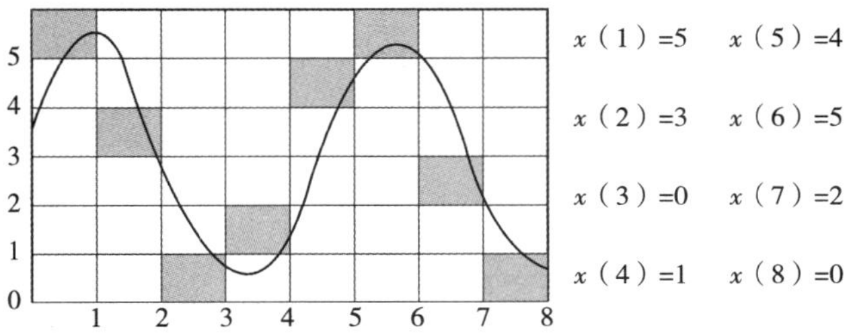

图 5－31　信号的 $D=6$ 等分量化过程

3. 编码

在电路中，数字量通常用二进制代码表示。因此，量化电路的后面有一个编码电路，将数字信号的数值转换成二进制代码。编码就是将每一个量化值 $x_q(n)$ 用 b 位二进制序列表示，便于数字处理。

图 5－32 分别给出了模拟信号、离散时间信号和数字信号的例子。信号经过 A/D 变换后，成为时间上离散、幅值上量化的数字信号。

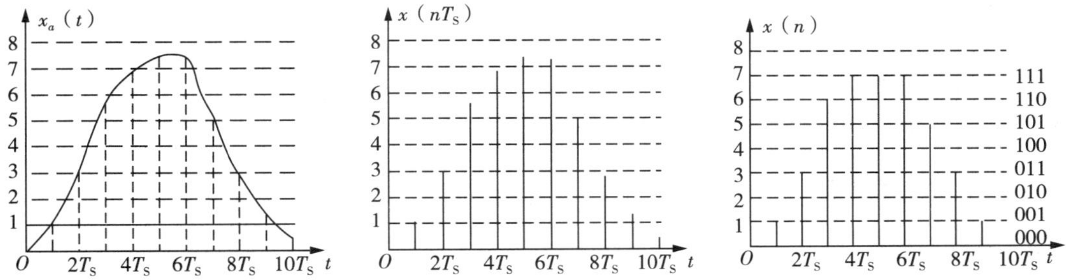

（a）模拟信号　（b）离散时间信号　（c）数字信号

图 5－32　模拟信号、离散时间信号和数字信号的比较

A/D 转换除具有采样、量化和编码三个阶段外，其实还有保持的环节。因为量化和编码总是需要一定时间才能完成，所以量化电路的前面要有一个保持电路。保持是将时间离散、数值连续的信号变成时间离散、数值离散的过程。在量化和编码期间，保持电路相当于一个恒压源，它将采样时刻的信号电压“保持”在量化器的输入端。虽然逻辑上保持器是一个独立的单元，但在电路上保持器总是与采样器在一起，两者合称采样保持器。

5.5.2　D/A 转换原理

D/A 转换器是把数字信号转换位电压或电流信号的装置。其过程如图 5－33 所示。

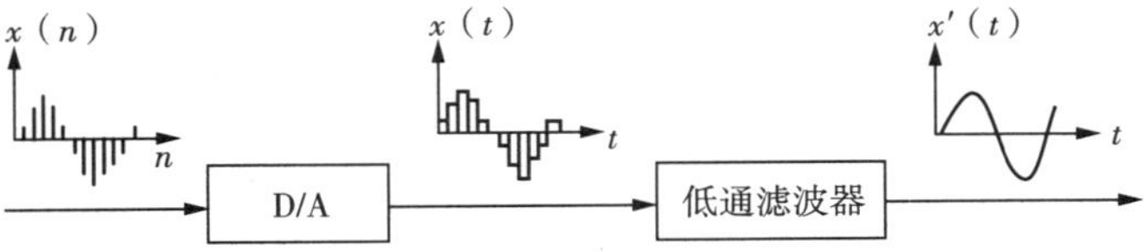

图 5－33　D/A 转换过程

D/A 转换是对数字信号进行某种内插方式的处理以连接各样值的端点，从而得到近似的模拟信号，近似的程度取决于所采用的内插方式，图 5－34 表示一种简单的内插方式，称为零阶保持或阶梯近似。可能的近似方式有多种，如线性连接逐个样值对的线性内插，通过三个相邻样值拟合的二次多项式内插等等。

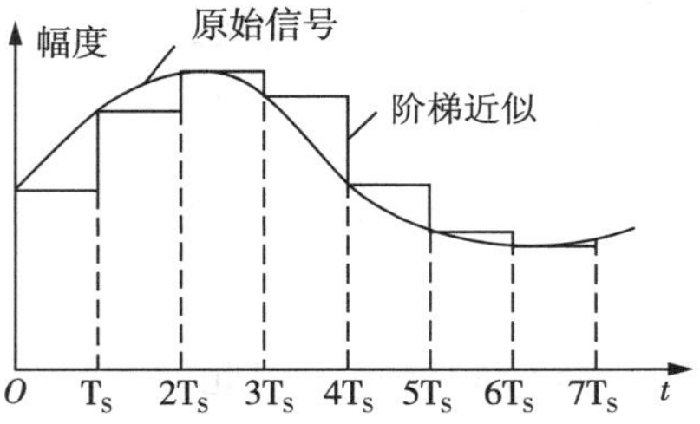

图 5－34　D/A 变换的零阶保持

然而，由于量化是非可逆的或单向的处理，它会引起信号的失真，失真的大小取决于 A/D 变换器的精度。在实际中影响精度选择的因素是成本和采样速度，通常成本是随着精度和采样速度的提高而增加。

D/A 转换器一般先通过 T 型电阻网络将数字信号转换为模拟电脉冲信号，然后通过零阶保持电路将其转换为阶梯状的连续电信号。只要采样间隔足够密，就可以精确的复现原信号。为减小零阶保持电路带来的电噪声，还可以在其后接一个低通滤波器。

5.5.3　采样定理

1. 采样过程

采样是利用采样脉冲序列，从信号中抽取一系列离散值，使之成为采样信号的过程，

由采样电路完成，过程如图 5－35 所示。通过采样开关每隔 T_s 完成一次开关动作（每次接通时间非常短暂），对模拟信号 $x_a(t)$ 采样，得到时间离散的采样信号 $x(n)$，T_s 为采样周期，其倒数 $f_s=1/T_s$ 称为采样频率（Hz）。

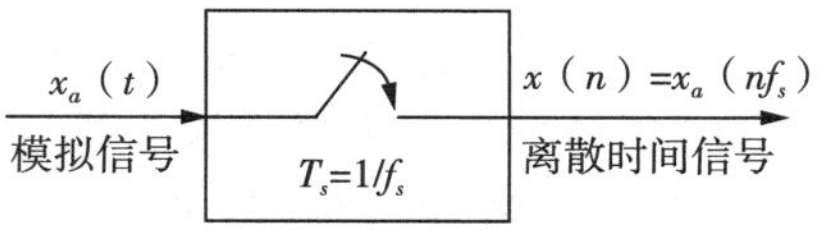

图 5－35　模拟信号的周期采样

采样是将模拟信号 $x(t)$ 和一个等间隔的脉冲序列（称为采样脉冲序列）$g(t)$ 相乘，各采样点上的信号幅值大小就变成脉冲序列的权值，这些权值将被量化成相应的二进制编码。在数学上，时域采样表示为间隔为 T_s 的周期脉冲序列 $g(t)$ 乘模拟信号 $x(t)$。

$$g(t)=\sum_{n=-\infty}^{\infty}\delta(t-nT_s)n=0,\pm 1,\pm 2,\pm 3,\cdots$$

由 δ 函数的筛选特性，得模拟信号 $x(t)$ 经采样后的采样信号 $x_s(nT_s)$ 为

$$x(t)\cdot g(t)=\int_{-\infty}^{\infty}x(t)\cdot\delta(t-nT_s)\mathrm{d}t=x_s(nT_s)\quad n=0,\pm1,\pm2,\pm3,\cdots \tag{5-56}$$

采样信号 $x_s(nT_s)$ 在各采样时刻 nT_s 的幅值为 $x(t=nT_s)$。信号的时域采样如图 5-36 所示。

在时域采样中，采样函数 $g(t)$ 的傅里叶变换为：

$$G(jf)=f_s\sum_{n=-\infty}^{\infty}\delta(f-nf_s)(n=0,\pm1,\pm2,\pm3,\cdots)$$

由信号的频域卷积特性可知，模拟信号 $x(t)$ 乘以采样函数 $g(t)$ 的采样信号 $x_s(nT_s)$ 的傅里叶变换，等于 $x(t)$ 的频谱 $X(jf)$ 和 $g(t)$ 的频谱 $G(jf)$ 的卷积，即

$$x_s(nT_s)=x(t)\cdot g(t)\Leftrightarrow X(jf)*G(jf) \tag{5-57}$$

由 δ 函数与其他函数卷积的特性，采样信号 $x_s(nT_s)$ 的频谱 $X_s(jf)$ 表示为

$$\begin{aligned}X_s(jf)&=X(jf)*G(jf)=X(jf)*f_s\sum_{n=-\infty}^{\infty}\delta(f-nf_s)\\&=f_s\sum_{n=-\infty}^{\infty}X(f-nf_s)\quad(n=0,\pm1,\pm2,\pm3,\cdots)\end{aligned} \tag{5-58}$$

由上述推导可以看出，采样信号 $x_s(nT_s)$ 的频谱 $X_s(jf)$ 和模拟信号 $x(t)$ 的频谱 $X(jf)$ 既有联系又有区别：$X_s(jf)$ 是将 $f_s\cdot X(jf)$ 依次平移至采样函数 $g(t)$ 对应的频率序列点 nf_s，$(n=0,\pm1,\pm2,\pm3,\cdots)$ 上，然后全部叠加，即可得到采样信号 $x_s(nT_s)$ 的频谱 $X_s(jf)$，其幅值为 $X(jf)$ 和 $G(jf)$ 幅值的乘积。时域采样过程中各阶段信号及其频谱如图 5-36 所示。

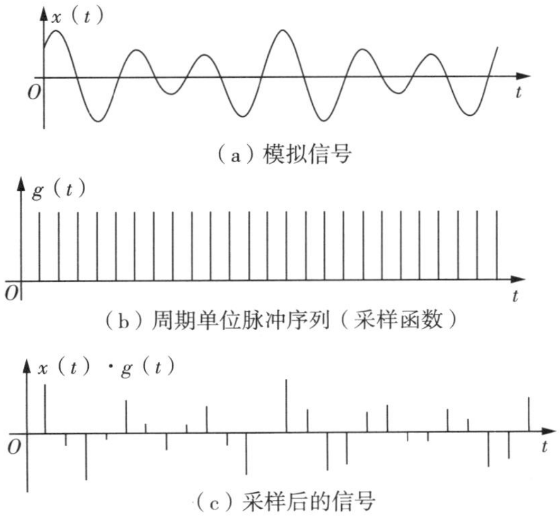

图 5-36　信号的时域采样

由此可见，一个模拟信号经过采样函数采样以后，它的频谱将沿着频率轴每隔一个采样

频率 f_s 就重复出现一次，即频谱产生了周期延拓，延拓周期为 f_s。由于模拟信号 $x(t)$ 的频谱 $X(jf)$ 为连续频谱，所以采样信号 $x_s(nT_s)$ 的频谱 $X_s(jf)$ 为周期性连续频谱。若 $X(jf)$ 的频带大于 $f_s/2$，平移后的图形会发生交叠，如图 5－37(f) 中虚线所示。采样信号的频谱是这些平移后图形的叠加，如图 5－37(f) 中实线所示。

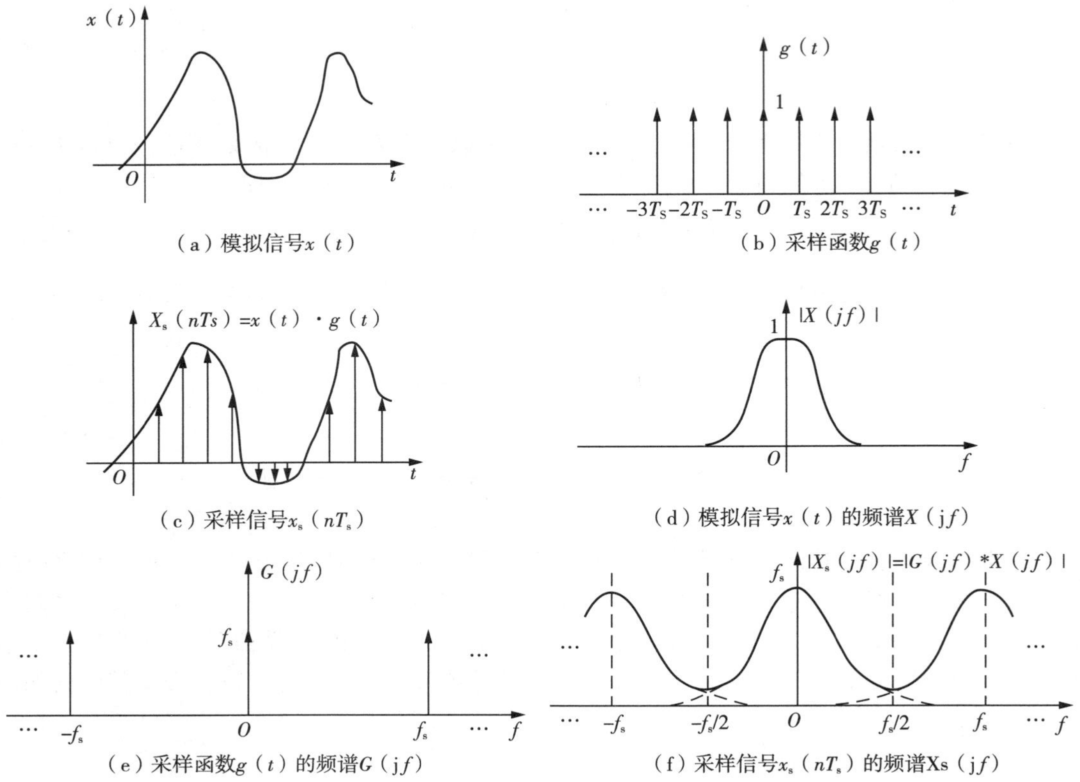

(a) 模拟信号 $x(t)$　(b) 采样函数 $g(t)$

(c) 采样信号 $x_s(nT_s)$　(d) 模拟信号 $x(t)$ 的频谱 $X(jf)$

(e) 采样函数 $g(t)$ 的频谱 $G(jf)$　(f) 采样信号 $x_s(nT_s)$ 的频谱 Xs (jf)

图 5－37　时域采样过程及信号的频谱

2. 采样定理

采样间隔的选择是一个重要的问题。采样间隔 T_s 太小(即采样频率 f_s 高)，则对定长的时间记录来说其数字序列就很长(即采样点数多)，使计算工作量增大；如果数字序列长度一定，则只能处理很短的时间历程，可能产生很大的误差。若采样间隔太大(即采样频率 f_s 低)，则可能丢失有用的信息。以为例 5.1，来看正确选择采样间隔的重要性。

例 5－1　对模拟信号 $x_1(t)=10\sin(2\pi\cdot 10t)$ 和 $x_2(t)=10\sin(2\pi\cdot 50t)$ 进行采样处理，采样间隔 $T_s=1/40\text{s}$，即采样频率 $f_s=40\text{Hz}$。试比较两信号采样后的离散时间信号的状态。

解：因采样频率 $f_s=40\text{Hz}$，则

$$t=nT_s$$

$$x_1(nT_s)=10\sin(2\pi\frac{10}{40}nT_s)=10\sin(\frac{\pi}{2}nT_s)$$

$$x_2(nT_s)=10\sin(2\pi\frac{50}{40}nT_s)=10\sin(\frac{5\pi}{2}nT_s)=10\sin(\frac{\pi}{2}nT_s)$$

因此，$x_1(nT_s)=x_2(nT_s)$。在图形上，模拟信号 $x_1(t)$ 和 $x_2(t)$ 在采样点上的瞬时值（图 5-38 中的“×”点）完全相同，即获得了相同的离散时间信号。这样，从采样结果（离散时间信号）上看，就不能分辨出离散时间信号来自模拟信号 $x_1(t)$ 还是 $x_2(t)$。也就是说，不同频率的模拟信号 $x_1(t)$ 和 $x_2(t)$ 在采样频率 $f_s=40\text{Hz}$ 采样情况下，得到了没有区别的离散时间信号，即产生了信号的不确定性。这样，从时域的角度来看便造成了“频率混叠”现象。

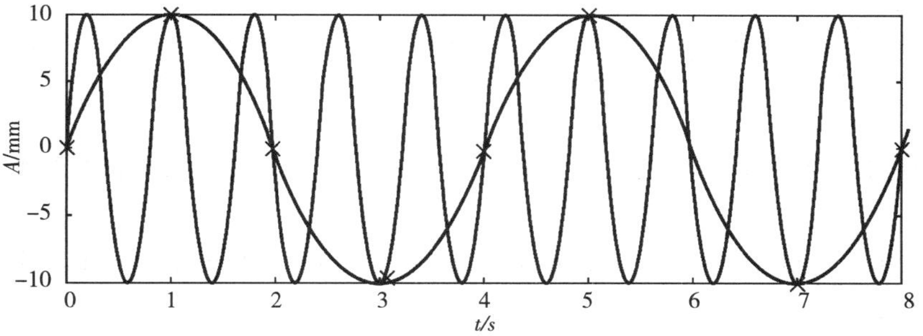

图 5-38　频率混叠现象

采样信号的频谱有一部分相互交叠，这种现象称为混叠，如图 5-37(f) 所示。发生频率混叠后，改变了原来频谱的部分幅值，这样就不可能准确地从采样信号 $x_s(t)$ 中恢复原来的模拟信号 $x(t)$ 了。

如图 5-39 所示，为了避免信号的频率混叠，以便采样后仍能准确地恢复原信号，采样频率 f_s 必须不小于信号最高频率 f_c 的 2 倍，即 $f_s\geqslant 2f_c$，这就是采样定理。在实际工作中，一般采样频率应选为被处理信号中最高频率的 3 ～ 4 倍以上。如果将该频谱通过一个中心频率为零（$f=0$），带宽为 $\pm f_s/2$ 的理想低通滤波器，就可以把原信号完整的频谱取出来，这才有可能从采样信号中准确地恢复原信号的波形。

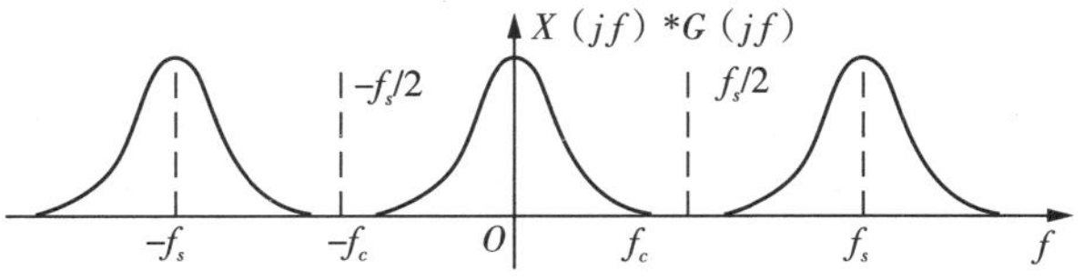

(a) $f_s>2f_c$

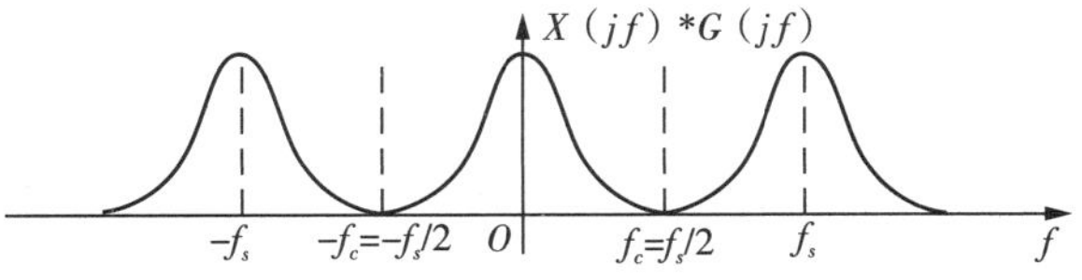

(b) $f_s>2f_c$

图 5-39　不发生混叠的条件

习 题

一、填空题。

5-1 电桥是测试中常用的信号处理方法，是将________、________、________的变化转换为电压或电流输出的一种测量电路。

5-2 信号的调制可以分为________调制、________调制、________调制三种。

5-3 直流电桥平衡条件是________，交流电桥平衡条件是________和________。

5-4 从电桥输出的线性来看，半桥单臂为________；双臂为________，全桥为________。

5-5 100Hz信号与10kHz信号叠加是一个________信号，100Hz信号与10kHz信号相乘后是一个________信号。

5-6 由电桥调幅器输出的调幅波的包络线与调制信号的波形不一样，这是因为________，因此应采用________来解调。

5-7 调幅波经相敏检波后，既能反映出调制信号电压的________，又能反映其________。

5-8 实际滤波器的截止频率是幅频特性值等于________所对应的频率。

5-9 滤波器的带宽表示它的频率分辨力，通带越宽，则分辨力越________。

5-10 RC 微分电路实际上是一种________滤波器，RC 积分电路实际上是一种________滤波器。

5-11 RC 低通滤波器中 RC 值越大，则上限频率越________。

5-12 A/D 转换过程包括________、________、________三个阶段。

5-13 频率混叠是由于________引起的，若测试信号中最高频率为100Hz，为了避免发生频率混叠，时域中采样的时间间隔必须小于________ S。

二、问答题。

5-14 信号变换和处理的目的是什么？

5-15 电阻电桥、电容电桥及电感电桥的平衡条件分别是什么？

5-16 半桥单臂、半桥双臂及全桥四臂各自的输出端电压与供桥端电压的关系是多少？

5-17 什么是调制？什么是解调？调制和解调的作用是什么？

5-18 若调制信号是一个限带信号（最高频率 f_m 为有限值），载波频率为 f_0，那么 f_m 与 f_0 应满足什么关系？为什么？

5-19 有人在使用电阻应变仪时，发现灵敏度不够，于是试图在工作电桥上增加电阻应变片数以提高灵敏度。试问，在半桥双臂上各串联一片的情况下，是否可以提高灵敏度？为什么？

5-20 如图 5-40 所示为滤波器的幅频特性图，则：

(1) 它们各属于哪一种滤波器？

(2) 上、下截止频率如何确定？在图上描出对应的上、下截止频率点，并说明取点的根据。

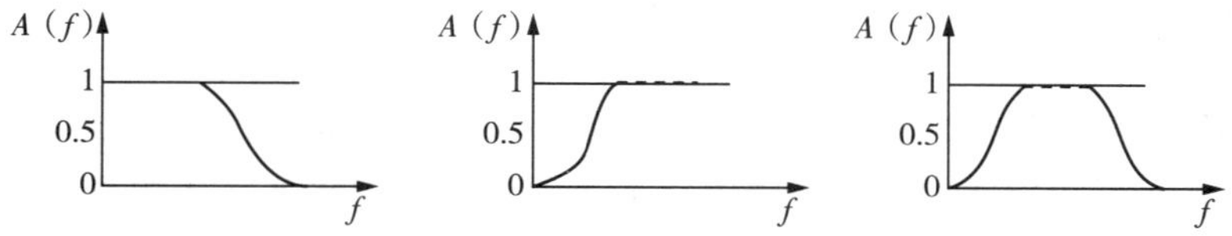

图 5-40　滤波器的幅频特性

5-21　试选择适当的中间转换器，补充完整图 5-41 中动态电阻应变仪框图，并在各图上绘出相应点的波形图。

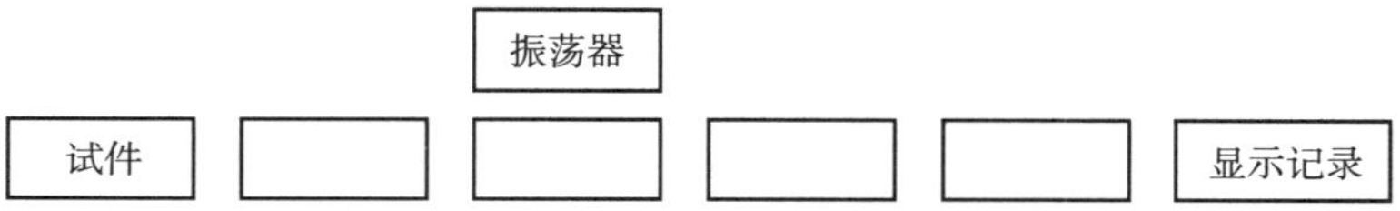

(a) 框图

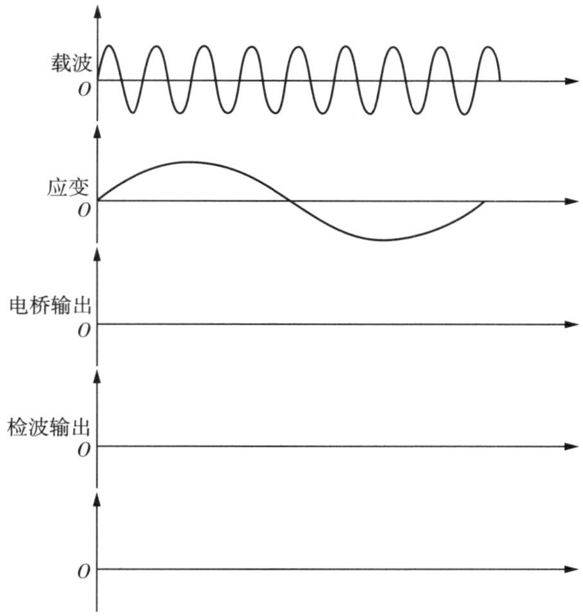

(b) 波形图

图 5-41　动态电阻应变仪

三、计算题。

5-22　已知直流电桥 $R_l=9725\Omega$，$R_2=8820\Omega$，$R_3=8550\Omega$，$R_4=9875\Omega$，若激励电压 $U_i=24V$，试求输出电压 U_o，若 R_4 可调，试求电桥平衡时的 R_4 值。

5-23　以阻值 100Ω，灵敏度 $S=2$ 的电阻应变片与阻值 100Ω 的固定电阻组成电桥，供桥电压为 $4V$，并假定负载电阻无穷大，当应变片上的应变分别为 $1\mu\varepsilon$ 和 $1000\mu\varepsilon$ 时，半桥单臂、半桥双臂及全桥的输出电压，并比较三种情况下的灵敏度。

5-24　用电阻应变片接成全桥，测量某一构件的应变，已知电桥激励电压为 $U_0 = 30\sin 1000t$，电阻应变片的灵敏度为 2，应变变化规律为：$\varepsilon(t) = 10\cos 10t + 20\cos 100t$，试求此电桥的输出电压，并绘制输出信号的幅频谱图。

5-25　已知某 RC 低通滤波器，$R = 1\text{K}\Omega$，$C = 1\mu\text{F}$，某 RC 高通滤波器，$R = 20\text{K}\Omega$，$C = 2\mu\text{F}$，求由此 RC 低通滤波器和 RC 高通滤波器串联而成的带通滤波器的带宽为多少？

5-26　RC 低通滤波器的 $R = 10\text{k}\Omega$，$C = 1\mu\text{F}$。试求：

(1) 滤波器的截止频率；

(2) 当输入为 $x(t) = 10\sin 10\text{t} + 20\sin 1000\text{t}$ 时，求滤波器的稳态输出。

第6章　信号的显示与记录

作为一个完整的测试系统，除了测试信号的获取、调理与转换等，测量信号还需要显示、打印或输出给其他设备，最终以某种结果的形式体现出来，这就是测试仪器的信号输出。通过各种测量装置获取的信号通常都是电压或电流信号，由于电压或电流是不可见的，所以必须转换成一种观测者能看见并能理解的形式。显示和记录仪器的作用就是将测得的信号显示或记录下来，以供观察和分析，从中得到信息。

显示装置将所需要的信息或信号的波形等以可见的文本、图形形式显示出来。信息的表现形式包括刻度盘上指针的移动、数码管显示、液晶显示、阴极射线管上电子束显示等。显示装置按显示方式分为模拟式和数字式两大类。模拟式显示装置直接显示模拟信号，常用的模拟显示装置包括指针式显示仪器（如指针式电压表、电流表、温度表、压力表等），CRT（阴极射线管）显示装置（如模拟式电子示波器、计算机CRT显示器等）。数字式显示装置或是直接显示数字信号，或者通过A/D转换器将模拟输入信号转换成数字信号后进行显示。典型的数字显示装置包括LED显示器、LCD等。

记录仪器可以将信息或信号波形以可见或不可见的形式记录或存储起来，以供进一步观察或后续分析和处理使用。记录的形式可以采用笔记录、各种打印机记录、各种存储器记录等。一些记录仪器（例如笔式记录仪、打印机等）以可见的形式记录信号或信息，因此这类记录仪器同时具有显示功能。而另一些记录装置（如微储存卡、磁带记录仪等）以不可见的形式记录信号或信息，因此这类记录仪器只具有存储功能，需要某种显示仪器将记录的信号或信息直接或经过分析处理后显示出来。记录装置按记录信号的形式分为模拟式、数字式两大类。模拟式记录装置直接记录模拟信号，常见的有笔式记录仪、热敏式记录仪、压敏式记录仪、模拟磁带记录仪等。数字式记录装置或者直接记录数字信号，或者通过A/D转换器将模拟输入信号转换成数字信号后进行记录，常见的数字磁带记录仪、数字函数记录仪、数字存储示波器、数字打印机、磁盘记录器、光盘记录器和微存储卡记录器等。

本章只简单讨论目前最常用的显示、记录装置。

6.1　信号的显示

对于大多数测试仪器来说，最常用的信号输出技术是显示和指示类输出技术。显示和指示类信号输出主要用于测试结果、信号特征量（如幅值、频率、相位角、峰值）以及信号波形的显示和指示，包括模拟显示、数码显示、图视波形显示等几种基本结构。其特点是输出信号直观，并能充分反映测试与检测信号的实时性。由于显示和指示类信号输出的目的主要是人机接口，因此一般情况下它不具备信号记录和重放的功能。

6.1.1 模拟指示

早期设计的检测仪器的信号输出多为模拟输出，通过机械表头或电流表表头进行指示。机械表头指示的测试仪器目前已经比较少见，但仍有一些产品由于原理和结构简单，性能比较可靠等特点，目前还在生产实践中发挥作用，如用于微位移测量的千分表和百分表等。在这类仪表中，其测量信号的输出量就是机械量，其测试结果是通过一组精密齿条一齿轮副和机械表头来指示的。

测试仪器的模拟电信号输出常采用安培计和伏特计进行指示。安培计和伏特计是基于磁电式电流计工作原理，其结构如图 6-1 所示。在永久磁铁的两极之间，有一圆柱形的软铁芯，用来增强磁极和铁芯间空气隙内的磁场，并使磁场均匀地沿着径向分布。在空气隙内放一可绕固定轴转动的线圈，轴的两端各有一个游丝，且在一端上固定一指针（有些灵敏电流计中线圈常悬在悬丝上）。当电流通过线圈时，线圈在磁场中受到磁力矩的作用而转动。由

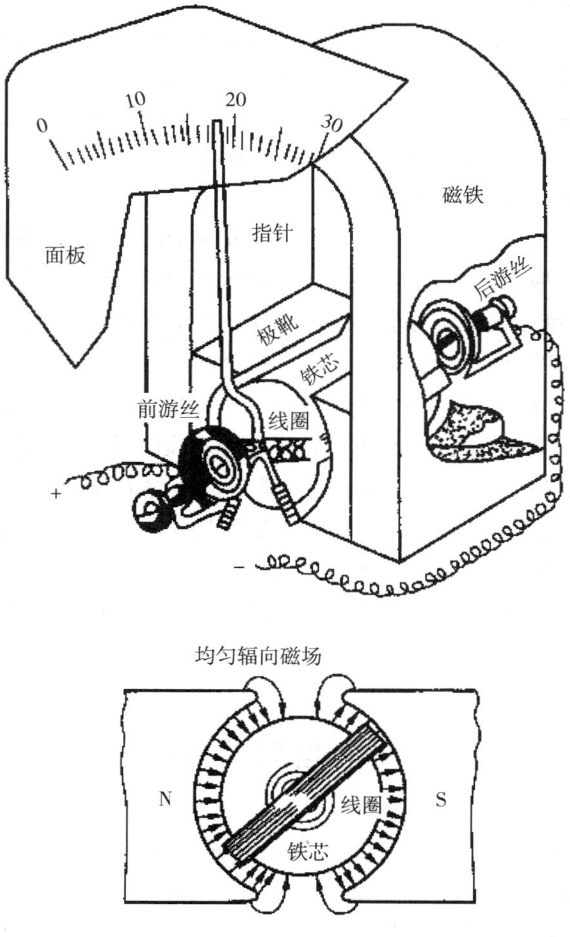

图 6-1 电流计工作原理

于磁场是径向均匀的，所以无论线圈转到什么位置，线圈平面的法线方向总是和线圈所处的磁场方向垂直，因此，线圈所受磁力矩 M 的大小是不变的，即：

$$M = NBIA$$

式中：N— 线圈匝数；

A— 线圈面积，m^2；

B— 磁场强度，A/m；

I— 通过线圈的电流，A。

当线圈转动时，游丝被卷紧，卷紧的游丝给线圈一个反方向的扭转力矩 M'。该力矩与线圈转过的角度 θ 成正比，即：

$$M' = k\theta$$

式中：k— 游丝的扭转常量。

当线圈受到的磁力矩和线圈的扭转力矩相互平衡时，线圈就稳定在这个位置，这时 $NBIA = k\theta$

所以

$$I = \frac{k\theta}{NBA} = K\theta$$

式中：K— 电流计常量，表示电流计偏转单位角度时所需通过的电流，是恒量。

K 值越小，电流计越灵敏。因此，线圈偏转的角度 θ 与通过线圈的电流 I 成正比，这样就可以从指针所指位置来测量电流。磁电式电流计灵敏度很高，通过线圈的最小电流可以小到 1μA 或以下。

6.1.2　数码显示

随着数字技术的发展，目前大多数测试仪器越来越多地采用数码显示方式输出测试结果。数码显示常用的显示器有：发光二极管显示器(LED)，液晶显示器(LCD)，荧光管显示器。三种显示器中，以荧光管显示器亮度最高，发光二极管次之，而液晶显示器最弱。其中液晶显示器为被动显示器，必须有外光源。荧光管显示器由于其特殊的真空管结构，驱动电压比较高(一般需要 10～15V，而 LED 和 LCD 一般只需要 2.7～5V)，而且使用不如 LED 和 LCD 灵活，所以在测试仪器中普及度不高。

测试仪器信号以不同的形式输出，首先需要用不同的转换电路来转换成数字信号，然后通过译码、锁存、驱动电路，最终在数码显示器显示出来。

1. 发光二极管(LED)数码管

LED 数码显示器件分别有 7 段(“8”字形)数码管如图 6-2(a)所示、“米”字形数码管如图 6-2(b)所示、数码点阵如图 6-2(c)所示、数码条柱如图 6-2(d)所示 4 种类型。其中“8”字形和“米”字形显示器最为常用，一般用于显示 0～9 的数字数码和简单英文字母；数码点阵显示器不仅可以显示数码，还可以显示英文字母和汉字以及其他二值图形；数码条柱显示器比较简单，多用于分辨率要求不高的信号幅度显示，如音频信号幅度的显示、电源电池容量的指示、汽车油箱液位高度的显示、水箱温度的显示等。

图 6-2 LED 数码显示器件

发光二极管的管芯很小(100μm 左右),发光时相当于一个发射角很大而发光面积很小的点光源,不足以直接形成需要一定大小(几十毫米)的显示字段。因此需要一个外形为字段形状的特殊反光和散光结构来扩大发光面积,并使整个字段接近均匀发光,如图 6-3 所示。LED 数码显示器件的种类不同,其驱动电路的复杂程度也有所差别,但对于所有的 LED 数码显示器件其驱动显示原理是相同的。

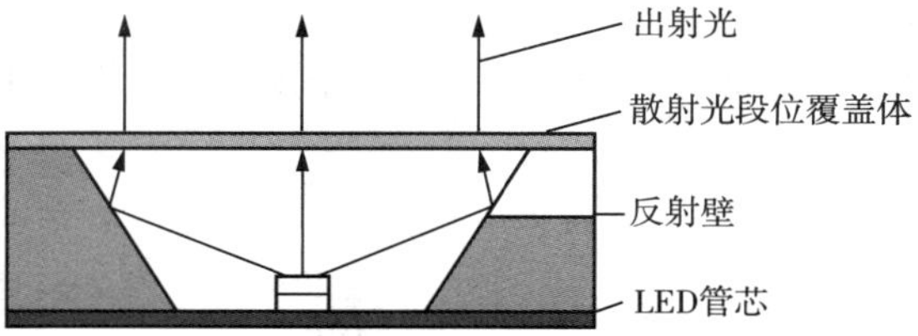

图 6-3 LED 数码显示器工作原理

2. 液晶(LCD)数码显示

与发光二极管相比,液晶显示器是一种功耗极低、驱动电压也极低、集成度高、体积特小的数码显示器。液晶显示器每平方厘米工作面积的功耗约为 10μW,而发光二极管为 10W。其原因是液晶本身不发光,所见到的光是由自然光产生的。

液晶是一种液体,在有限温度范围内具有像晶体一样的结构,在某确定方向上具有光效应。当有电磁加到液晶上时,分子会从杂乱状态转到外加电场的方向上(动态散射),与此同时液晶从透明变成炼浊的不透明体。当借助于自然光观察时,在透明和不透明区域间有鲜明的对比。将液晶薄膜夹在两块平面玻璃之间,再将只有 7 段编码图案的细氧化物电极沉积在平面玻璃上,便构成一典型的液晶显示器。

液晶显示器应用特别广泛,尤其适合于需要野外操作的测试与检测仪器的显示输出(但不适合超低温环境)。从电子表到计算器,从袖珍式仪表到复杂的测试与检测设备都利用了液晶显示器。

3. 图视显示

图视显示是点阵图形显示和视频图像显示的总称。近年来,该技术的发展非常迅速,不仅有许多成熟技术可供测试仪器选用,而且很多图视显示新技术正逐渐走出实验室。在这些技术中,发光二极管 LED 是一种全固体化的发光器件,可以把电能直接转化成光能,是很有希望的一种平面显示技术。但受到单晶体面积的限制,只能制作分离的 LED 器件,然后组装成大面积的广告显示,目前还不适合制作高密度显示,因此很少在测试与检测仪器中作阵列式图视显示。图视显示主要有阴极射线管(CRT)显示器、液晶(LCD)显示器、等离子显示器以及一些新兴的图视显示技术。

(1) 阴极射线管(CRT) 显示器

CRT 技术发展已有 100 多年的历史，最早用于电视，然后用于计算机系统，作为字符显示器和图像、图形显示器。CRT 显示器是一个漏斗形的真空器件，主要由电子枪、偏转装置和荧光屏等组成。而电子枪是其主要组成部分，包括灯丝、阴极、栅极、加速阳极和聚焦极。CRT 显示器在加电以后，灯丝会发热，热量辐射到阴极，阴极受热发射电子，电子束打到荧光屏上形成光点，由光点组成图像。CRT 既适合于 102cm(40in) 以下电视和计算机终端显示，也可用于投影大屏幕电视。因其具有显示品质好、性能稳定可靠、寻址方式简单、制造成本低、价格便宜等特点，目前 CRT 仍在各个领域有应用。

(2) 液晶(LCD) 显示器

液晶显示器自 20 世纪 60 年代发明以来，以其低电压、轻量、薄型、低能耗、显示面大等优势与 CMOS 集成电路匹配，用电池作为电源，广泛应用于便携式设备的显示方面。LCD 的显示原理是利用液晶自身的光学各向异性对所通过的光进行调制，进而实现成像。因为通常需要在液晶屏后放置光源，LCD 显示器也被称为背光源 LCD 显示器。LCD 是目前测试仪器首选的图视显示输出器件。

近年来，随着扩大视角、提高灰度的研究，尤其是 20 世纪 90 年代初，寻址薄膜晶体管阵列(TFT) 的成熟化，使得液晶显示器件的性能发生了飞跃，引发了便携电子显示技术的新纪元。TFT - LCD 技术是一种将液晶显示技术与微电子显示技术相结合的显示功能很强的技术，其像素密度已超过人眼分辨率，广泛应用在智能手机屏幕等领域。

(3) 等离子显示器

等离子显示器是在两张超薄的玻璃板之间注入混合气体，并施加电压利用荧光粉发光成像的设备。它是一种自发光显示技术，不需要背景光源。与 CRT 显像管显示器相比，具有分辨率高，屏幕大，超薄，色彩丰富鲜艳的特点。与 LCD 相比，具有亮度高，可视角度大，颜色鲜艳和接口丰富等特点。另外，等离子显示设备最突出的特点是超薄，可轻易做到 40in 以上的完全平面大屏幕，而厚度不到 100mm。实际上这也是它的一个弱点，即不能做的较小。目前成品最小只有 42in，只能面向大屏幕需求的用户和家庭影院等方面。

(4) 图示显示新技术

图视显示新技术发展非常迅速，除传统的 CRT 技术、TFT - LCD 技术以外，又出现了许多新型的平面显示技术，如等离子体显示(PDP)、场发射显示(FED)、电致发光(EI)、真空荧光显示(VFD)、有机电致发光(OEL)、MOMES 显示技术等。PDP 技术产品的对比度、分辨率、亮度、稳定性等均达到使用要求，但生产技术不够成熟、价格昂贵，需进一步提高真空紫外光致荧光剂的发光效率和降低驱动电路的成本。FED 产品具有 CRT 工作原理和矩阵多路寻址的平板显示特点，国外正在探求具有低功耗、高击穿电压、抗机械强度及稳定可靠的微尖材料的薄膜加工技术，以及高效长寿命的荧光材料。OEL 产品具有结构简单、制造工序少等优点，是很有前景的平面显示技术，国际上正在努力攻克 OEL 的材料稳定性和寿命问题。MOMES 技术是目前国际上备受重视的微纳米高新技术之一，应用非常广泛。MOMES 显示器工作原理是利用微电子驱动微机械，由微机械带动微光学元件动作并产生光调制作用来完成图像显示的，其特点是显示密度可以达到 300dpi 以上，驱动接口简单，工作温度范围宽，动态响应特性好。

6.2 信号的记录

实际应用中，仅仅将测试仪器的输出信号显示出来是不够的，有时候还需要将测试的结果永久记录下来，作为测试档案和测试的法定依据保存。特别是对于那些需要花很多经费、人力和物力才能完成，以及由于条件的限制很难重复的宝贵测试数据与检测结果，不仅需要永久记录下来，更希望能在需要的时候能重放测试过程，这就需要信号记录技术。在本节介绍几种常用的信号记录设备。

6.2.1 笔式记录仪

笔式记录仪是测量模拟信号时使用的一种记录装置，记录纸做匀速运动，笔受被测电信号驱动，便能描绘出该测量信号随时间变化的状况。笔式记录仪具有工作性能稳定、可靠，结构简单，使用方便等特点，通常用于长时间、变化较缓慢信号的记录。其主要缺点是活动部分惯性大，使用频率范围小：笔尖与记录纸间摩擦大，需要相当大的驱动力矩；摩擦形成的摩擦静区，在此区域内记录笔可能占有任意位置造成精度损失。

在动态信号测试中常用到的笔式记录仪为检流计式记录仪。检流计式记录仪可用于记录诸如机械动态检测及工程动态检测时的载荷变化历程及应力和应变历程等。目前最高工作频率在笔尖幅值为 10mm 范围内可达 150Hz，一般可用于测量 100Hz 以下的动态过程。

检流计式记录仪主要由磁电式检流计、记录部分与传动机构等组成，其结构原理如图 6－4 所示。其工作原理是，当被记录的电流信号输入检流计的线圈时，受磁场力的作用，线圈产生偏转使相应的弹簧产生与转角成正比的弹性恢复力矩，并与电磁力矩相平衡。由于线圈的偏转角度与输入电流的幅值成正比，在线圈轴上安装的记录笔便在记录纸上作放大幅值的移动，当记录纸作匀速走纸运动时，笔在记录纸上就描绘出记录信号随时间的变化情况。

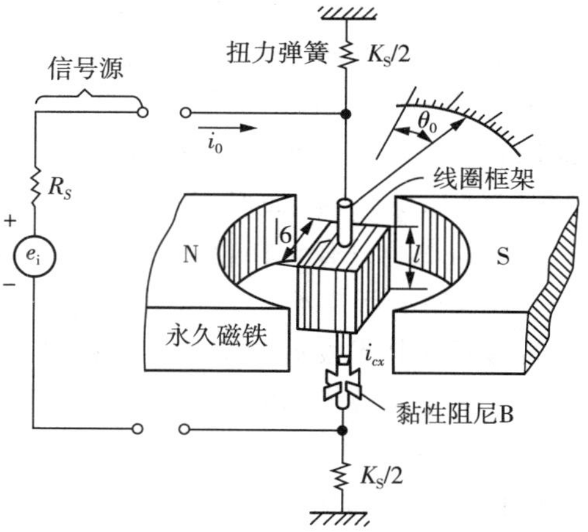

图 6－4　检流计式记录仪结构原理图

为了描绘一个变量相对于另一个变量的关系曲线，可使用如图 6－5 所示的 $X-Y$ 记录仪（或称为绘图仪）。在这种绘图仪中，记录纸固定不动（通过真空吸引力或静电吸力而吸附在工作平面上）。这两类独立的伺服系统使记录笔沿水平和垂直方向运动。记录纸的标准尺寸为 216mm × 280mm 和 280mm × 432mm。多数 $X-Y$ 绘图仪都具有一个斜坡电压发生器，它可以作为一个输入电压加在两套伺服系统中的任一套中，从而构成一个时基，以便进行 $X-Y$ 记录。具有数字输入的 $X-Y$

绘图仪，可用于计算机绘图工作。它可以采用电动机驱动系统，再加上具有比较复杂的压电式加速度计构成的阻尼装置和使用由程序控制的自动换笔机构，故可进行多种颜色的绘图工作。

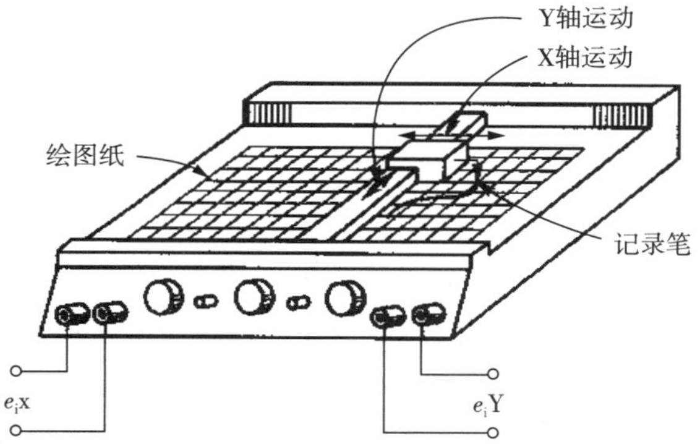

图 6-5　X-Y 记录仪

6.2.2　磁带记录仪

磁带记录仪也叫磁带录音机，包括模拟记录仪和数字记录仪两大类，是利用磁性材料的磁化现象进行记录的仪器。它具有信息密度高、容量大、频率范围宽，信息能长期保存在磁带上、可在任何需要的时候重放，可进行长时间的连续记录等特点。磁带记录在消费电子产品（音频和视频记录）和工程仪器中的应用已经有很长的历史。以前在需要记录较长时间的高频工程数据时，比如声音或振动数据，磁带记录通常是唯一选择。随着微处理器以及高速和大容量硬盘驱动器的快速发展，磁盘存储器正在代替磁带技术完成很多工程记录任务。基于快速微处理器的系统可以代替由磁带记录仪、数据采集系统和监视示波器构成的磁带记录系统。当需要更大的数据存储容量和更高的数据可靠性和安全性时，可以采用独立磁盘阵列技术。

磁带记录方法包括直接记录、调频记录、脉宽调制记录和数字记录等。图 6-6 给出了磁带记录器 / 复现器的功能图，图 6-7 所示是记录磁头和复现磁头的放大图。

直接记录方式就是将输入信号经放大后不做任何其他变换，直接记录到磁带上。与输

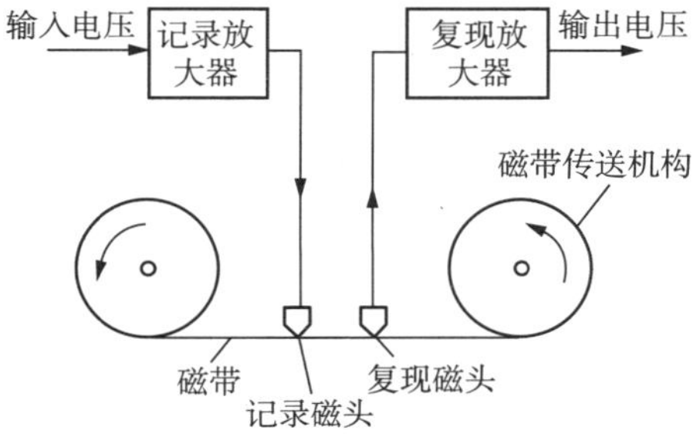

图 6-6　磁带记录器 / 复现器的功能图

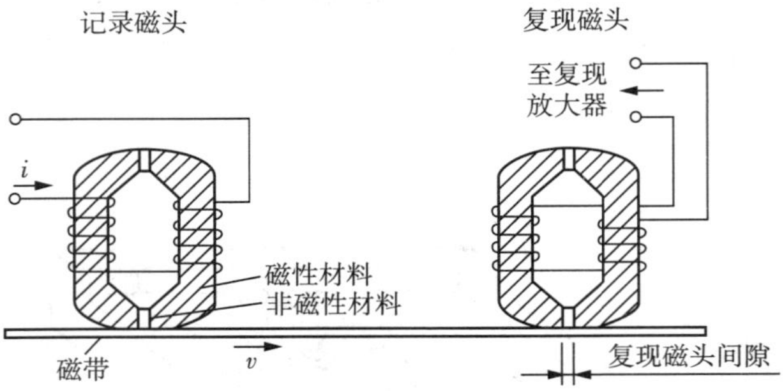

图 6－7 记录磁头和复现磁头

入电压成正比的电流 i 通过记录磁头上的绕组，在记录磁头间隙处产生磁通量。由于磁头间隙处采用非磁性材料，磁阻很大，所以大部分磁力线穿过磁带表面的磁性涂层（涂了一层硬磁性材料-氧化铁颗粒的薄塑料）。这样，当磁带在磁头间隙下面通过时，氧化铁颗粒被磁化并保留一定的永久磁化强度（即剩余磁化强度），该磁化强度与颗粒离开间隙瞬间所存在的磁通量成正比。实际上，由于磁滞曲线的非线性，施加的磁通量和感应的磁化强度并不成正比。不过，通过高频偏压技术可以有效地得到近似线性。如果已经记录信号的磁带从复现磁头下通过，在它的线圈中就会产生电压，该电压与跨接磁头间隙的磁通变化率成正比。

由于输出电压的大小取决于磁通变化率，如果记录磁头输入的是直流电流，在磁带上产生的是恒定的磁化强度，那么复现磁头产生的输出为零。所以，直接记录过程只能用于变化的输入信号，通常频率的下限是 50Hz。此外，由于复现磁头具有微分特性，所以复现放大器必须具有积分特性，以使系统输出与输入成正比。输入信号的上限频率受磁头间隙和磁带速度的限制。

调频记录是当需要对直流或低频电压信号更准确地记录和响应时常用的一种方式。首先用输入信号对载波进行调频，然后以普通的方式将调频波记录到磁带上。在调频记录方式下，因为只有记录轨迹上记录的频率是重要的，因此引起瞬时幅值误差的磁带缺陷就没这么重要了。这里使用的调频器原理与第 5 章中讨论的电压-频率转换器类似。复现磁头以普通方式读磁带并将信号送到调频解调器和低通滤波器来重构原始输入信号。

现在大多数计测磁带记录仪都使用数字技术而非调频技术。数字计测磁带或磁盘记录仪主要有两大类：能接收已经是数字形式的数据的记录仪和能接收直接来自大多数传感器的模拟信号的记录仪。数字记录仪记录的是数字数据，广泛采用的编码方式是脉冲码调制（PCM）方式。实际的磁记录技术与直接模拟（而非调频）类似，响应不会扩展到零频率。典型的数字记录仪使用 16 位量化水平并提供大约 80dB 的动态范围和信噪比，远高于调频记录仪。

6.2.3 数字式存储示波器

数字式存储示波器是集数据采集系统和模拟示波器的优点于一身的一种精密测量设备，可以将其看作带有显示功能的数据采集系统，也可看做是具有量化存储功能的模拟示波器。它对数据的采集、传输、存储、运算、显示等都具有十分苛刻的实时性要求。

如图 6－8 所示数字存储示波器，以数字形式存储信号波形，再作显示，因此波形可稳定保留在显示屏上，供使用者分析。数字存储示波器中的微处理器可对记录波形作自动计算，如对被测波形的频率、幅值、前后沿时间、平均值等参数的自动测量以及多种复杂的处理，在显示屏上同时显示波形的峰 — 峰值、上升时间、频率及均方根值等。通过计算机接口可将波形送至打印机打印或计算机作进一步处理。数字存储示波器的出现，使传统示波器的功能发生了重大变革。

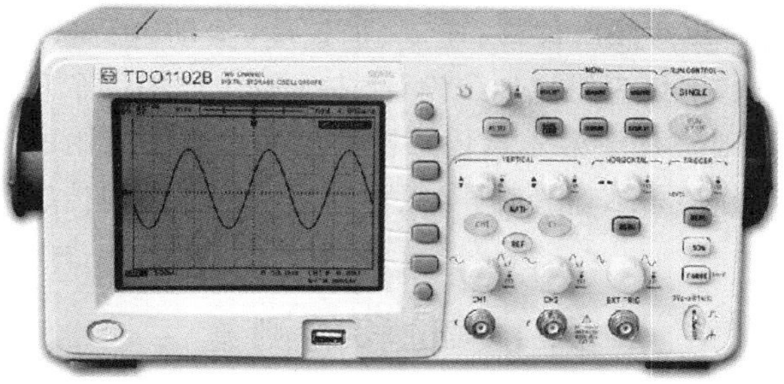

图 6－8　数字存储示波器

数字式存储示波器的特点可以总结为：更宽的输入频带、更高的采样速率、更深的存储深度；和数据采集系统相比，有着数据采集系统所不具备的直观屏幕显示功能、等效采样功能、多样触发的分析处理功能。与模拟示波器相比，数字式存储示波器由于使用晶体振荡器，所以具有更高的时间测量准确度；由于数字显示技术，减少了误差源，所以具有更高的幅度测量准确度，并可实现自检及自校准。不足之处是垂直分辨力稍低、幅度测量准确度略差、通道数较少、对环境的要求较严格并且价格较贵。

习　题

一、简答题。

6－1　显示装置输出信息的表现形式有哪些？

6－2　显示装置按显示方式分为模拟式和数字式两大类，分别列举三种以上的模拟式显示装置和数字式显示装置。

6－3　测试仪器输出信号的数码显示方式常见的有哪几种？

6－4　常用的信号记录设备有哪些？

第 7 章　测试技术在机械工程中的应用

在机械工程领域中，力、力矩、位移、速度、加速度、振动、噪声、温度等都是非常重要参数，对于这些参数的测试，不仅为机械加工设计、安全及生产提供了重要数据，而且同时也为其他参数测试提供了基础。基于第 4 章传感器的工作原理及应用的学习上，在本章着重对各参数测试的应用进行分类总结，相同的参数可以用不同原理的传感器进行测试。

7.1　位移的测量

位移测量是线位移和角位移测量的统称。位移测量在工程中应用很广，工程实践中不仅经常要求精确地测量零部件的位移和位置，而且力、压力、扭矩、速度、加速度、流量等许多参数的测量，也是以位移测量为基础的。

位移是指物体上某一点在一定方向上的位置变动，因此位移是向量，除了确定其大小之外，还应确定其方向。一般情况下，应使测量方向与位移方向重合，这样才能真实地测量出位移的大小。若测量方向和位移方向不重合，则测量结果仅是该位移在测量方向的分量。

凡是能够把直线位移转变成电信号的传感器，只要在结构上稍加改变，几乎都能用来检测角位移，反之亦然。中、小位移测量常采用电阻式位移计、电感式位移计、电容式位移计、感应同步器、光电编码器、光纤位移计、容栅位移计、光栅位移计；大位移测量常采用激光、声波、电磁波等手段。

7.1.1　常用位移传感器

表 7－1 列出了常用位移传感器的类型和主要技术性能。对于表中所列电阻式、电容式、电感式、霍尔式、光电式、光纤式、超声波式传感器测量位移的工作原理在第 4 章中已有相应的介绍，此处不再重复。

表 7－1　常用位移传感器的类型和主要技术性能

<table>
<tr><th colspan="2">类型</th><th>测量范围</th><th>精确度</th><th>性能特点</th></tr>
<tr><td rowspan="2">滑线电阻式</td><td>线位移</td><td>1 ～ 300mm</td><td>±0.1%</td><td>结构简单、使用方便，输出大、性能稳定</td></tr>
<tr><td>角位移</td><td>0° ～ 360°</td><td>±0.1%</td><td>分辨率较低，输出信号的噪声大，不宜用于频率较高时的动态测量</td></tr>
<tr><td rowspan="2">电阻应变片式</td><td>直线式</td><td>±250μm</td><td rowspan="2">±2%</td><td rowspan="2">结构牢固、性能稳定、动态特性好</td></tr>
<tr><td>摆角式</td><td>±12°</td></tr>
</table>

（续表）

类型		测量范围	精确度	性能特点
电感式	变气隙型	±0.2mm	±1%	结构简单、可靠，仅用于小位移测量的场合
	差动变压器型	0.08～300mm	±3%	分辨力较好、输出大，但动态特特性不是很好
	涡电流型	0～5000μm	±3%	非接触式，使用简便、灵敏度高、动态特性好
电容式	变面积型	10^{-3}～100mm	±0.005%	结构非常简单，动特性好，易受温度、湿度等因素的影响
	变间隙型	0.01～200μm	±0.1%	分辨力很好，但线性范围小，其他特点同变面积型
霍尔元件型		±1.5mm	±0.5%	结构简单、动特性好、温度稳定性较差
感应同步器型		10^{-3}～几米	2.5μm/250mm	数字式，结构简单、接长方便，适合大位移静动态测量，用于自动检测和数控机床
计量光栅	长光栅	10^{-3}～几米	3μm/1m	数字式，测量精度高，适合大位移静动态测量，用于自动检测和数控机床
	圆光栅	0°～360°	±0.5%	
角度编码器	接触式	0°～360°	10^{-6}rad	分辨率好、可靠性高
	光电式	0°～360°	10^{-8}rad	

7.1.2　位移测量的应用

1. 物位的测量

在生产过程中常遇到大量的液体和固体物料，存放在容器中或堆放在场地上，并占有一定的高度，该高度还可能是随时间而变化的，对此高度的测量称物位测量。液位测量、固体料位测量、两种液体或液体与固体间界面位置的测量均属物位测量。物位测量多是将物位转换成位移量来进行的，它也是位移测量应用较多的一个方面，此处介绍常用的两种。

(1) 沉筒式液位变送器

如图 7-1 所示是带有差动变压器的沉筒式液位变送器，沉筒由固定段 1 和浮力段 1′ 两部分组成，调换浮力段可使变送器适应于不同的介质和量程。沉筒所反映的浮力变化(即液位变化)通过弹簧 2 线性地转换为衔铁 4 的位移。衔铁位移由差动变压器转换成与之成正比的输出电压 Uy，因此输出电压反映了液位的变化。

(2) 电阻式液位计

如图 7-2 所示是电阻式液位计，由两根电阻极棒 1 组成，两根棒的材料和截面完全一样，两端拉紧，并用绝缘套 2 与容器 3 绝缘。假如被测的是导电介质，因其电阻率很小，可忽略不计，再略去连接导线电阻，则整个传感器的电阻为：

$$R = K_1 - K_2 H \tag{7-1}$$

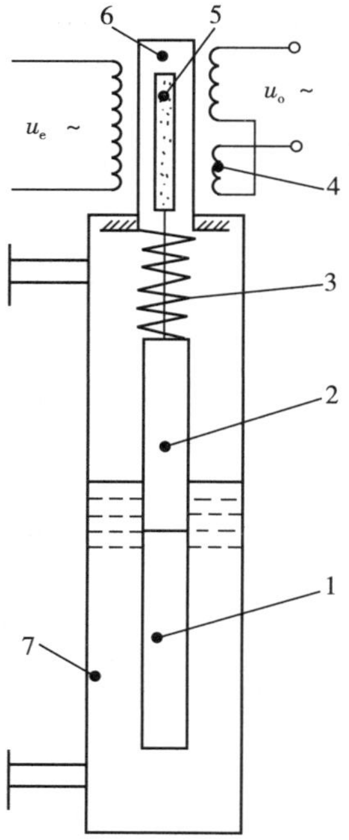

图 7-1　带差动变压器的沉筒式液位变送器

1—沉筒固定段；2—沉筒浮力段；3—测量弹簧；4—差动变压器；5—衔铁；6—密封隔离筒；7—沉筒室壳体

式中，K_1、K_2 为常数。可以通过测量 R 值的变化来得知液位高度 H 的变化。电阻值 R 可以用电桥 4（或其他测量电路）测得。温度变化所引起的误差可以在电路中进行补偿。这种液位计最大的缺点是电极表面易发生生锈、表面极化、结垢和腐蚀等情况，这些都会引起表面接触电阻的变化，从而直接产生测量误差。

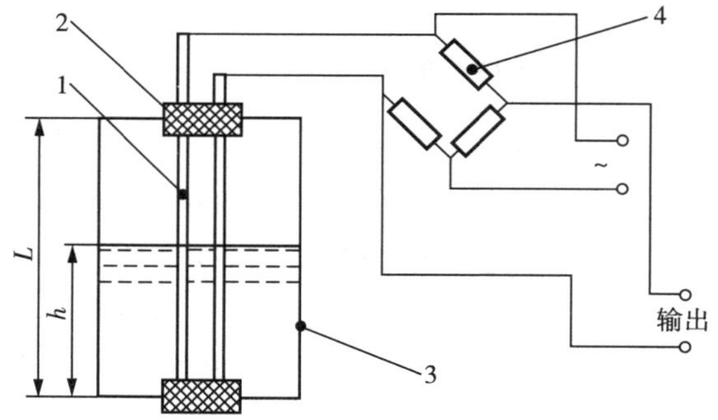

图 7-2　电阻式液位计

1—电阻极棒；2—绝缘套；3—容器；4—电桥

2. 回转轴径向运动误差的测量

回转轴运动误差是指在回转过程中回转轴线偏离理想位置而出现的附加运动。回转轴运动误差的测量，在机械工程的许多行业中都是很重要的。无论对于精密机床主轴的运动精确度，还是对于大型、高速机组（例如汽轮机—发电机组）的安全运行都有重要意义。

运动误差是回转轴上任何一点发生与轴线平行的移动和在垂直于轴线的平面内的移动。前一种移动称为该点的端面运动误差，后一种移动称为该点的径向运动误差。下面介绍径向运动误差的常用测量方法。

测量一根通用的回转轴的径向运动误差时，可将参考坐标选在轴承支承孔上。这时运动误差所表示的是回转过程中回转轴线对于支承孔的相对位移，它主要反映轴承的回转品质。任意径向截面上的径向运动误差可采用置于 x、y 方向的两只位移传感器来分别检测径向运动误差在 x、y 方向的分量。在任何时刻，两分量的矢量和就是该时刻径向运动误差矢量。这种测量方式称为双向测量法，如图 7－3 所示。由于种种原因，不必测量总的径向运动误差，而只需要测量它在某个方向上的分量（例如分析机床主轴的运动误差对加工形状的影响就属于这种情况），则可将一只位移传感器置于该方向来检测。这种方式称为单向测量法。

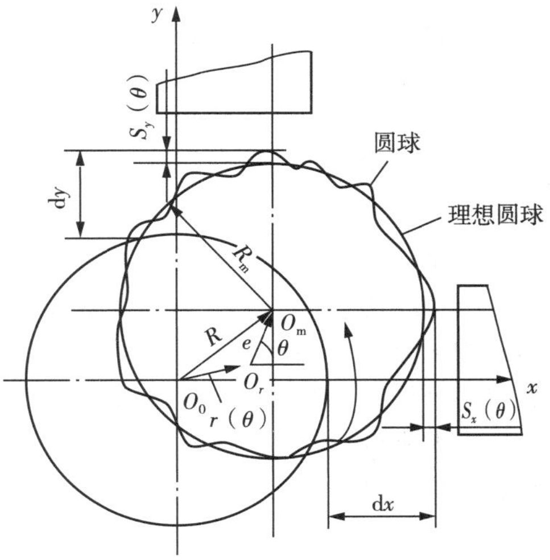

图 7－3　轴径向运动误差测量示意图

在测量时，两种方法都必须利用基准面来“体现”回转轴线。通常是选用具有高圆度的圆球或圆环来作为基准面。直接采用回转轴上的某一回转表面来作为基准面虽然可行，但由于该表面的形状误差不易满足测量要求，测量精确度较差。

3. 轴位移的测量

轴位移在旋转机器中是非常重要的被测量，轴位移不仅能表明机器的运行特性和状况，而且能够指示推力轴承的磨损情况以及转动部件和静止部件之间发生碰撞的可能性。由于工业现场的条件原因，目前常用电涡流位移传感器来测量轴位移。这里，位移测量只考虑传感器中的直流电压成分。

轴位移包括相对轴位移（即轴向位置）和相对轴膨胀。

（1）相对轴位移的测量

相对轴位移指的是轴向推力轴承和导向盘之间在轴向的距离变化。轴向推力轴承用来承受机器中的轴向力，它要求导向盘和轴承之间有一定的间隙以便能够形成承载油膜。一般汽轮机在 0.2 ～ 0.3mm，压缩机组在 0.4 ～ 0.6mm。在这些间隙范围内，转子可以移动且不会与壳体部件相接触。如果小于这些间隙，则轴承就会受到损坏，严重时甚至导致整个机器损坏。因此需要监测轴的相对位移以测量轴向推力轴承的磨损情况，如图 7－4 所示。

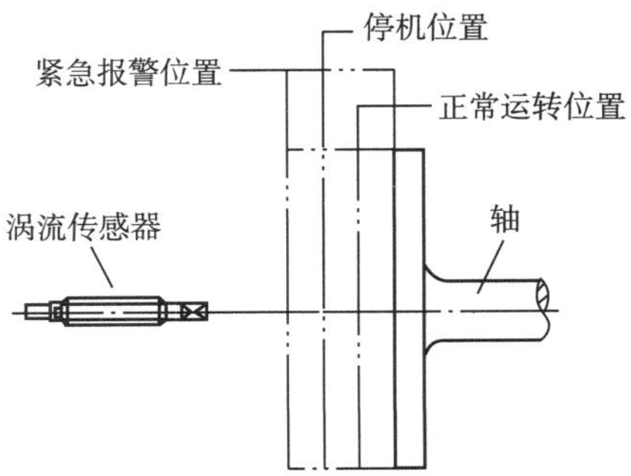

图 7－4　相对位移测量示意图

（2）相对轴膨胀

相对轴膨胀是指旋转机器中旋转部件和静止部件因为受热或冷却导致的膨胀或收缩。测量相对轴膨胀（差胀）是很重要的，特别是在旋转机器的起 / 停机过程中因为机组受热和冷却，其转子和机壳会产生不同程度的膨胀。例如，功率大于 1000MW 的大汽轮机的相对轴膨胀可能达到 50mm。

为了防止转子与机壳在这段时间内发生接触，应该在轴肩或相对锥面安装非接触式位移传感器测量，监测相对轴膨胀。非接触式位移传感器的工作方式有涡流式和感应式两种。因为膨胀量比较大，图 7－5 给出了各种不同量程范围所采用的测量方式。

图 7－5(a) 所示为测量不超过 12.5mm 的相对轴膨胀，一般采用涡流传感器在轴肩处直接测量；图 7－5(b) 中在轴肩两侧相对地安装涡流传感器，再结合监测仪器中的叠加电路，可以测量大约 25mm 的相对轴膨胀；如果要测量 50mm 或更大的相对轴膨胀，经常利用转轴上锥面进行测量，如图 7－5(c) 所示。当锥面移动时，轴向位移就转换为较小的径向位移，如锥角为 1° 的锥面转换率为 1:4。对于轴在轴承中浮动引起的真正径向位移，可以安装两个涡流传感器构成差分电路进行补偿；图 7－5(d) 所示为双锥面，采用这种方法测量相对轴位移，同样是用一个传感器测量相对轴膨胀，另一个传感器补偿轴的径向浮动；如果空间有限或者轴肩太低或太小，或者相对轴膨胀太大，通常采用摆式传感器进行测量。摆端的磁性使得摆能够跟随轴肩运动，这样通过非接触感器测量摆固定点附近的运动，就能测量相对轴膨胀，如图 7－5(e) 所示。

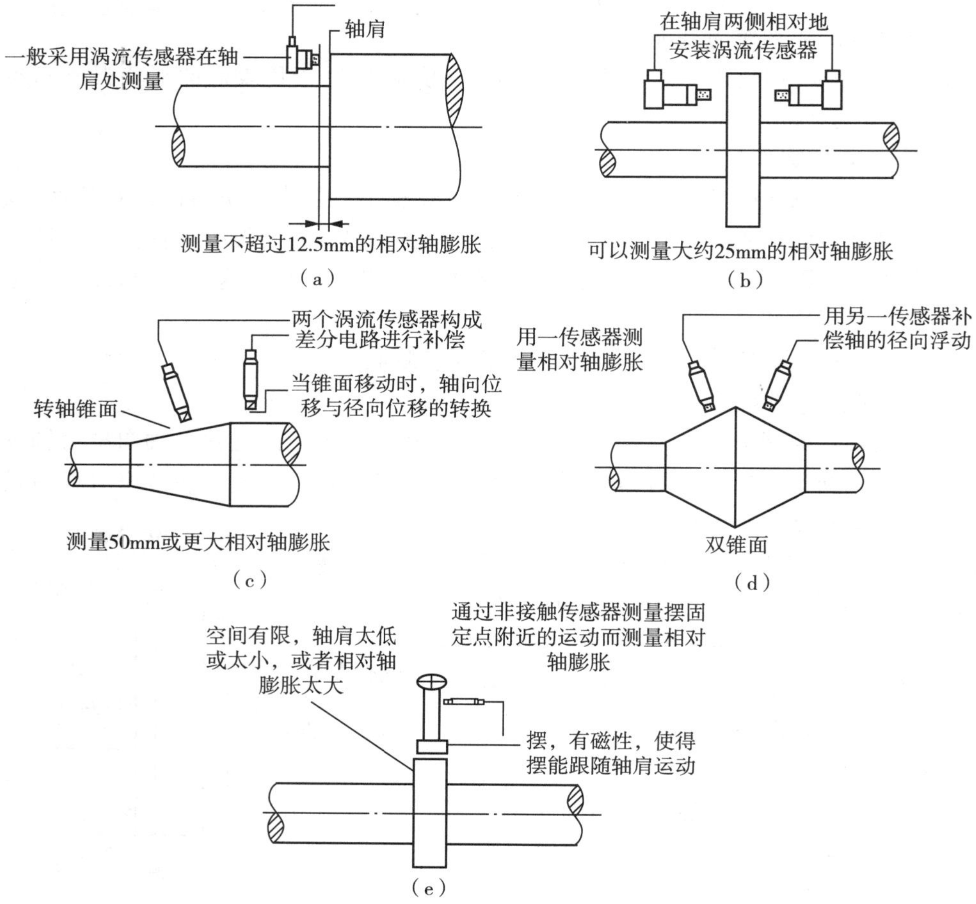

图 7－5　轴膨胀测量示意图

7.2　力的测量

力是描述物体与物体之间相互作用的基本物理量，也是机械设备最常见的工作载荷。在生产实际中常常需要对力进行有效的测量和分析，如机械加工中切削力、冲压力的测量；材料性能试验中，载荷、应力的测量等。力的测量中包括静态力的量试和动态力的量试。常用的传感器有电阻应变式和压电式。电阻应变式力传感器可以测量静态力，也可以测量动态力。压电式力传感器更适合测量动态力。

力的测量方法很多，根据测力原理，常用的测力方法主要有下列几种：

(1) 用已知重力或电磁力来平衡被测力，从而直接测得被测力；

(2) 通过测量一个在被测力作用下的已知质量的物体的加速度来间接测量被测力；

(3) 通过测量由被测力产生的流体压力来测得被测力；

(4) 当被测力张紧一振动弦时，该弦的固有频率将随着被测力的大小而改变，通过测量频率的变化来测得被测力；

(5) 通过测量在被测力作用下某弹性元件的变形或应变来测得被测力。

上述的测力方法大部分用于静态力或缓变力的测量。但最后一种方法则适用于静态力或频率为数千赫以下动态力的测量，所以是一种应用极广泛的测力方法。

7.2.1　电阻应变式测力

力的测量可以在被测对象上直接布片组桥，也可以在弹性元件上布片组桥，组成各种测力仪。常用的弹性元件有柱式、梁式、环式、轮辐式等多种形式。电阻应变式力传感器测力范围宽、精度高、结构简单，可以测量静态力，也可以测量动态力。

1. 柱式弹性元件

通过柱式弹性元件表面的拉(压)变形测力。应变片的粘贴和电桥的连接应尽可能消除偏心和弯矩的影响，一般将应变片对称地粘贴在应力均匀的圆柱表面中部。柱式力传感器可以测量 0.1 ～ 3000t 的载荷，常用于大型轧钢设备的轧制力测量。

如图 7-6 所示，柱式弹性元件分为实心和空心两种。在外力作用下，若应力在弹性变形范围内，则应力和应变成正比关系，即

$$\varepsilon=\frac{\Delta l}{l}=\frac{\sigma}{E}=\frac{F}{AE} \qquad (7-2)$$

式中：F 为作用在弹性元件上的外力，N；

E 为材料的弹性模量，Pa；

A 为圆柱的横截面积，m^2。

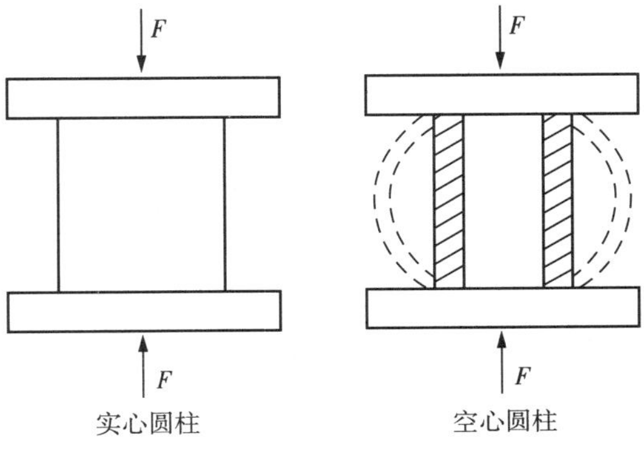

图 7-6　柱式弹性元件

2. 梁式弹性元件

梁式弹性元件有等截面梁、等强度梁和等截面双端固定梁等多种形式。

等截面梁如图 7-7 所示。当力作用在自由端时，刚性端截面中产生的应力最大，而自由端产生的挠度最大。在距离受力点为 l_0 的上、下表面，沿 l 方向贴电阻应变片 R_1 和 R_3，R_2 和 R_4 贴在反面对称位置。该处的应变为：

$$\varepsilon=\frac{\sigma}{E}=\frac{6Fl_0}{bh^2E} \tag{7-3}$$

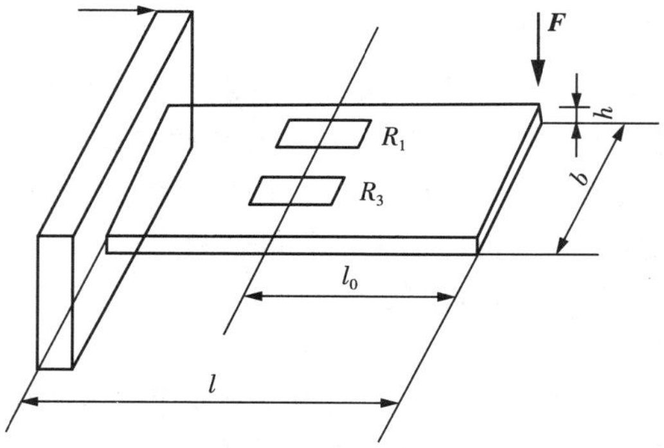

图 7-7　等截面梁的布片及组桥

等强度梁如图 7-8 所示。梁的截面成等腰三角形，集中力 F 作用在三角形顶点，梁内各横截面产生的应力是相等的，表面上任意位置的应变也相等，因此称为等强度梁。等强度梁的各点由于应变相等，故粘贴应变片的位置要求不严格。在粘贴应变片处的应变为：

$$\varepsilon=\frac{\sigma}{E}=\frac{6Fl}{b_0h^2E} \tag{7-4}$$

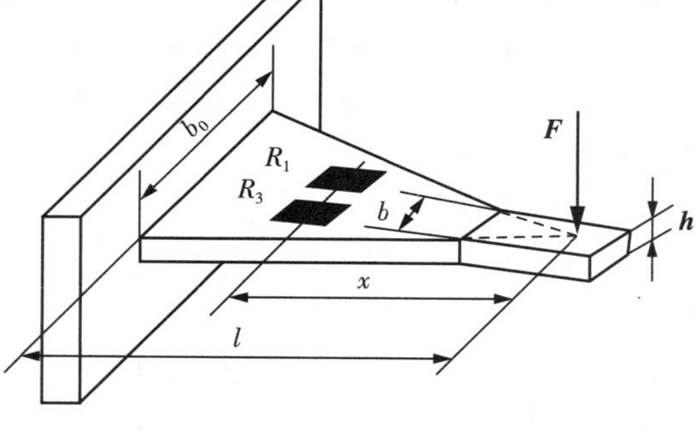

图 7-8　等强度梁的布片及组桥

图 7-9 所示是两端固定梁，如果中间加载荷，中心处的应变为：

$$\varepsilon=\frac{3l}{4bh^2E}F \tag{7-5}$$

3. 环式弹性元件

环式弹性元件结构比较简单，在外力作用下，各点的应力差别较大。如图 7－10 所示的薄壁圆环的厚度为 h，外径为 R，宽度为 b，应变片 R_1、R_4 贴在外表面，R_2、R_3 贴在内表面，贴片处的应变量为：

$$\varepsilon = \pm \frac{3\left[R - (\frac{h}{2})(1 - \frac{2}{\pi})\right]}{bh^2 E} F \tag{7-6}$$

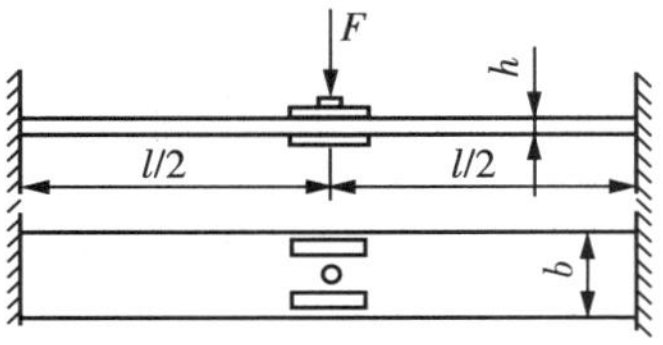

图 7－9　双端固定梁弹性元件图

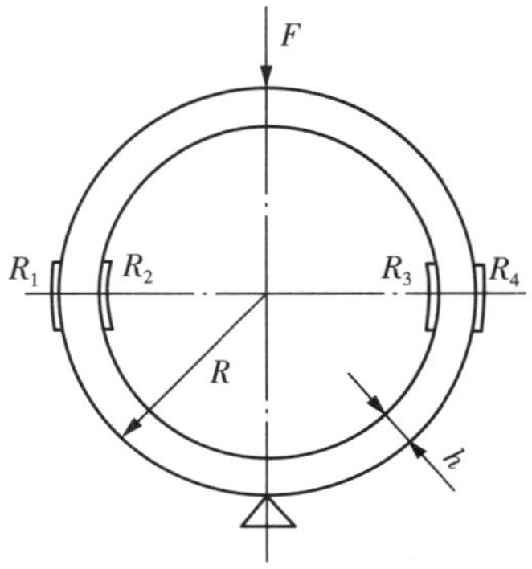

图 7－10　环式弹性元件

7.2.2　其他测力装置

1. 电容式力传感器

电容式力传感器的结构原理是：在矩形的特殊弹性元件上，加工若干个贯通的圆孔，每个圆孔内固定两个端面平行的丁字形电极，每个电极上贴有铜箔，构成由多个平行板电容器并联组成的测量电路。在力 F 作用下，弹性元件变形使极板间距发生变化，从而改变电容量，如图 7－11 所示。

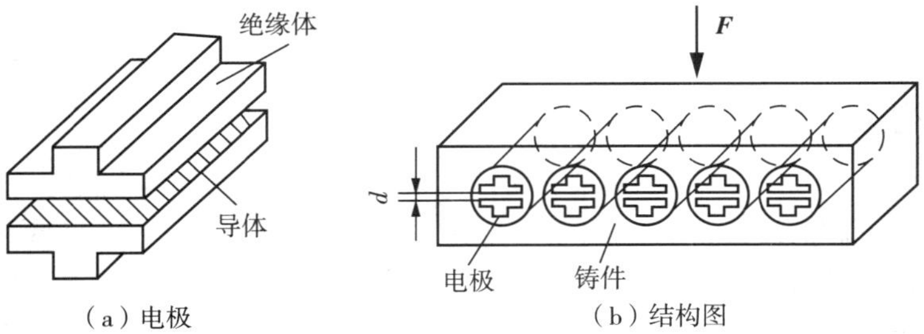

图 7－11　电容式力传感器

电容式力传感器的特点是结构简单，灵敏度高，动态响应快，但是由于电荷泄漏难以避免，不适用于静态力的测量。

2. 压电式力传感器

压电式力传感器由具有压电效应的压电材料制成，常用的有天然压电材料石英晶体，人工合成的压电陶瓷、压电膜等。压电材料之所以具有压电效应，是与晶体结构有关的，不同的压电材料的压电性能亦不同。压电式力传感器的特点是体积小、动态响应快，但也存在电荷泄漏，一般不适用于静态力的测量。使用中应防止承受横向力和施加预紧力。如图 7-12(a) 所示为单向压电式力传感器，它由基座、盖板、石英晶片、绝缘套以及信号引出插座等组成。采用两片压电石英并联，可使电荷量增加一倍，提高灵敏度。图 7-12(b) 所示为三向压电式力传感器，它由三对不同切形的压电石英片组成，其中一对具有纵向压电效应，可测主切削力 F_z，另外两对具有横向压电效应，方向互成 90°，可以实现对 F_x、F_y 的测试。

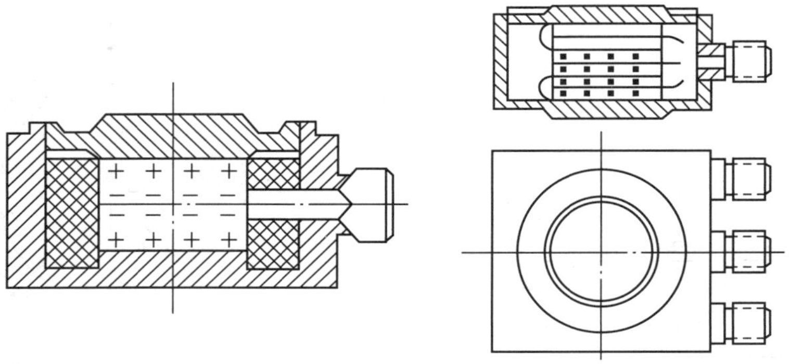
(a) 单向压电式力传感器　(b) 三向压电式力传感器

图 7-12　压电式力传感器

3. 压磁式测力仪

由硅钢等铁磁材料制成的铁芯在机械力的作用下磁导率会发生变化，这种现象称为压磁效应。如图 7-13(a) 所示，在铁芯上布置一对线圈——励磁线圈和测量线圈，两线圈平面互相垂直。在没有外力作用的情况下，励磁线圈中心交流电所建立的磁场对测量线圈没有输出，如图 7-13(b) 所示。当外力作用在铁芯上时，铁芯磁导率发生改变，则测量线圈因励磁线圈中磁通链变化而输出和外力大小成比例的信号，如图 7-13(c) 所示。

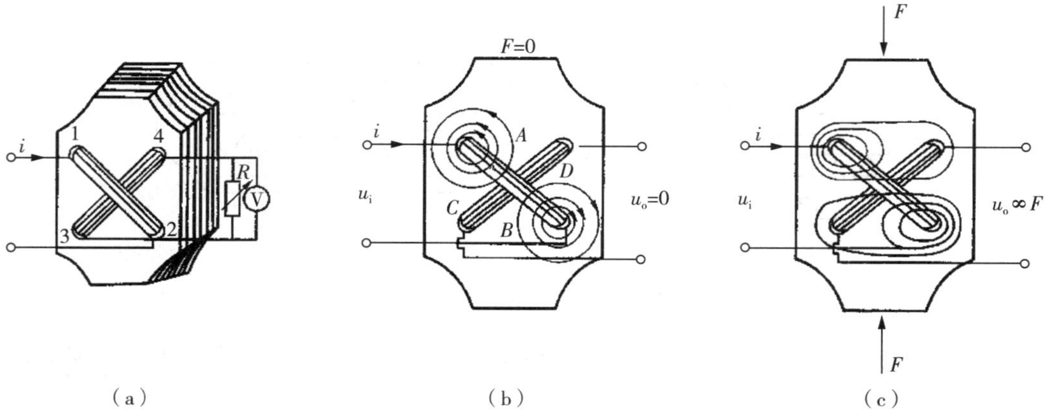

(a)　(b)　(c)

图 7-13　压磁式测力仪

7.3　振动的测量

振动是自然界、工程技术和日常生活中普遍存在的物理现象。各种机械在运行时，不可避免地存在着诸如回转件的不平衡、负载的不均匀、结构刚度的各向异性、润滑状况的不良及间隙等原因而引起受力的变动、碰撞和冲击，以及由于使用、运输和外界环境下能量传递、存储和释放都会诱发或激励机械振动。所以说，任何一台运行着的机器、仪器和设备都存在着振动现象。机械振动在大多数情况下是有害的。振动往往会破坏机器的正常工作和原有性能，振动的动载荷使机器加速失效、缩短使用寿命，甚至导致损坏造成事故。另一方面，振动也可用来完成各项有益的工作，如运输、夯实、清洗、粉碎、脱水等。这时必须正确选择振动参数，充分发挥机械的振动性能。

振动测试包括两方面的内容：一是测量工作机械或结构在工作状态下存在的振动，如振动位移、速度、加速度等，了解被测对象的振动状态、评定等级和寻找振源，以及进行监测、分析、诊断和预测；二是对机械设备或结构施加某种激励，测量其受迫振动，以便求得被测对象的振动力学参量或动态性能，如固有频率、阻尼、刚度、响应和模态等。

7.3.1　振动的分类及基本参数

机械工程中常见的机械设备、装置或结构，都可以简化单自由度系统或多自由度系统。单自由度系统或多自由度系统产生机械振动时的特征参数是不一样的。机械振动是一种比较复杂的物理现象。为了研究的方便，需要根据不同的特征将振动进行分类，见表 7－2。

表 7－2　机械振动的分类与特征

分　类	名　称	主要特征说明
按振动产生的原因分	自由振动	系统受初始干扰或外部激振力取消后，系统本身由弹性恢复力和惯性力来维持的振动。当系统无阻尼时，振动频率为系统的固有频率；当系统存在阻尼时，其振动幅度将逐渐减弱
	受迫振动	由于外界持续干扰引起和维持的振动，此时系统的振动频率为激振频率
	自激振动	系统在输入和输出之间具有反馈特性时，在一定条件下，没有外部激振力而由系统本身产生的交变力激发和维持的一种稳定的周期性振动，其振动频率接近于系统的固有频率
按振动的规律分	简谐振动	振动量为时间的正弦或余弦函数，为最简单、最基本的机械振动形式。其他复杂的振动都可以看成许多或无穷个简谐振动的合成
	周期振动	振动量为时间的周期性函数，可展开为一系列的简谐振动的叠加
	瞬态振动	振动量为时间的非周期函数，一般在较短的时间内存在
	随机振动	振动量不是时间的确定函数，只能用概率统计的方法来研究

（续表）

分　类	名　称	主要特征说明
按系统的自由度分	单自由度系统振动	用一个独立变量就能表示系统振动
	多自由度系统振动	须用多个独立变量表示系统振动
	连续弹性体振动	须用无限多个独立变量表示系统振动
按系统结构参数的特性分	线性振动	可以用常系数线性微分方程来描述，系统的惯性力、阻尼力和弹性力分别与振动加速度、速度和位移成正比
	非线性振动	要用非线性微分方程来描述，即微分方程中出现非线性项

振动的幅值、频率和相位是振动的三个基本参数，称为振动三要素。只要测定这三个要素，也就决定了机械的整个振动运动。

简谐振动是最基本的周期运动，各种不同的周期运动都可以表示为无穷多个不同频率的简谐运动的组合。简谐振动的运动规律可用简谐函数表示为：

$$z=A\sin(\frac{2\pi}{T}t+\varphi)=A\sin(2\pi ft+\varphi)=A\sin(\omega t+\varphi) \tag{7-7}$$

式中：z 为振动位移；

t 为时间；

f 为振动频率；

A 为位移的最大值，称为振幅；

T 为振动周期，为振动频率 f 的倒数；

ω 为振动角频率；

φ 为初相角。

对应于该简谐振动的速度 v 和加速度 a 分别为：

$$v=\frac{\mathrm{d}z}{\mathrm{d}t}=\omega A\cos(2\pi ft+\varphi) \tag{7-8}$$

$$a=\frac{\mathrm{d}v}{\mathrm{d}t}=-\omega^2 A\sin(2\pi ft+\varphi)=-\omega^2 z \tag{7-9}$$

在振动测量时，应合理选择测量参数，如振动位移是研究强度和变形的重要依据；振动加速度与作用力或载荷成正比，是研究动力强度和疲劳的重要依据；振动速度决定了噪声的高低，人对机械振动的敏感程度在很大频率范围内是由速度决定的，振动速度又与能量和功率有关，并决定了力的动量。

7.3.2　单自由度系统的受迫振动

根据周期信号的分解和线性系统的叠加性，有理由认为正弦激励对振动系统是一个最基本的激励。另外，为了正确理解和掌握机械振动测试和分析技术的概念，本节主要研究最简单的单自由度振动系统在两种不同激励下的响应。

1. 质量块受力产生的受迫振动

如图 7－14 所示单自由度系统，由直接作用在质量上的力所引起的受迫振动，质量 m 在外力的作用下的运动方程为：

$$m\frac{\mathrm{d}^2 z(t)}{\mathrm{d}t^2}+c\frac{\mathrm{d}z(t)}{\mathrm{d}t}+kz(t)=f(t) \tag{7-10}$$

式中：c 为黏性阻尼系数；

k 为弹簧刚度系数；

$f(t)$ 为系统的激振力，即系统的输入；

$z(t)$ 为系统的输出。

对式(7－10)进行拉普拉斯变换，可得系统传递函数为

$$H(s)=\frac{Z(s)}{F(s)}=\frac{1}{ms^2+cs+k} \tag{7-11}$$

令 $s=\mathrm{j}\omega$，代入式(7－11)，可得

$$\begin{aligned}H(\mathrm{j}\omega)&=\frac{Z(\mathrm{j}\omega)}{F(\mathrm{j}\omega)}=\frac{1}{m(\mathrm{j}\omega)^2+c\mathrm{j}\omega+k}=\frac{1}{-m\omega^2+\mathrm{j}c\omega+k}\\&=\frac{1/k}{-\omega^2\frac{m}{k}+\mathrm{j}\cdot 2\omega\cdot\frac{c}{2\sqrt{km}}\cdot\frac{\sqrt{m}}{\sqrt{k}}+1}=\frac{1}{k}\cdot\frac{1}{-\frac{\omega^2}{\omega_n^2}+\mathrm{j}\cdot 2\cdot\xi\cdot\frac{\omega}{\omega_n}+1}\\&=\frac{1}{k}\cdot\frac{1}{1-(\omega/\omega_n)^2+\mathrm{j}\cdot 2\xi(\omega/\omega_n)}\end{aligned} \tag{7-12}$$

即

$$H(\mathrm{j}\omega)=\frac{1}{m(\mathrm{j}\omega)^2+c\mathrm{j}\omega+k}=\frac{1/k}{1-(\omega/\omega_n)^2+\mathrm{j}2\xi(\omega/\omega_n)} \tag{7-13}$$

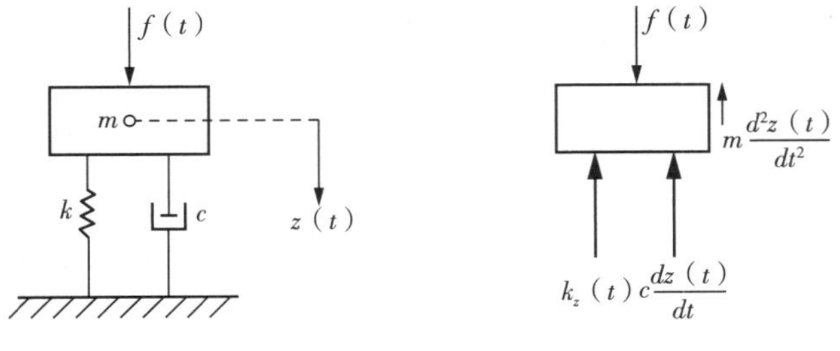

图 7－14　力作用在质量块上的单自由度系统

当激振力 $f(t)=F_0\sin\omega t$ 时，系统稳态时的频率响应函数的幅频特性 $A(\mathrm{j}\omega)$ 和相频特性 $\varphi(\mathrm{j}\omega)$ 分别为

$$\begin{cases} A(\mathrm{j}\omega)=\dfrac{1}{k}\cdot\dfrac{1}{\sqrt{[1-(\omega/\omega_n)^2]^2+4\xi^2(\omega/\omega_n)^2}} \\ \varphi(\mathrm{j}\omega)=-\arctan\dfrac{2\xi(\omega/\omega_n)}{1-(\omega/\omega_n)^2} \end{cases} \tag{7-14}$$

式中：ω 为激振力频率；

ω_n 为系统的固有频率，$\omega_n=\sqrt{k/m}$；

ζ 为系统的阻尼率，$\xi=c/2\sqrt{km}$。

系统的幅频和相频特性曲线如图 7－15 所示。在幅频曲线上幅值最大处的频率称为位移共振频率，它和系统的固有频率的关系为

$$\omega_r=\omega_n\sqrt{1-2\xi^2} \tag{7-15}$$

显然，随着阻尼的增加，共振峰向原点移动；当无阻尼时，位移共振频率 ω_r 即为固有频率 ω_n；当系统的阻尼率 ξ 很小时，位移共振频率 ω_r 接近系统的固有频率 ω_n，可用作 ω_n 的估计值。

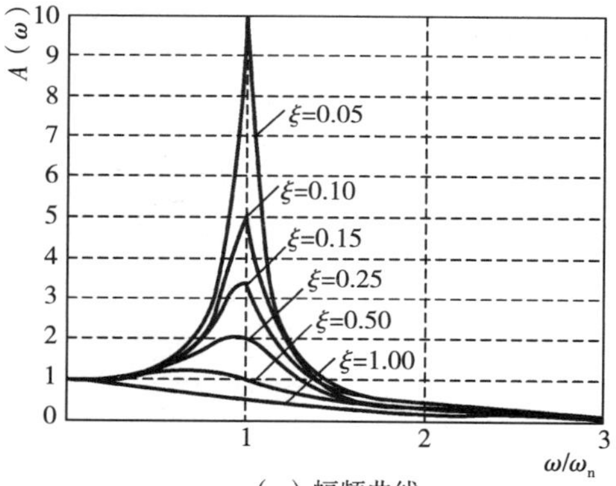

（a）幅频曲线

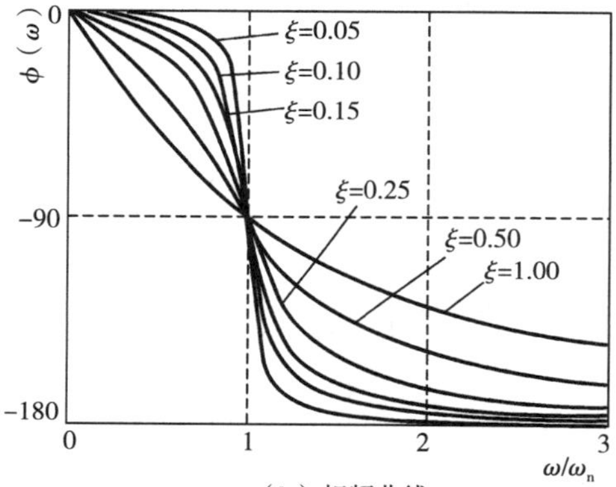

（b）相频曲线

图 7－15　二阶振动系统的幅频和相频曲线

由相频图可以看出，不论系统的阻尼率为多少，在 $\omega/\omega_r=1$ 时，即 $\omega=\omega_r$ 时，位移始终落后于激振力 90°，此现象称为相位共振。

相位共振现象可用于系统固有频率的测量。当系统阻尼不为零时，位移共振频率 ω_r 不易测准。但由于系统的相频特性总是滞后 90°，同时，相频曲线变化陡峭，频率稍有变化，相位就偏离 90°，故用相频特性来确定固有频率比较准确。同时，要测量较准确的稳态振幅，需要在共振点停留一定的时间，这往往容易损坏设备。而通过扫频，在共振点处即使振幅没有明显的增长，而相位也陡峭地越过 90°，因此，利用相频测量更有意义。

在激振力频率远小于系统固有频率时，输出位移随激振频率的变化非常小，几乎和“静态”激振力所引起的位移一样，这时系统响应特性类似于低通滤波器。在激振力频率远大于系统固有频率时，输出位移接近于零，质量块接近于静止，这时系统响应特性也类似于低通滤波器。在激振力频率接近系统固有频率时，系统的响应特性主要取决于系统的阻尼，并随

频率的变化而剧烈变化。

2. 由基础运动所引起的受迫振动

在大多数情况下，振动系统的受迫振动是由基础运动所引起的，如道路的不平度引起的车辆垂直振动，如图 7-16(a) 所示。

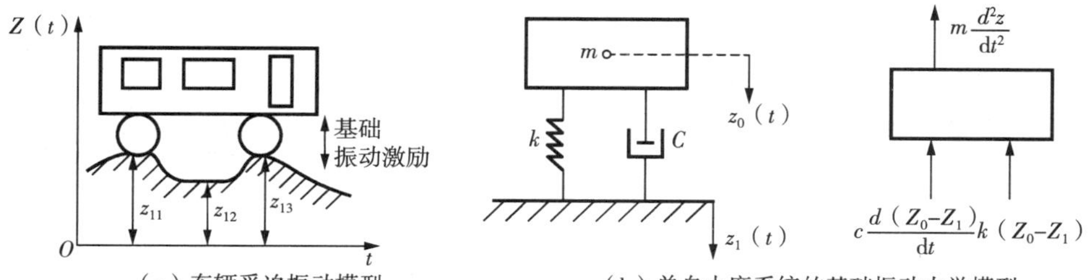

(a) 车辆受迫振动模型　(b) 单自由度系统的基础振动力学模型

图 7-16　车辆运动时受地面不平度激励而产生的垂直振动模型

设基础的绝对位移为 Z_1，质量 m 的绝对位移为 Z_0，质量块相对于基础的位移为 $Z_{01}=Z_0-Z_1$，如图 7-16(b) 所示的力学模型可用牛顿第二定律得到，即

$$m\frac{\mathrm{d}^2Z_0}{\mathrm{d}t^2}+c\frac{\mathrm{d}(Z_0-Z_1)}{\mathrm{d}t}+k(Z_0-Z_1)=0 \tag{7-16}$$

设 $Z_1(t)$ 是正弦变化的，即 $Z_1(t)=Z_1\sin\omega t$，式(7-16) 又可写为

$$m\frac{\mathrm{d}^2Z_0}{\mathrm{d}t^2}+c\frac{\mathrm{d}Z_0}{\mathrm{d}t}+kZ_0=m\omega^2Z_1\sin\omega t \tag{7-17}$$

对式(7-17) 进行拉普拉斯变换，并令 $s=\mathrm{j}\omega$，可得系统的幅频特性和相频特性表达式，即

$$A(\mathrm{j}\omega)=\frac{1}{k}\cdot\frac{(\omega/\omega_n)^2}{\sqrt{[1-(\omega/\omega_n)^2]^2+4\xi^2(\omega/\omega_n)^2}} \tag{7-18}$$

$$\varphi(\mathrm{j}\omega)=-\arctan\frac{2\xi(\omega/\omega_n)}{1-(\omega/\omega_n)^2} \tag{7-19}$$

式中：ω 为基础运动的角频率；

ω_n 为振动系统的固有频率，$\omega_n=\sqrt{k/m}$；

ξ 为振动系统的阻尼率，$\xi=c/2\sqrt{km}$。

由式(7-18) 和(7-19) 绘制的系统幅频和相频特性曲线如图 7-17 所示。

根据上述分析，对于单自由度系统，可以用一元二次微分方程描述。对于多自由度振动系统，其振动方程式一般是相互耦合的常微分方程组，通过坐标变换，可以将系统的振动方程变成一组相互独立的二阶常微分方程组，其中每一个方程式可以独立求解。限于篇幅，在此不再详述。

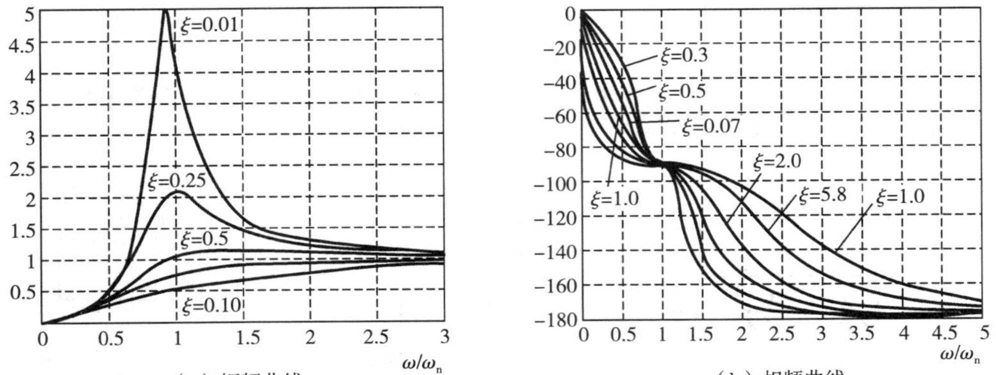

（a）幅频曲线　（b）相频曲线

图 7－17　基础激振时质量块相对基础位移的幅频和相频曲线

7.3.3　振动测试传感器

测量振动的方法按振动信号的转换方式，可分为电测法、机械法和光学法。机械法常用于振动频率低、振幅大、精度不高的场合，光学法主要用于精密测量和振动传感器的标定，电测法应用范围最广，不同的测量方法要采用相应的传感器。下面只讨论电测法中常用的一些测振传感器。

测振传感器也称为拾振器，是将被测对象的机械振动量（位移、速度或加速度）转换为与之有确定关系的电量（如电流、电压或电荷）的装置。测振传感器按照测振参数，分为位移传感器、速度传感器和加速度传感器。

1. 振动位移传感器

用于测位移的传感器大多也可用作测振动，如电容式、电感式等。最常用的是涡流传感器。图 7－18 所示为涡流式传感器的结构与实物图。

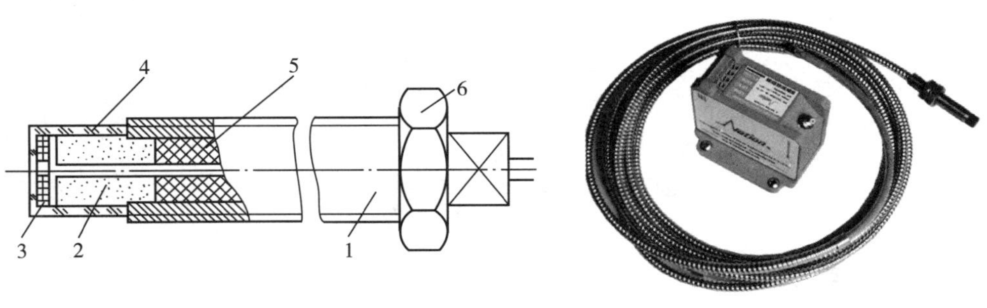

图 7－18　涡流式传感器结构与实物图

1—壳体；2—框架；3—线圈；4—保护套；5—填料；6—螺母

涡流传感器的工作原理是通过传感器中的高频线圈探头靠近被测导电材料，在导体中感应出涡流，从而改变了线圈中的阻抗，当被测物体到探头的距离改变时，线圈中的阻抗也随之改变，因此，通过对阻抗的测量，实现了对位移的测量。涡流传感器具有线性范围大、灵敏度高、频率范围宽（从直流到数千赫）、抗干扰能力强、可实现非接触式测量等特点。涡流传感器的灵敏度与被测材料的电导率和磁导率有关系，在测试前最好用和试件材料相同的样件在校准装置上直接校准以取得特性曲线。如被测物体表面为非导电材料，测试时需在被测物表面连接一层具有足够厚度的导电材料。另外，涡流传感器的灵敏度与被测物体表面形状有关系，如被测件是曲面，其直径应大于 4 倍的线圈直径。

2. 振动加速度传感器

压电式加速度传感器是应用十分广泛的测振传感器。图 7－19 所示是压电式加速度传感器的结构与实物图。在测量时，将传感器壳体与被测构件刚性连接，当被测物体具有一加速度 a 时，传感器外壳与被测物体同时以此加速度运动，此时内部的质量块产生一个与被测加速度方向相反的惯性力，其大小为 ma，这一惯性力作用在压电片上，使之产生变形，而在压电片表面产生电荷。电荷量与所受惯性力成正比，也就与相应的加速度成正比。

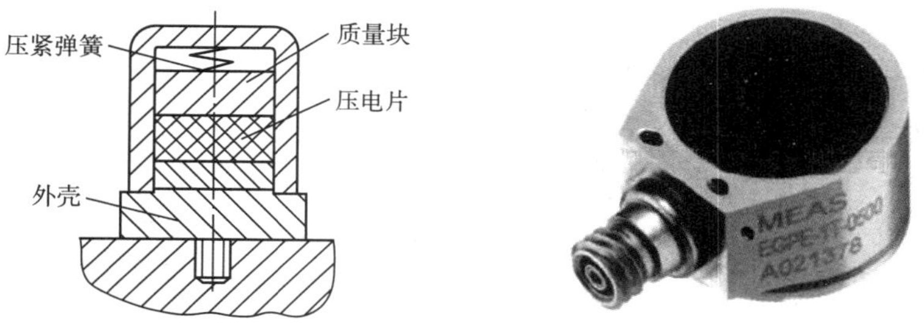

图 7－19　压电式加速度传感器结构与实物图

压电式加速度传感器的安装方法对动态特性有影响，主要有 4 种安装方法：螺钉安装、磁力安装座安装、黏结剂黏接、探针安装。图 7－20 所示是压电加速度传感器安装到被测构件上的几种方式，图 7－20(a) 所示是用双头钢制螺钉将传感器固定在光滑平面上，这种方法是固定刚度最好的，但要防止拧得过紧传感器壳体变形，影响输出；如果固定表面不够滑，可在接合面上涂复硅润滑脂，需要绝缘时，可采用绝缘螺栓的云母垫片，如图 7－20(b) 所示；在低温条件下可用石蜡将传感器黏附在平整表面上，如图 7－20(c) 所示；黏结的方法还可采用胶粘、双面胶纸如图 7－20(g) 所示，黏结螺栓如图 7－20(f) 所示等方法；如测量对象是铁磁性的，可采用永久磁铁来固定，如图 7－20(e) 所示；如在测量过程中要做多点测量，需要方便地更换测点，则可用手持探针的方法，如图 7－20(d) 所示。

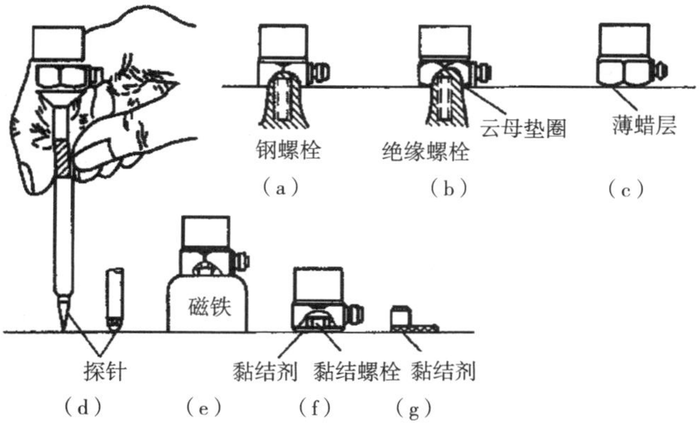

图 7－20　压电加速度传感器的安装方式

压电加速度振动传感器具有灵敏度高、结构紧凑、坚固性好、动态特性好等优点，在工程中应用非常广泛。

3. 振动速度传感器

磁电式速度传感器是利用电磁感应原理，将传感器的质量块与壳体的相对速度转换为电压输出的装置。当线圈在恒定磁场中做直线运动并切割磁力线时，线圈两端的感应电动势为

$$e = NBlv\sin\theta \tag{7-20}$$

式中：N 为线圈匝数；

B 为磁感应强度；

l 为线圈的有效长度；

v 为线圈与磁场的相对运动速度；

θ 为线圈运动方向与磁场方向的夹角。

当 $\theta=90°$ 时，$e=NBlv$，即线圈中的感应电动势与线圈运动速度成正比。

磁电式速度传感器为惯性式速度传感器，有绝对式和相对式两种，前者测量被测对象的绝对振动速度，后者测量两个运动部件之间的相对运动速度。下面仅说明绝对式的结构。

磁电式绝对速度传感器如图 7-21 所示，在测振时，传感器固定或紧压于被测对象上，磁钢与壳体一起随被测对象振动，装在心轴上的线圈和阻尼环组成惯性系统的质量块并在磁场中运动。弹簧片径向刚度很大、轴向刚度很小，使惯性系统既得到可靠的径向支承，又保证有很低的轴向固有频率。阻尼环一方面可增加惯性系统的质量，降低固有频率，另一方面在磁场中运动产生的阻尼力使振动系统具有合理的阻尼。

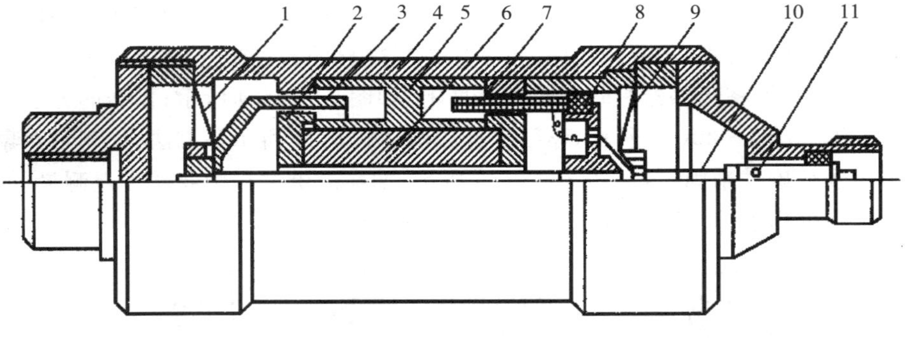

图 7-21 磁电式绝对速度传感器

1、9—弹簧片；2—磁靴；3—阻尼环；4—外壳；5—铝架；6—磁钢；7—线圈；8—线圈架；10—导线；11—接线座

线圈作为质量块的组成部分，当它在磁场中运动时，其输出电压与线圈切割磁力线的速度成正比。前面已指出，由基础运动所引起的受迫振动，当 $\omega \gg \omega_n$ 时，质量块在绝对空间中近乎静止，从而被测对象与质量块的相对位移、相对速度就分别近似于其绝对位移和绝对速度。为了扩大磁电式绝对速度传感器的工作频率下限，应采用 $\xi=0.7$ 左右的阻尼比，在幅值误差不超过 5% 的情况下，工作频率下限可扩展为 $\omega/\omega_n=1.7$。这样的阻尼比也有助于迅速衰减意外瞬态扰动所引起的瞬态振动。

7.3.4　矿用通风机振动测试的实例

通风机是煤矿安全生产的关键设备，担负着向井下输送新鲜空气、排出粉尘和污浊气流，确保矿井安全生产的重任。按照《煤矿安全规程》要求，一是对生产矿井主通风机在安装后、生产运行前，应进行振动测试；二是在使用过程中定期对主通风机进行振动测试，获知设备负载运行的实际情况。

通风机振动测试系统如图 7-22 所示。在通风机振动测试中，通过固定在 X、Y、Z 三个方向上的压电加速度传感器实现对风机轴向、垂直方向、径向振动信号的拾取。X 为轴向，Y 为垂直方向，Z 为径向。采用压电加速度传感器 LC0121，磁力安装座安装在风机上。传感器的频率范围为 0.7 ～ 10kHz，分辨率为 0.002g，灵敏度为 150mV/g；信号调理采用 LC0207 恒流源模块完成；采集卡采用 NI 公司的基于 USB 总线的 6221 数据采集卡。

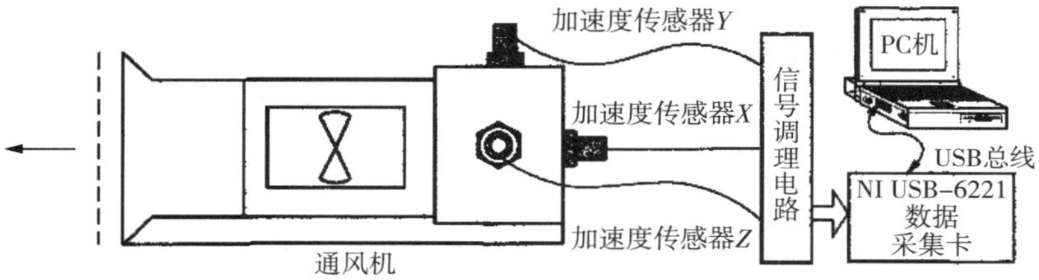

图 7-22　通风机振动测试

振动信号通过压电加速度传感器获得，通过信号调理电路将振动信号转换为标准信号；数据采集卡将采集到的电压信号转换为计算机能够处理的数字信号；通过设备驱动程序，数字信号进入计算机；在 LabVIEW 平台下，运行编制的振动测试软件，对获得的振动信号进行滤波、异值剔除，通过相关算法和程序实现振动测试所要求的参数，如振动频率、振幅等。

7.4　转速的测量

转速也是工程中经常遇见的一个参数，旋转物体的转速一般采用间接的方法测量，即通过各种各样的传感器将转速变换为其他物理量，如机械量、电磁量、光学量等，然后再用模拟和数字两种方法显示。常用的测速方法有机械式、磁电式、闪光频率式、光电式、霍尔效应式、测速发电机式等。

7.4.1　磁电式转速传感器

磁电式转速传感器如图 7-23 所示。转动部件上若有凸起的铁磁物，如齿轮，可在附近安装绕有线圈的磁铁，如图 7-23(a) 所示。当齿轮的齿经过磁极时，磁通变化，在线圈上产生感应电动势 e，经过放大整形送入脉冲计数器，在一定时间间隔内累计脉冲数，便可得到转速。齿数越多，分辨力越强。

若转动部件为非铁磁性物质，可用如图 7-23(b) 所示的方法，将开口钢丝环套在转动体上，环的缺口处磁化成一对磁极，用录音机磁头在近距离内检测磁极经过时的磁场波动信号，放大后计数，同样可以测出转速。由于钢环的磁场比磁带上的磁信号强得多，磁头不必与钢环接触，所以不会磨损。

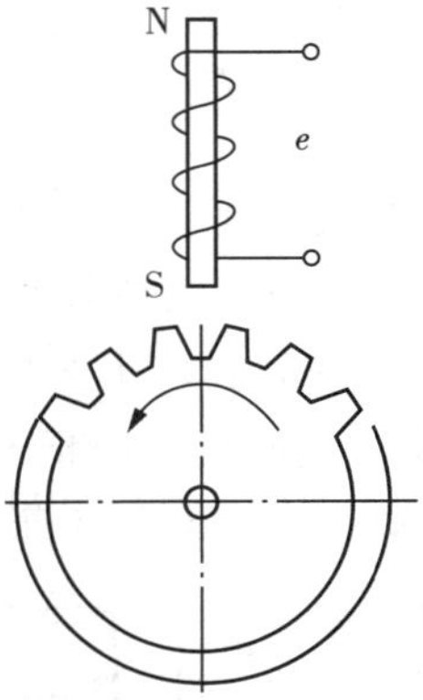

（a）转动部件有凸起的铁磁物

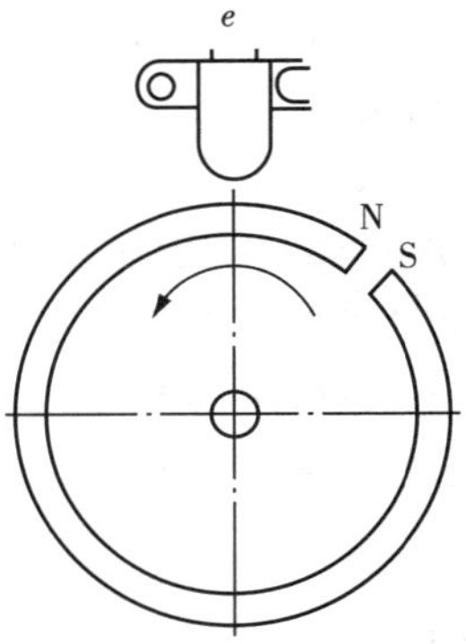

（b）转动部件为非铁磁性物质

图 7－23　磁电式转速传感器

以上两种方法所产生的电脉冲幅值都和转速成正比，在很低的转速下信号微弱。但因结构简单、容易实现且输出为脉冲数，易于数字显示，所以应用广泛。

7.4.2　光电式转速传感器

光电式转速传感器一般有直射式和反射式两种。

1. 直射式光电转速传感器

直射式光电转速传感器结构示意图如图 7－24 所示，它由开孔圆盘、光源、光敏元件及缝隙板等组成。开孔圆盘的输入轴与被测轴相连接，光源发出的光，通过开孔圆盘和缝隙板照射到光敏元件上被接收，将光信号转换为电信号输出。开孔圆盘上有许多小孔，开孔圆盘旋转一周，光敏元件输出电脉冲的个数等于圆盘的开孔数 z。因此，可通过测量光敏元件输出

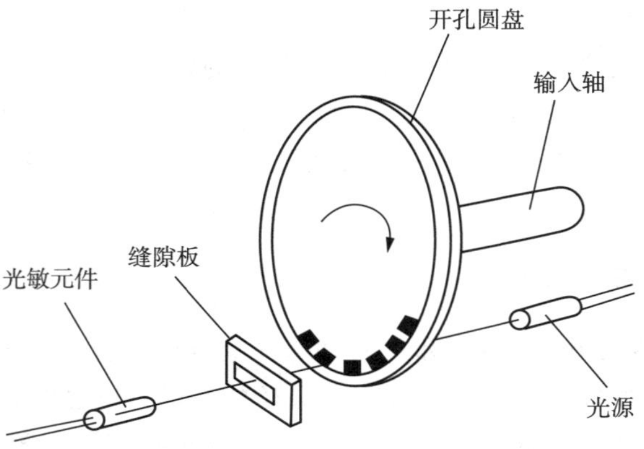

图 7－24　直射式光电转速传感器结构示意图

的脉冲频率 f，获得被测转速 n，即：

$$n = 60\frac{f}{z} \tag{7-21}$$

2. 反射式光电转速传感器

反射式光电转速传感器结构及工作原理图如图 7－25 所示，它由红外发射管、红外接收管、光学系统等构成，光学系统由透镜及半透镜组成。红外发射管由直流电源供电，工作电流为 20mA，只要保证它的工作电流，便可发射出不可见的红外光。半透镜既能使发射的红外光反射向转动的物体，又能使从转动物体反射回来的红外光穿过半透镜射向红外接收管。测量转速时，需在被测物体上粘贴一小块红外反射纸，这种反射纸是一种涂有玻璃微珠的反射膜，它是将直径为 1 ～ 2μm 的玻璃微粒粘在纸上制成的，具有定向反射作用。

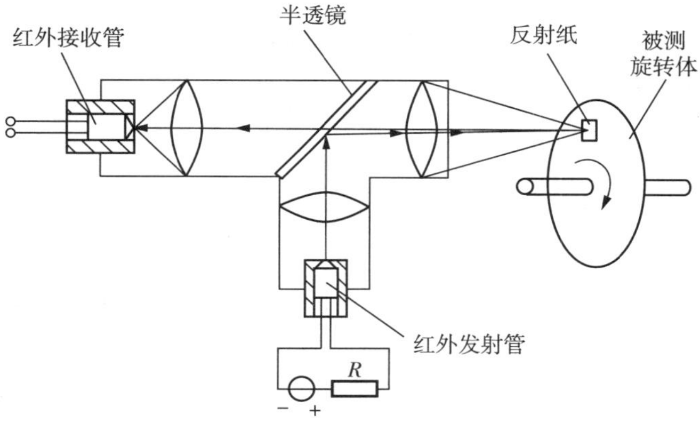

图 7－25　反射式光电转速传感器结构及工作原理图

当被测物体旋转时，粘贴在物体上的反射纸和物体一起旋转，红外接收管则随感受到反射光的强弱而产生相应变化的电信号，该信号经电路处理，便可由显示电路直接显示出被测转速的大小。

反射式光电转速传感器由于接收的是自身发射和反射回的红外光，因此不会对旋转物体的运动有任何影响，并可测得机壳内部旋转体的转速。由于发射和接收的都是红外光，所以不受可见光的干扰，可保证转速测量的准确性。

7.4.3　霍尔式转速测量

利用霍尔开关集成传感器和磁性转盘可组成霍尔式转速传感器，广泛应用于转速的监视与测量。图 7－26 所示为霍尔转速传感器工作原理图，它是利用霍尔传感器的开关特性工作的。图 7－26(a) 所示为把永磁体粘贴在非磁性材料制作的圆盘上部；图 7－26(c) 所示为把永磁体粘贴在圆盘的边缘。霍尔传感器的感应面对准永磁体的磁极并固定在机架上。机轴旋转便带动永磁体旋转，每当永磁体经过传感器位置时，霍尔传感器便输出一个脉冲。用计数器记下脉冲数，便可知转轴转过多少转。为提高测量转速或转数的分辨率，可适当增加永磁体数。在安装磁体时一定要注意极性，因为集成开关霍尔传感器正常工作需要磁极对应。

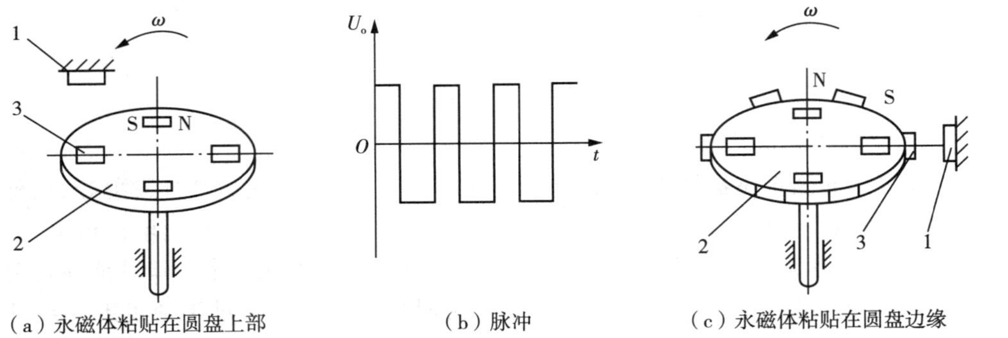

图 7-26　霍尔转速传感器工作原理图

1—霍尔传感器;2—非磁性材料圆盘;3—永磁体

霍尔传感器测量转速属于非接触式测量,对被测件影响很小,输出电压信号数值与转速无关,转速测量范围可达 5×10^5 r/min。

7.4.4　机械式转速表

常用的机械式转速表有涡流式和离心式两种。

1. 涡流式转速表

如图 7-27 所示为涡流式转速表原理图,它是利用电磁感应原理把转速转变成转角的一种测量装置,主要由永久磁铁组件、金属导体件、游丝、指针和度盘组成。永久磁铁 2 与旋转轴 1 相固连,当它随被测轴一起旋转时,就等于一个旋转磁场,使临近的与指针 5 相固连的铝盘 3 内产生涡流,电涡流产生的磁场与旋转磁场相互作用而产生与转轴转速 ω 成正比的电磁力矩 $M_e=K_e\omega$,此力矩由游丝 4 扭转变形的反作用力矩 $M_s=K_s\theta$ 相平衡,指针轴的转角 θ 对应于被测轴的转速 ω,即:

$$\theta=\frac{K_e}{K_s}\omega \tag{7-22}$$

涡流式转速表结构简单,维修使用方便,但精度不高。

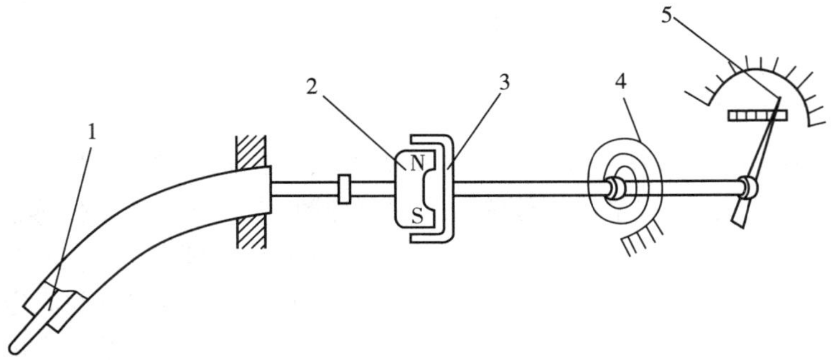

图 7-27　涡流式转速表原理图

1—旋转轴;2—久磁铁;3—铝盘;4—游丝;5—指针

2. 离心式转速传感器

离心式转速传感器结构图如图 7-28 所示。它由离心机构和位移传感器两部分组成，其输入轴和被测物体的转轴相连接，位移传感器用来检测物体旋转时套筒产生的位移量。

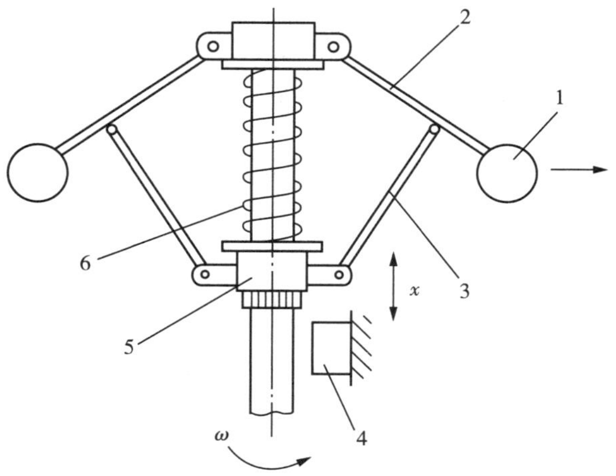

图 7-28　离心式转速传感器结构图

1—重锤；2—连杆；3—拉杆；4—位移传感器；5—套筒；6—弹簧

当被测物体转动时，整个离心机构跟着做旋转运动。重锤在旋转时产生的离心力通过连杆及拉杆使套筒沿轴线方向向上运动，套筒向上运动时压缩弹簧，弹簧产生的反弹力使套筒达到动平衡状态，从而使重锤停留在与转轴成某个夹角的位置。被测转速越高，重锤产生的离心力越大，套筒的位移量也就越大，因此，通过位移传感器检测出套筒的位移量，即可得到被测转速。

离心式转速传感器具有结构简单、成本低、检测范围宽和输出值大等优点，缺点是重锤的惯性大，不适用于检测变化快的转速。另外，它的位移输出和转速的关系为非线性，其最高转速可达 20000r/min，精度为 1% ～ 2%。

机械式转速表虽然结构简单，但它们是接触式测量，其探头必须与被测旋转体直接固连而同步旋转，它们要从被测对象中获取能量而推动仪表工作。在某些高转速、小转矩及旋转轴不允许装上转速测量装置的场合，机械式转速表就不再适用，必须采用非接触方式测量转速。

7.4.5　发电式转速表

需要经常测定转速的对象最好安装测速发电机，这是一种专门用于测量的微发电机，分为直流和交流两种。直流测速发电机的输出电压和转速有较好的线性关系，并且直流的极性能反映转向，用在模拟式测速电路上很方便。交流测速发电机的输出频率与转速严格对应，用在数字测速电路上不必经过模 / 数转换，只要放大整形求出频率值即可。下面以直流测速发电机为例介绍。

直流测速发电机有他激式和永磁式两种。他激式直流测速发电机与永磁式直流测速发电机结构上相似。图 7-29 是永磁式直流测速发电机结构原理图，它由永久磁铁、旋转线圈、整流子和电刷等组成，旋转线圈有许多个（图中仅绘出一个），相应的整流子为旋转线圈个数的两倍，电刷与整流子实现滑动的电接触，以便将发电机旋转时产生的电压向外引出。

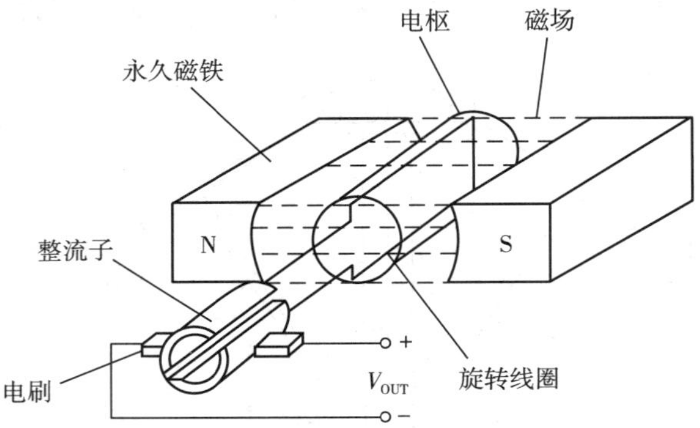

图 7-29　永磁式直流测速发电机结构原理图

当直流测速发电机空载工作时，由于励磁磁通主要由永久磁铁提供，可认为是恒定的，因此，发电机输出电压与电刷的转速成正比，即

$$V_{OUT}=K\omega \tag{7-23}$$

式中：K— 比例系数；

ω— 角速度。

根据测得的输出电压大小，可得知被测转速。

当直流测速发电机有负载时，电刷中的旋转线圈会产生电流，该电流产生的磁通与永久磁铁的励磁磁通相互作用，便削弱了励磁磁通，破坏了输出电压与转速的线性度，使发电机的输出特性产生误差。为了提高直流测速发电机的测速精度，应尽可能使测速发电机在低负载下工作，即工作在转速变化范围小而负载电阻较大的场合。

7.5　扭矩的测量

使机械元件转动的力矩或力偶称为转动力矩，简称转矩。在转矩作用下机械元件会产生一定程度的扭转变形，故转矩有时又称为扭矩。转矩是各种工作机械传动轴的基本载荷形式，与动力机械的工作能力、能源消耗、效率、运转寿命及安全性能等因素紧密联系，转矩的测量对传动轴载荷的确定与控制、传动系统工作零件的强度设计及原动机容量的选择等都具有重要的意义。

扭矩传感器与力传感器一样，要使用弹性元件，利用弹性体把扭矩转换为角位移（扭转角），再将角位移转换成电信号输出，所产生的扭转角可用下式表示，即

$$\theta=\frac{32L}{\pi GD^4}T \tag{7-24}$$

式中：θ— 扭转轴的扭转角；

L— 扭转轴长：

D— 扭转轴直径；

T— 扭矩：

G— 扭转轴材料的弯曲系数。

从式(7-24)可以看出，当扭转轴的参数固定时，扭矩对扭转轴作用，产生的扭转角与扭矩成正比关系。因此只要测得扭转角，便可知扭矩的大小。一些扭矩传感器就是按上述原理制作的。转矩测量仪表有多种，这里介绍常用的几种。

7.5.1　振弦式转矩传感器

图7-30所示是振弦式转矩传感器。在被测轴上相隔距离为l的两个面上固定安装着两个测量环，两根振弦分别被夹紧在测量环的支架上。当轴受转矩作用时，两个测量环之间产生一个相对转角，并使两根振弦中的一根张力增大，另一根张力减小，张力的改变将引起振弦自振频率的变化。自振频率与所受外力的平方根成正比，因此测出两振弦的振动频率差，就可知道转矩的大小。在安装振弦时必须使其有一定的预紧力。

7.5.2　光电式转矩传感器

光电式转矩传感器如图7-31所示。在转轴上安装两个光栅圆盘，两个光栅盘外侧设有光源和光敏元件。无转矩作用时，两光栅的明暗条纹相互错开，完全遮挡住光路，因此放置于光栅一侧的光敏元件接收不到来自光栅盘另一侧光源的光信号，无电信号输出。当有转矩作用于转轴上时，由于轴的扭转变形，安装光栅处的两截可产生相对转角，两片光栅的暗条纹逐渐重合，部分光线透过两光栅而照射到光敏元件上，从而输出电信号。转矩越大，扭转角越大，照射到光敏元件上的光越多，因而输出电信号也越大。这是一种非接触测量方法，结构简单，使用方便可靠，且测量精度不受转速变化的影响。

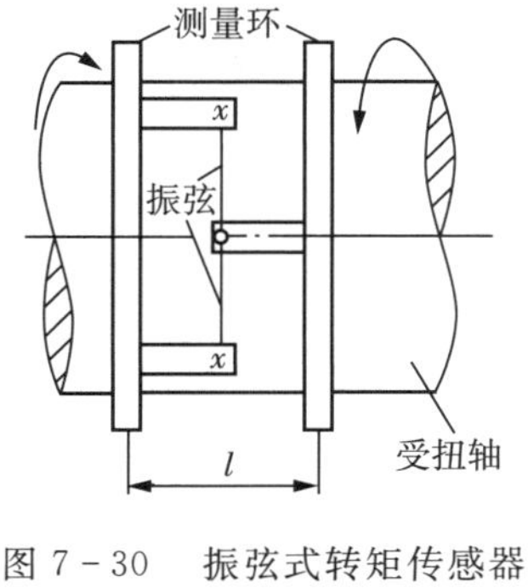

图 7-30　振弦式转矩传感器

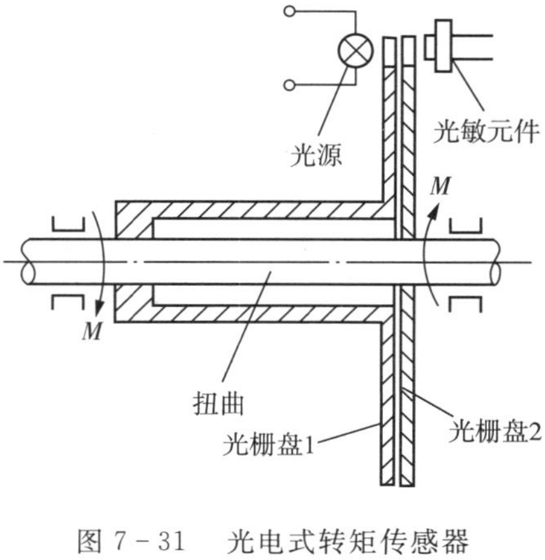

图 7-31　光电式转矩传感器

7.5.3　相位差式转矩传感器

如图 7-32 所示是基于磁感应原理的磁电相位差式转矩传感器。它在被测转轴上相距

L 两端处各安装一个齿形转轮，靠近转轮沿径向各放置一个感应式脉冲发生器（在永久磁铁上绕一固定线圈而成）。当转轮的齿顶对准永久磁铁的磁极时，磁路气隙减小，磁阻减小，磁通增大；当转轮转过半个齿距时，齿谷对准磁极，气隙增大，磁通减小，变化的磁通在感应线圈中产生生感应电势。无转矩作用时，转轴上安装转轮的两处无相对角位移，两个脉冲发生器的输出信号相位相同。当有转矩作用时，两转轮之间就产生相对角位移，两个脉冲发生器的输出感应电势出现与转矩成比例的相位差，只要测量相位差，就可测得转矩。

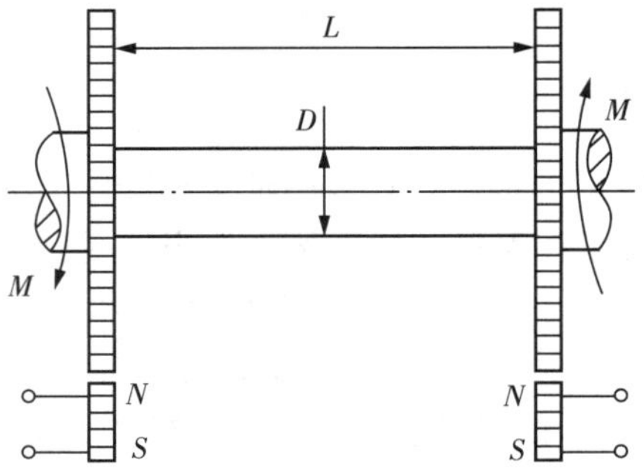

图 7－32　磁电相位差式转矩传感器

7.5.4　应变片式扭矩传感器

应变片式扭矩传感器在扭转轴发生扭转时，在相对于轴中心线 45° 方向上会产生压缩及拉伸力，从而将力加在旋转轴上。如果在扭转轴的表面贴上一个由 4 个电阻应变片组成桥式电路，便可检测出压缩及拉伸力，进而可测出扭矩的大小。

图 7－33 是这种传感器的工作原理图。为了给旋转的应变片输入电压和从电桥中取出检测信号，在扭矩轴上安装有集电环和电刷。

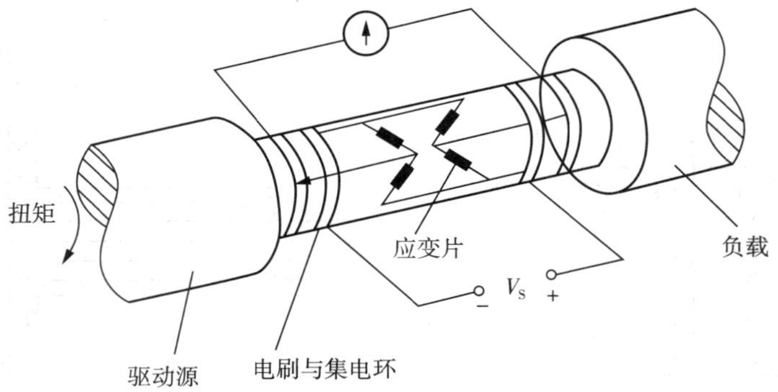

图 7－33　应变片式扭矩传感器工作原理

7.5.5　磁致伸缩式扭矩传感器

磁致伸缩式扭矩传感器的转换原理是采用磁致伸缩效应。利用铁磁材料制作的扭转轴在受到扭矩作用时产生方向性应力，扭转轴表面在这种方向性应力的作用下，其表面的磁场分布会变得不对称，从而出现磁的各向异性。

图 7-34 是磁致伸缩式扭矩传感器工作原理图。为了检测扭转轴由于扭转产生的磁场，在距离扭转轴表面 1～2mm 处设置两个交叉 90°的铁芯，在铁芯上绕有励磁线圈，在铁芯 2 上绕有感应线圈，两个线圈与检测电路组成一个磁桥。设 R_{m1}、R_{m2}、R_{m3} 和 R_{m4} 分别为铁芯和扭转轴之间的气隙磁阻，R_1、R_2、R_3 和 R_4 分别为扭转轴表面的磁阻。当励磁线圈用 50HZ 交流电励磁时，如果扭转轴不受扭矩作用，则轴的表面磁场分布是均匀的，$R_1=R_2=R_3=R_4$，桥路是平衡的，在感应线圈中没有感应电动势输出。当扭转轴受扭矩作用时，则在正应力 $+\sigma$ 作用下，磁阻 R_1、R_4 减小；而在负应力 $-\sigma$ 作用下，磁阻 R_2、R_3 增大。这样在整个磁路中就产生一个不平衡磁通，在感应线圈中产生大小与扭矩 M 成比例的电动势，该电动势可由检测仪表测出。

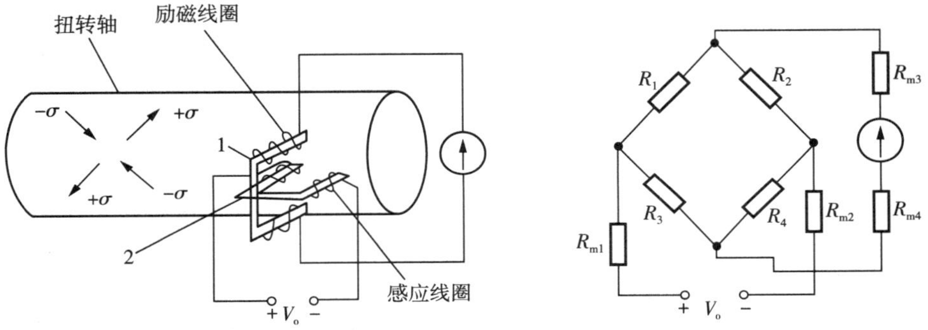

图 7-34　磁致伸缩式扭矩传感器工作原理

7.6　温度的测量

在机械制造业中。由于精密加工各种数控技术的迅速发展，对加工精度和精度稳定性提出了越来越高的要求，这在很大程度上取决于机床的热态性能。在精密加工中，热变形引起的加工误差竟占总误差的 40%～70%。对于高精度机床，离开了对温度的严格控制，就根本没有高精度可言。对于普通机床，在一般精度加工中，发热现象也由于机床功率和转速的大大提高而越来越严重。另外，切削过程中的切削热现象也影响刀具的耐用度，限制了切削速度的提高，甚至影响加工质量。因此，在工业生产及实验研究中，温度常常是表征对象和过程状态的重要参数。学习和了解温度的测量与控制，具有极为重要的意义。

7.6.1　温度的测量方法

按测量时传感器与被测对象的接触方式，温度测量可以划分为接触式和非接触式测量。

接触式的特点是测温元件直接与被测对象接触，两者之间进行充分的热交换，最后达到热平衡，这时，感温元件的某一物理参数的量值就代表了被测对象的温度值。其优点是直观可靠。但因测温元件与被测介质之间的热交换需要一定的时间才能达到热平衡，所以存在测温的延迟现象。另外,受耐高温材料的限制,接触式测温法不能应用于很高的温度测量。感温元件会影响被测温度场的分布,接触不良等也会带来测量误差。而且,腐蚀性介质对感温元件的性能和寿命会产生不利影响。接触式测温仪表包括双金属温度计、压力式温度计、玻璃管液体温度计、热电阻温度计和热电偶温度计等。

非接触测温的特点是感温元件不与被测对象接触,而是通过辐射进行热交换,可避免接触测温法的缺点,具有较高的测温上限。此外,非接触测温法热惯性小,便于测量运动物体的温度和快速变化的温度。但受到物体的发射率、测量距离、烟尘和水汽等外界因素的影响,测量误差较大。非接触测温仪表有光学高温计和辐射高温计等。表 7-3 列出了接式与非接触式测温方法及其特点。

表 7-3　接触式与非接触式测温方法及其特点

测量方式	仪表名称	测温原理	准确度等级范围	特点	温度范围 /℃
接触式测温仪表	双金属温度计	固体热膨胀变形量随温度变化	1 ~ 2.5	结构简单,指示清楚,读数方便:精度较低,不能远传	-100 ~ 600 一般 -80 ~ 600
	压力式温度计	气体、液体在定容条件下,压力随温度变化	1 ~ 2.5	结构简单可靠,可较远距(小于 50m),传送精度较低,受环境温度影响较大	0 ~ 600 一般 0 ~ 300
	玻璃管液体温度计	液体热膨胀体积量随温度变化	0.1 ~ 2.5	结构简单,精度较高;读数不便,不能远传	-200 ~ 600 一般 -100 ~ 600
	热电阻温度计	金属或半导体电阻值随温度变化	0.5 ~ 3.0	精度高,便于远传;需外加电源	-258 ~ 1200 一般 -200 ~ 650
	热电偶温度计	热电效应	0.5 ~ 1.0	温度范围大,精度高,便于远传;低温测量精度较差	-269 ~ 2800 一般 -200 ~ 1800
非接触式测温仪表	光学高温计	物体单色辐射强度及亮度随温度变化	1.0 ~ 1.5	结构简单,携带方便,不破坏对象温度场;易产生目测主观误差,外界反射辐射会引起测量误差	200 ~ 3200 一般 600 ~ 2400
	辐射高温计	物体全辐射能随温度变化	1.5	结构简单,稳定性好,光路上环境介质吸收辐射,易产生测量误差	100 ~ 3200 一般 700 ~ 2000

7.6.2　常用测温传感器

目前在工业上应用最为广泛的是利用热电偶和热电阻作为感温元件的测温仪表，其中常用到的热电温度计、电阻温度计已在第 4 章中详细介绍。下面重点对双金属温度计、全辐射温度计、光学和光电高温计以及比色高温计等作介绍。

1. 双金属温度计

双金属温度计是把两种膨胀系数不同的金属薄片焊接在一起制成的。它是一种固体膨胀温度计，其结构简单、牢固，可将温度变化转换成机械量变化，不仅用于测量温度，而且还可用于温度控制装置(尤其是开关的通断控制)，使用范围相当广泛。

双金属温度计的工作原理如图 7－35 所示，其一端固定，如果温度升高，下面的金属 B 因热膨胀而伸长，上面的金属 A 却几乎不变，致使双金属向上翘，温度越高则产生的线膨胀差越大，引起的弯曲越大，并通过指针轴带动指针偏转，在刻度盘上显示出温度的变化。

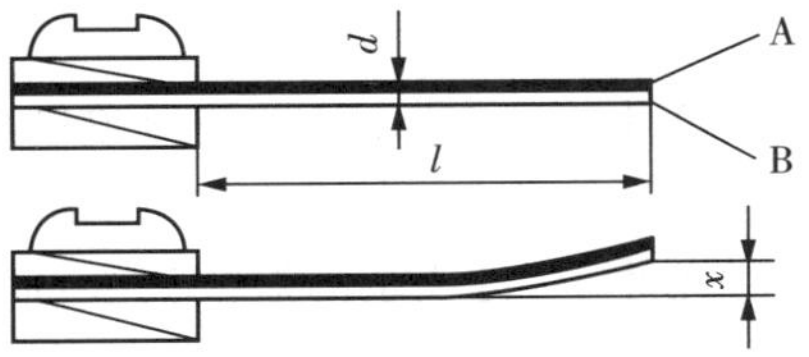

图 7－35　双金属温度计工作原理

2. 全辐射温度计

全辐射测温是基于黑体全辐射定律工作的。能够全部吸收辐射到其上能量的物体称为绝对黑体。由于实际物体的吸收能力小于绝对黑体，所以用全辐射测温系统测得的温度总是低于物体的真实温度。全辐射测温计的原理结构如图 7－36 所示，由辐射测温器件及显示仪茬。测温工作过程如下：被测物的辐射能量经物镜聚聚焦到热电堆靶心的铂片上，将辐射能转变为热能，再由热电堆变成热电动势，由显示仪表显示出热电动势的大小；由热电动势的数值可知所测温度的大小。

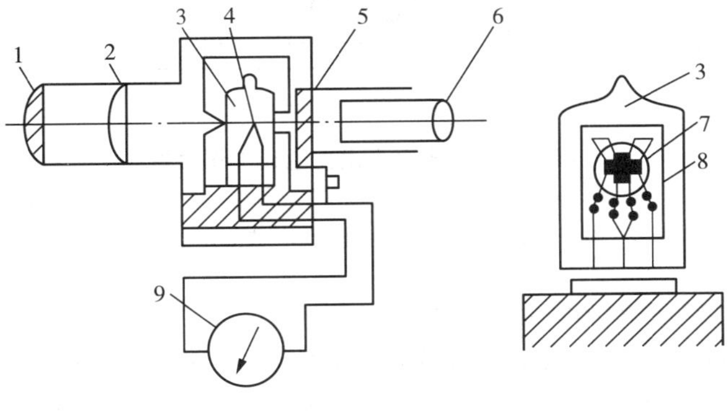

图 7－36　全辐射测温结构示意图

1－物镜；2－光栏；3－玻璃泡；4－热电堆；5－灰色滤光片；6－目镜；7－铂箔；8－云母片；9－二次仪表

3. 光学高温计和光电高温计

光学高温计是发展最早、应用最广泛的非接触式温度计之一。它结构简单，使用方便，测量范围广(700 ～ 3200℃)，一般可满足工业测温的准确度要求。目前广泛用于高温熔体的温度测量，是冶金、陶瓷等工业部门十分重要的高温仪表。

光学高温计是利用受热物体的单色辐射强度随温度升高而增加的原理制成的，由于采用单一波长进行亮度比较，因而也称单色辐射温度计。通常先得到被测物体的亮度温度，然后转化为物体的真实温度。

光学高温计的缺点是以人眼观察，并需用手动平衡，因此，不能实现快速测量和自动记录，且测量结果带有主观性。最近，由于光电探测器、干涉滤光片及单色器的发展，使光学高温计在工业测量中的地位逐渐下降，正在被较灵敏、准确的光电高温计所代替。

4. 比色高温计

通过测量热辐射体在两个以上波长的光谱辐射亮度之比来测量温度的仪表，称为比色温度计。

图 7-37 所示为光电高温比色计的工作原理，被测对象经物镜 1 成像，再经光栏 3、平行平面玻璃片 4 与光导棒 5 投射到分光镜 9 上，它使长波射线透过，而使短波(可见光) 部分反射。透过分光镜的辐射线再经滤光片 10 将残余的短波滤去，而后被红外光电元件硅光电池 11 接收，转换成电量输出；由分光镜反射的短波辐射线经滤波片 13 将长波滤去，而被可见光硅光电池 12 接收，转换成与波长亮度成函数关系的电量输出。将这两个电信号输入自动平衡显示记录仪进行比较，得出光电信号比，即可读出被测对象的温度值。光栏 3 前的平行平面玻璃片 4 将一部分光线反射到瞄准反射境 2 上，再经反射镜 6、目镜 7 和棱镜 8，便能从观察系统中看到被观测对象的状态，以便校准仪器的位置。

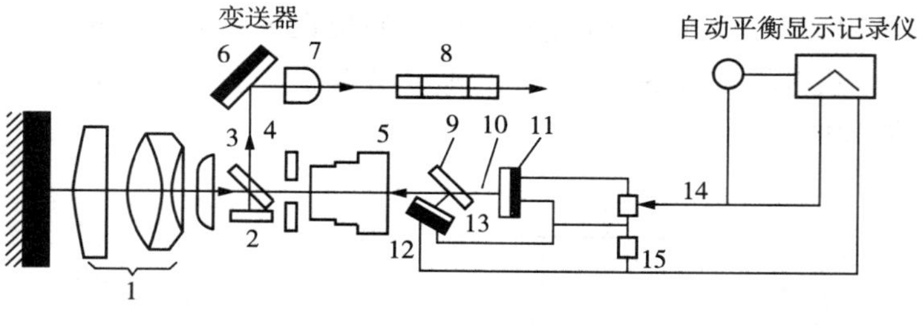

图 7-37　光电高温比色计工作原理

1 — 物镜；2 — 反射镜；3 — 光栏；4 — 平面玻璃片；5 — 光导棒；6 — 反射镜；7 — 目镜；8 — 棱镜；9 — 分光镜；10 — 滤光片；11、12 — 硅光电池；13 — 滤波片；14 — 电池；15 — 电池 II

这种高温计属于非接触测量，量程为 800 ～ 2000℃，精度为 0.5%，响应速度由光电元件及二次仪表记录速度而定。其优点是测温准确度高，反应速度快，测量范围宽，可测目标小，测量温度更接近真实温度，环境中的粉尘、水气、烟雾等对测量结果的影响小。可用于冶金、水泥、玻璃等工业部门。

习　题

一、简答题。

7-1　测量振动的方法按振动信号的转换方式分有哪三种？分别适用于什么场合？

7-2　测振传感器一般测试的主要参数有哪些？

7-3　测力传感器有哪几种？各有什么特点？

7-4　测量位移传感器有哪些？简述各传感器的工作原理。

7-5　常见的测转速传感器有哪些？

7-6　非接触式和接触式测温传感器分别有哪些？

参考文献

[1] 赵燕．工程测试技术[M]．武汉:武汉理工大学出版社,2010.

[2] 王伯雄,王雪,陈非凡．工程测试技术(第2版)[M]．北京:清华大学出版社,2006.

[3] 康宜华．工程测试技术[M]．北京:机械工业出版社,2005.

[4] 蔡共宣,林富生．工程测试技术与信号处理(第二版)[M]．武汉:华中科技大学出版社,2011.

[5] 郑建明,班华．工程测试技及应用[M]．北京:电子工业出版社,2011.

[6] 熊诗波,黄长艺．机械工程测试技术基础(第3版)[M]．北京:机械工业出版社,2006.

[7] 杨建伟．工程测试技术[M]．北京:机械工业出版社,2015.

[8] 郑艳玲,张登攀．工程测试技术[M]．北京:电子工业出版社,2011.

[9] 许同乐．机械工程测试技术[M]．北京:电子工业出版社,2015.

[10] 李曼．机械工程测试技术[M]．北京:煤炭工业出版社,2017.

[11] 马怀祥,王艳颖,刘念聪．工程测试技术[M]．武汉:华中科技大学出版社,2013.

[12] 王妍玮,胡琥．工程测试与信息处理[M]．北京:化学工业出版社,2017.

[13] 张春华,肖体兵,李迪．工程测试技术基础[M]．武汉:华中科技大学出版社,2011.

[14] 孔德仁,王芳．工程测试技术(第3版)[M]．北京:北京航空航天大学出版社,2016.

[15] 康宜华,工程测试技术[M]．北京:机械工业出版社,2005.

[16] 赵燕,戴蓉．传感器原理及应用[M]．北京:北京大学出版社,2010.

[17] 郁有文,常健,程继红．传感器原理及工程应用(第3版)[M]．西安:西安电子科技大学出版社,2008.

[18] 刘培基,王安敏．机械工程测试技术[M]．北京:机械工业出版社,2007.

[19] 胡长岭,李长星,高理．测试信号处理[M]．北京:机械工业出版社,2007.

[20] 陈花玲．机械工程测试技术(第2版)[M]．北京:机械工业出版社,2009.

[21] 潘雪涛,温秀兰．传感器原理与检测技术[M],北京:国防工业出版社,2011.

[22] 祝海林．机械工程测试技术[M]。北京:机械工业出版社,2012.

[23] 秦树人,尹爱军．现代虚拟仪器[M]．北京:机械工业出版社,2011.